KB238854

무진장 귀농 CEO의
능길나라 이야기

두 전문가의
귀 농 세 담

두 전문가의
귀 농 세 담

초판인쇄 2015년 10월 30일
초판발행 2015년 10월 30일

지은이 전성군 · 이득우
펴낸이 채종준
펴낸곳 한국학술정보(주)
주소 경기도 파주시 회동길 230(문발동)
전화 031-908-3181(대표)
팩스 031-908-3189
홈페이지 http://ebook.kstudy.com
E-mail 출판사업부 publish@kstudy.com
등록 제일산-115호(2000. 6. 19)

ISBN 978-89-268-7104-1 13520

무진장 귀농 CEO의
능길나라 이야기

두 전문가의
귀 농 세 담

전성군 · 이득우 지음

근대사상을 싹틔운 르네상스의 본래 뜻은 '복원'이다. 이 말속에는 잃어버린 옛 문화를 오늘에 되살린다는 속뜻이 숨어 있다. 전통문화의 복원을 토대로 자연과 인간을 재발견하게 된 사건으로 정의하는 것이 옳을 듯싶다. 때맞춰 귀농귀촌 '붐'이 대폭 확산되고 있다. 이는 도시생활로 인해 빈사상태에 있는 자연과 인간 기능을 다시 복원해보자는 뜻에서 중세 유럽의 르네상스의 의미와 일맥상통한다.

사실 평생을 도시에서 살 줄 알았는데 어느 순간 어릴 적 시골풍경이 떠올랐다. 이렇게 시간은 인간을 평등하게 만드는 실력이 있다. 그래서 인생은 산수나 수학처럼 계산이 맞지 않다.

무진장 지대 능길마을의 '겨울눈'은 누구에게나 즐거움에 대한 어릴 적 향수를 떠올리게 한다. 친구들과 골목 어귀에서 떠들썩하게 벌이던 눈싸움의 추억도 새롭고 눈꽃이 핀 나무를 배경으로 찍은 사진 한 장의 기억도 아름답다. 하지만 내 기억 속 가장 정겨운 겨울 풍경은 눈을 뭉치고 굴려 만든 눈사람인지도 모르겠다. 50년 전 힘들게 눈을 굴려 제 키만 한 눈사람을 만든 것이 엊그제 같은데 지금은 우리 아이가 어른이 되었으니 말이다. 사실 눈사람을 만들다 보면 한 가지 재미있는 사실을 발견하게 된다. 주먹만 한 눈뭉치를 굴리다 보면 어느새 눈이 붙어 그 크기가 쑥쑥 자라나 있는 것을 말이다. 어릴 때에는 잘 몰랐던 사실이지만, 이처럼 눈덩이가 커지는 것을 보면, 자연 속에 행복의 열쇠를 찾을 수가 있다.

그래서인지 18세기 프랑스 사상가 장 자크 루소는 "자연으로 돌아가라"는 명언을 남겼다. 스위스의 아름다운 전원도시 제네바에서 태어나서 젊은 시절을 프랑스 파리에서 보낸 루소는 자연과 가까운 곳에 사는 것이 도시에서의 생활보다 더 행복하다고 생각했던 것이다. 요즘 우리나라에 일고 있는 귀농귀촌 붐도 도시화 · 산업화로 물질문명과 첨단기기에 지친 현대인들이 '도시로부터의 해방'을 추구하며 선택할 수 있는 대안 가운데 하나이기 때문이다.

2009년을 기점으로 일기 시작한 귀농귀촌 붐은 수동적인 선택이 아니라 능동적 의지에 의한 선택이며, 여생을 큰 욕심 내지 않고 농촌에서 조용히 보내겠다는 전원생활 추구형 고령자 등의 귀농인구에 더하여 생업으로 농업을 택하는 창업형의 젊은 귀농인구가 더해지면서 그 숫자가 확연히 불어난 것이다.

매스컴에서는 귀농, 귀촌 하면 대부분 성공하고 억대 소득이 일반적인 것같이 보도한다. 하지만 단지 10% 이하만이 연소득 1억 원 이상을 벌고 있다.

여기에 억대 소득을 창출하는 부자마을이 있다. 이른바 상록수를 닮은 진안 능길마을이다. 해마다 이맘때가 되면, 능길마을의 7월 풍경은 푸름으로 가득 피어난다. 여우비가 내리는 능길마을은 안개로 몸을 가리고 손님을 맞는다. 주말을 맞아 도시에서 온 손님들의 발자취가 낯설어서인지 수줍은 색시처럼 쉽사리 모습을 보여주질 못하고 있다. 멀리 마을 안쪽에서 들려오는 아이들 웃음소리만이 7월의 푸름과 싱그러움을 품고 있는 마을의 모습을 그리고 있다.

점심을 먹고 나서야 비로소 안개가 걷히고 푸른 하늘이 보이기 시작한다. 푸른색으로 말꼬리 잇기를 한다면 어떤 말들이 있을까. 푸른 하늘, 푸른 물, 푸른 교실, 푸른 마음, 푸른 산과 푸른 들, 그리고 상록수. 진안 능길마을은 푸른색을 간직한 것들이 저마다의 의미를 두고 있었다. 특히 앞산과 뒷산은 푸름으로 고즈넉하기만 하다.

능길마을 입구에 들어서면, 심훈 선생의 『상록수』라는 소설이 떠오른다. 농촌 부흥을 위해 평생을 바쳤던, 동혁과 영신이라는 젊은 두 주인공이 금방이라도 나올 것만 같다. 두 주인공의 순수하고 헌신적인 모습은 일제 치하의 어두운 현실 속에 새로운 희망의 모습으로 많은 사람들에게 용기를 준다.

오늘날에도 이러한 새로운 희망의 깃발이 능길마을 깃고사의 높은 깃대에 펄럭이며 우리 농촌의 미래를 밝게 밝히고 있다. 25년 전 부산에서 직장생활을 하던 한 젊은이가 고향인 이곳 능길마을로 돌아왔다. 그는 현재 능길 산골 체험학교의 대표(박천창, 56세)이다.

그의 생각은 한결같았다. 농업과 농촌은 우리 사회 삶의 뿌리를 이루는 곳으로 절대 포기할 수 없는 것이라 생각했다. 도시 또한 자연의 혜택과 삶의 기본인 먹거리를 생산하는 농업과 농촌 없이는 존재할 수 없다고 확신했다.

마이산 자락과 용담호 상류에 위치한 능길마을은 자연경관이 수려하고 주민의 노력으로 자연친화적 생활양식을 잘 가꾸어나가는 마을로 알려졌으며 중부지역 유일의 왜가리 서식지로 알이 부화하는 7월에는 1천500여 마리의 왜가리가 몰려 장관을 연출한다. 쉬리와 쏘가리, 줄고기가 사는 금강 최상류의 생태마을. 능길마을은 53가구 150명이 사는 작은 마을이지만 뛰어난 생태환경과 지도자의 리더십을 바탕으로 그린어메니티(green amenity)를 선도하고 있다.

능길마을은 도시화된, 관광객들을 위한 마을 개발을 단호히 거부한다. 마을 주민이 원하는 마을 발전을 생각하고 정부지원사업도 마을 주민의 생각이 일치할 때만 추진한다. 그래서 주민들 간 단합이 잘된다. 여기에 마을 리더의 역할은 대단하다.

링겔만 효과(사회적 손빼기)란 게 있다. 링겔만 효과란 집단에서 작업을 수행할 때, 참가자가 늘면 1인당 공헌도가 저하하는 현상을 말한다. 독일의 심리학자 링겔만은 줄다리기를 실시하여 참가자 수에 따라 1인당 내는 힘이 어떻게 변화하는가를 실험했다. 그 결과 한 명이 줄다리기할 때 내는 힘을 100으로 하면, 참가자가 2명이면 93, 3명이면 85 …… 8명이 되면 49, 즉 1명일 때의 반으로 줄었다. 이러한 '사회적 손빼기' 현상은 자신이 여러 사람 중의 한 사람에 지나지 않고, 보이지 않으며, 알 수 없을 것이라는 '익명성'의 상황하에서 나타난다고 한다. 따라서 이를 방지하기 위해서는 집단 내 리더가 구성원 한 사람 한 사람에게 부지런히 말을 거는 것이 필요하다.

인간에게 가장 중요한 것은 '자신이 인정받고 있다', '주목받고 있다'고 느끼는 것이다. 자신이 주목받고 있다고 생각하는 사람은 절대로 손을 빼지 않는다. 눈으로 하는 배려, 귀로 하는 배려 그리고 무엇보다도 말로 하는 배려가 중요하다. 이처럼 능길마을에는 상록수를 닮은 리더들이 있기에 놀라운 발전을 거듭하고 있다.

농산물 가공공장의 운영과 생산물의 도농 직거래를 통한 마을 연간 수입은 이미 10억 원 이상이 되었다. 시작한 지 4년 만의 기록이다. 마을의 폐교를 이용한 '능길산골학교'를 중심으로 하는 마을 방문객 수도 연간 2만 명 이상이다. 53가구, 150여 명의 주민들이 사는 덕유산 자락, 해발 350미터에 위치한 작은 농촌 마을의 놀라운 기록이다.

마을체험 프로그램도 단순히 흥미 위주로 구성하지 않는다. 도시민들의 일과성 체험에서 그치지 않고 체험을 통하여 새로운 삶의 공간으로 선택할 수 있는 표본지역으로 성장하는 것이 마을의 목표다. 방문객들은 잘 정비된 '능길산골학교'의 숙박 공간에 머무르며 다양한 체험 프로그램 속에서 자연스럽게 농촌 마을의 현실을 바라보고 미래를 준비하는 능길마을의 모습을 느낄 수 있다.

계절별 행사로 봄에는 산나물 채취, 산야초 효소액 담그기, 자전거 하이킹을, 여름에는 약초 채취, 농사체험, 오리농법 실습, 다슬기 잡기를, 가을에는 과일 및 버섯수확 체험 등의 행사가 열린다. 또 겨울에는 폐교를 이용한 '능길산골학교'를 개강하고 새끼 꼬기, 연날리기, 팽이치기, 썰매타기 등의 전통 프로그램을 마련해놓고 있으며 연중행사로 천연염색, 두부 만들기, 흑염소 농장경영 등을 운영해오고 있다.

2004년 '농촌마을가꾸기' 대상 수상, 2005년 농림부 '우리 농업 희망 찾기' 현장정책 우수상 수상, 박천창 마을 대표의 2004년 농민의 날 대통령상 수상, 2001년 팜스테이마을 지정, 2002년 녹색농촌 체험마을 지정, 2004년 자연생태 우수마을 지정, 2004년 대체에너지 시범마을 지정, 2005년 정보화마을 지정 등, 능길마을의 기록들은 무척 화려하다.

하지만 처음 찾는 사람들에게 보이는 마을의 모습은 생각보다 너무 평범하고 소박해서 의아스럽기까지 하다. 이런 소박한 농촌다움이 바로 인기를 끄는 비결이다. 능길마을 사람들이 생각하는 농촌의 발전과 미래는 '도시화'나 '현대화'의 모습이 아니다. 오히려 기존의 마을 생태와 환경을 잘 보존하고 관리하며 능길마을의 농업 생산물도 무농약과 유기농 경작으로 재배하여 품질에서 경쟁력을 갖는 것을 목표로 한다. 마을에서 생산된 질 좋은 농산물들은 도시의 기업 등 단체들과 적극적인 결연행사 등의 교류를 통하여 직접적으로 홍보한다. 전국 어느 곳에서라도 마을과 소비자 간의 직거래를 가능하게 만드는 방식을 도입한 것이다. 이러한 능길마을의 체계화된 방식은 농산물의 생산이라는 1차 산업, 단순 가공의 2차 산업과 더불어 농촌마을의 방문과 체험관광으로 이어지는 농촌 서비스의 제공이라는 3차 산업의 구조까지 더해져 마을의 모습을 탈바꿈시켜 놓았다.

앞으로도 진행될 능길마을의 미래 또한 다양성과 희망으로 가득해 보인다. 차별화된 숙박과 식사를 제공하는 민박형 숙소 운영, 마을 콘도와 농촌형 실버타운의 건설, 마을 전체를 연결하는 순환형 자연학습 동선의 개발 등 도시 문명의 '대안'으로서 비상(飛上)의 날개를 활짝 펴고 있는 중이다.

그렇다면 박천창 위원장의 성공 비결을 무엇일까. 첫째, 귀농 전 단계에서 농림부, 농진청교육, 전문농업정보, 도농교류, 지역적응훈련, 현장실습을 통해서 충분히 시행착오를 줄였다. 둘째는 과거 도시에서의 자신의 전문성을 살려서 농촌에서 연관시키는 일을 생각해냈다. 셋째, 마을 사람들이 현재 농산물 생산을 맡고 있고 박 위원장이 마케팅과 홍보를 통한 판매를 하는 경우다.

여하튼 귀농 전 단계 도시에서 충분한 준비과정을 거치는 것만이 성공을 보장한다. 아울러 어떤 사업도 주위 환경 변화에 신경 쓰지 않으면 성공할 수 없다. 농업도 유행의 변화에 민감해져야 한다. 늘 하는 일에만 신경 쓰지 말고 귀를 열어둬야 한다. 인터넷 시대에 대중은 정보를 따라 이동하고 농산물도 최고를 찾아 빠르게 움직인다. 자신의 농산물이 갖는 시장 반응을 정확히 파악하고 언제든지 '잘나가는 농민'을 벤치마킹할 준비가 돼 있어야 한다. 그리고 아무리 좋은 농산물도 이를 홍보해주고 유통시켜 주고, 소비할 사람이 없으면 제값에 팔지 못한다. 꾸준히 공부하고 지속적으로 교육기관을 찾고, 마케팅 전문가를 만나고, 다른 농산물 생산자들을 만나다 보면 진정한 '멘토'를 찾을 수 있다. 인생의 '멘토'는 정말 중요하다. 즉, 모두 '해'가 졌다고 말할 때 '별'이 떴다고 알려주는 사람이 여기에 해당된다. 왜냐하면 행운은 비나 구름을 타고 오는 게 아니라, 사람을 통해서 오기 때문이다. 그래서 고립된 사람은 제대로 성장할 수 없다.

또한 무거운 짐을 진 '소'가 깊은 발자국을 남긴다는 말이 있다. 농산물 품질을 속이고 단기적인 차익에만 얽매인다면 소비자들은 도망가게 된다. 힘들지만 무거운 사명감을 가지고 늘 소비자의 기호를 생각하고 소비자의 편에서 농사의 방향을 생각해야 한다. 종소리를 더 멀리 보내기 위해서는 더 아파야 한다. 꽃이 화려하면 당장은 벌들이 몰려들지만, 정작 꽃 속에 꿀이 없다면, 다 날아가버릴 것이다.

그런 의미에서 이 책에서는 새롭게 제2의 인생을 시작하는 귀농·귀촌인을 위하여 이론적인 핵심사항과 실질적인 사례를 두 전문가의 귀농세담으로 나누어 담았다.

2015년 9월 1일, 전성군·이득우

차례

프/롤/로/그/ _004

Part 1 무진장 귀농 CEO의 뚱딴지 일기

01. 무진장에서 만난 땅속의 금, 뚱딴지 017 | 02. 덕유산 자락이 감싼 능길마을 팜스테이 022 | 03. 능길마을의 마을 풍수와 유래 024 | 04. 귀농한 사람들이 만들어가는 '능길마을' 031 | 05. 한마음으로 미래를 꿈꾸는 마을 035 | 06. 능길권역의 3대 동력, 그리고 새로운 도전 047 | 07. 일본 농업연수를 가다 053 | 08. 꿈꾸는 자만이 이루어진다 056 | 09. 능길마을이 있기까지 064 | 10. 녹색농촌 체험마을 사후관리 운영방안 071 | 11. 무진장 사례-지역개발과 지역농산물 소통방안 076 | 12. 용담호 지류하천 소규모 댐 건설을 084 | 13. 경험으로 바라본 쌀 문제의 해답 086 | 14. 흑염소 특화사업, 일본 연수기 089 | 15. 박천창이 들려주는 6차 농업 이야기 113

Part 2 마음의 고향, 무진장 농촌

01. 인류는 농업의 역사 121 | 02. 동서고금의 농업관 123 | 03. 농업과 문명 124 | 04. 농업의 정체성 126 | 05. 산업으로서의 농업 128 | 06. 농업의 다원적 기능 129 | 07. 농심(農心)과 인간성 회복 131 | 08. 농촌은 마음의 고향 133 | 09. 식량권 보호와 인권 135 | 10. 식량안보와 식량주권 137 | 11. 신토불이와 지산지소 139 | 12. 농촌복지와 농촌사회 141 | 13. 로하스 시대의 농촌 142 | 14. 경제발전 패러다임의 변화와 농업정책 145 | 15. 기

후 온난화 시대와 농업의 가치 _146_ | 16. 확산되는 슬로푸드 운동 _148_ | 17. 슬로시티 운동과 농산어촌 _150_ | 18. 로컬푸드 운동과 농촌 _152_ | 19. 농촌의 다원성과 어메니티 _155_ | 20. 한국형 농업모델의 설정 _157_ | 21. 농업 · 농촌의 비전 _159_

Part 3 귀농, 알짜배기 연습

01. 귀농 준비 훈련 _163_ | 02. 귀농의 목적설정과 정보파악 _165_ | 03. 가족합의, 귀농이유, 마음자세 _167_ | 04. 철저한 교육(세제교육 포함) 수강 _171_ | 05. 실전경험을 쌓아라 _183_ | 06. 농촌에서는 농촌의 법을 따른다 _189_ | 07. 귀농장소와 영농유형 선택 _202_ | 08. 기본적인 정착자금은 반드시 필요 _207_ | 09. 농가주택은 수준에 맞게, 전기 수도는 용이한지 _208_ | 10. 농지구입 및 작목 선정은 신중하게 _230_ | 11. 농기계운행을 통한 농기계임대 방법 고려 _239_ | 12. 마을 사람들과 정겹게 지내는 연습 _241_ | 13. 귀농인의 마을 해설사로서의 역할 _247_ | 14. 귀농인 행동지침 _281_ | 15. 귀농 10계명 _281_ | 16. 성공 귀농인의 7가지 습관 _283_ | 17. 잠자는 농촌을 깨우러 귀농한 '노정기' 간사 _286_

참/고/문/헌/ _ 302

Part 1

무진장 귀농 CEO의
뚱딴지 생각

계곡야영체험장

능금리

친환경농업자재생산시설
지역특산물가공공장

능길산골체험학교

태양광발전소

전망대

습지학습원

생태통로

장류가공체험장

학선리

추동쉬미공예특지관

전원주거단지

농촌마을종합개발 대상사업

향후연계사업

버공동묘지장
권역정보교류센터

전망대

생태마을길시범구간

생물곡종합생활복지관

〈능길나라 조감도〉

01. 무진장에서 만난 땅속의 금, 뚱딴지[1]

뚱딴지는 원래 돼지감자를 가리키는 말이다. 그리고 생김새나 성품이 돼지감자처럼 '완고하고 우둔하며 무뚝뚝한 사람'을 비웃어서 가리키는 말이라고도 한다. 그러나 오늘날에는 본뜻이 가지고 있는 의미는 거의 없어지고, 상황이나 이치에 맞지 않게 엉뚱한 행동이나 말을 하는 것을 가리킨다.

뚱딴지의 효능은 대단하다. 천연인슐린을 가장 많이 함유하고 있어 당뇨병에 탁월한 효과가 있다. 그 효능은 당뇨병, 골절, 타박상, 해열, 지혈, 비만증, 다이어트 변비 등에 효과가 있다.

뚱딴지에는 여러 가지 효소가 존재하고 특히 이눌린나아제 효소 작용이 강하여 이 효소는 이눌린을 분해하여 과당을 생성하기 때문에 저장 중에 단맛이 생겨난다고 한다. 이눌린은 췌장을 강하시키는 물질로 돼지감자에 가장 많이 포함되어 있다.

---

1. 출처: 2014년 2월 14일, 문화일보(진안)에서 인용.

이눌린은 칼로리가 의외로 낮아 다당은 다당류로 위액에 소화되지 않고 분해되어도 과당으로밖에 변화되지 않기 때문에 혈당치를 상승시키지 않으면서 인슐린의 역할을 하기 때문에 피로해진 췌장을 쉬게 할 수 있어 돼지감자를 '천연 인슐린'의 보고라고 극찬한다. 돼지감자는 '당뇨병' 환자에게 권장할 만한 좋은 식물이다. 실제 민간요법으로 돼지감자를 당뇨에 사용해왔고, 당뇨병 환자가 돼지감자를 복용하고 당뇨병을 완치한 사례가 많이 보고되고 있다. 맛은 달고 성질은 차다. 천연 인슐린인 "이눌린"은 소화가 되지 않으므로 칼로리가 없으며, 위에서 소화가 되지 않고 장으로 내려감으로써 혈당이나 혈중 인슐린의 농도가 증가하지 않아 당뇨환자에게 특히 좋다. 또한, 수용성 식이섬유로 뛰어난 효과를 보인다. 현재 알려진 바로는 현대인은 하루 필요 식이섬유의 60% 정도만 섭취하는 것으로 알려져 추가적인 공급이 필요하다. 이눌린은 장내 유산균을 5~10배까지 증가시키고 동시에 유해 세균을 감소시킨다. 즉, 유익한 비티도박테리아의 대사를 촉진하고 활동을 증가시켜 장내 환경을 건강하게 만든다.

또한 뚱딴지는 식물섬유가 풍부하게 포함되어 그 함유량은 우엉보다 월등하다. 꽃이 필 무렵에 꽃으로 튀김을 해서 먹을 수도 있고 잎과 줄기를 물로 달여서 차처럼 음용할 수도 있다.

진안 톨게이트를 빠져나와 우뚝한 마이산을 뒤로하고 30분을 더 달렸다. 길옆으로 구량천이 따라왔다. 길고 긴 양의 창자보다 9배가 더 길다고 해 붙여진 이름이란다. 모처럼 맑은 날씨였고, 하늘은 더없이 파랬다. 손으로 만지면 푸른 물감이 묻어나올 것만 같았다. 그 길의 끝에 능길(能吉) 마을이 있었다. 행정구역상 진안군 동향면 능금리다. 마을 역시 한 폭의 수채화 같았다. 손에 잡힐 듯 펼쳐진 눈 덮인 덕유산이 운치를 더했다.

마을 입구에 들어서자 높은 깃대가 보였다. 높이가 10미터는 족히 돼 보였다. 매년 음력 1월 3일 마을 사람들은 이곳에 모여 '깃고사'를 지낸다. 풍년을 기원하며 기를 세우는 의식이다. 기는 한 달간 마을 입구에 세워지는데 깃발의 흔들림을 보며 한 해 기후를 예측할 수 있다고 한다. 기가 바람에 많이 날리면 그해에는 바람이 많이 분다는 뜻이고 기가 쓰러지기라도 하면 그해에는 큰 태풍이 올 수 있다는 의미다.

깃대를 지나자 마을 폐교가 눈에 들어왔다. 마을은 2001년과 2002년에 각각 팜스테이 마을과 녹색농촌체험 마을로 지정돼 다양한 체험프로그램을 갖추고 있다. 방문객들은 폐교를 개조한 숙소에 머물며 체험활동을 할 수 있다. 프로그램을 체험하기 위해 능길마을을 찾는 방문객은 연간 1만 5,000여 명에 달한다.

폐교의 도서관에서 마을 주민들이 연 만들기(사진) 체험을 선보였다. 한지에 구멍을 뚫은 뒤 대나무 4개를 잘라 붙이고 꼬리를 달면 완성된다. 간단해 보였는데 곳곳에 디테일들이 숨어 있었다. 풀로 한지에 대나무를 붙인 뒤 한지가 대나무의 옆면까지 붙을 수 있도록 손톱으로 눌러줘야 한다. 그래야 대나무가 떨어지지 않는다. 대나무가 연 머리보다 살짝 올라오게 만드는 것도 포인트였다. 거기 실을 묶어 연을 뒤로 휘게 해야 바람을 잘 타기 때문이다. 만들어진 연에는 한 해 소망을 적었다가 정월 대보름이 되면 한곳에 모아 태운다고 한다. 액땜을 위한 풍습이다. 연을 다 만든 박천창 마을 위원장은 '능길'이라는 마을 이름을 연에 적었다.

박 위원장은 "마을 이름인 능길은 모든 일이 잘되길 바란다는 의미"라면서 "정월 대보름까지만 연을 날린 뒤 연은 대보름날 모두 태운다"고 말했다.

만들어진 연을 직접 날려봤다. 생각만큼 잘 날지 않았다. 바람이 적은 탓도 있었지만 연의 균형이 맞지 않았다. 도시에서 나고 자라 연을 날려볼 기회가 적었던 탓이다. 그러나 얼레를 들고 달리며 바람을 맞는 재미가 쏠쏠했다. 땀방울이 흘렀지만 오히려 상쾌하게 느껴졌다. 운동 부족에 시달리는 어른이나 어린이들에게 좋은 체험이 될 듯싶었다.

연 만들기 외에도 마을에는 여러 가지 체험이 가능했다. 봄에는 산나물 채취나 자전거 타기, 여름에는 약초 채취나 다양한 농사 체험을 할 수 있다. 가을에는 포도 따기나 다슬기 잡기를 할 수 있으며 겨울에는 연을 만들거나 돼지감자 캐기 체험이 가능하다. 마을을 찾아 농촌 체험을 한 뒤 가볼 만한 주변 관광지도 많다. 덕유산은 말할 것도 없고 웅장한 봉우리를 자랑하는 마이산도 마을에서 가까웠다. 전국에서 다섯 번째로 크다는 용담댐도 찾는 이들이 많다. 7월에는 철새인 왜가리 떼가 마을 주변으로 날아들어 장관을 이룬다고 한다.

박 위원장은 "2002년에 처음 체험프로그램을 운영할 때만 해도 방문객이 연간 1,000여 명에 불과했다"면서 "점차 방문객들이 늘고 있으며 마을 소득에도 큰 보탬이 되고 있다"고 말한다.

요즘 능길마을 주민을 웃게 하는 건 다름 아닌 돼지감자다. 겨울철 마땅한 수입원을 찾지 못해 5년 전부터 재배하기 시작한 돼지감자는 최근 없어서 못 파는 작물이 됐다.

돼지감자는 뚱딴지, 뚱하니, 뚝감자 등으로 불린다. 흔히 엉뚱한 얘기에 대해서 '뚱딴지같은 소리냐'고 핀잔을 주곤 하는데, 돼지감자를 보면 왜 돼지감자를 뚱딴지라고 부르는지 짐작이 간다. 돼지감자는 국화과 식물로 가을이면 2미터까지 자라며 해바라기 같은 노란 꽃을 피워낸다. 가을이면 황금들녘과 함께 장관을 이루는 돼지감자지만 막상 캐기 위해 뿌리를 파보면 이상하게 생긴 물건이 나온다. 흡사 고둥 껍데기처럼 끝이 뾰족하고 울퉁불퉁하다. 그래서 당황스럽다. 그야말로 뚱딴지같은 모습인 것이다.

돼지감자가 최근 주목받기 시작한 것은 당뇨병에 효능이 높다고 알려지면서다. 돼지감자에 있는 '이눌린'이라는 물질은 민간요법에서 당뇨병 특효약으로 알려져 있다. 다이어트 식품으로도 인기가 높다. 식이섬유 효과 덕이다. 이눌린은 장내 유산균을 5~10배까지 증가시키고 동시에 유해세균을 감소시켜 장내 환경을 건강하게 만든다. 그래서 변비, 비만증에 매우 효과적이다.

현재 마을에서는 10농가가 연평균 160톤 정도의 돼지감자를 생산하고 있다. 마을은 생돼지감자뿐만 아니라 돼지감자차와 뚱딴지환 등 가공식품도 판매하고 있다. 박천창 마을 위원장의 권유로 돼지감자차를 한 모금 마시자 은은한 감자향이 온몸으로 퍼져나가는 것을 느낄 수 있었다. 첫맛은 고소했고 뒷맛은 달콤했다. 박 위원장은 "둥굴레차와 비슷한 맛이지만 더 깔끔하고 향이 깊다"고 설명한다.

돼지감자 캐기는 체험프로그램으로도 인기가 높다. 겨울철 마땅한 농사

체험활동이 없는 다른 마을들과 달리 능길마을은 겨울철 돼지감자 캐기 체험을 제공하고 있다. 특히 겨울철에 돼지감자 캐기가 인기가 많다고 한다.

02. 덕유산 자락이 감싼 능길마을 팜스테이

덕유산 자락이 감싼 물안개 마을. 그 입구에 들어서면 수백 년을 살아온 국가대표급인 커다란 정자나무가 사람을 맞이해준다. 전라북도 진안군 동향면 능길마을이다.

2001년 초창기 농촌팜스테이 마을로 지정돼 올해로 14년을 넘긴 '품격 높은 마을'이다. 그만큼 방문자들을 위한 시설과 프로그램이 잘 정비돼 있다. 폐교된 능길초등학교 건물을 방문자 센터로 바꿔 숙박시설을 마련했고, 개별 농가의 민박시설을 보완했다. 환경농업 체험장도 조성했다. 황토방 숙소와 친환경농산물 식당, 황토찜질방, 천연염색체험장, 목공방, 도서관 등이 갖춰져 있다.

마을 앞 구량천은 천천천(千天川)으로 일천 년 동안 하늘에서 내려오는 빗물하천이 천연 생태계를 그대로 보존하고 있는 자연의 보고다. 청정 일급수에서만 자라는 다슬기와 쉬리, 쏘가리, 모래무지 등 어패류는 물론 갈대와 억

새풀 등 수생식물도 볼 수 있다. 도시생활에 지친 사람들에게 맑은 자연의 공기를 공급하고, 눈을 상쾌하게 여과시키는 동시에 답답했던 마음을 풀어주고, 지친 몸에 힘을 불어넣어 주는 완벽한 공간이 될 만하다.

이 마을은 친환경농업연구회를 결성해 농약 대신 한약 부산물을 발효시킨 퇴비를 사용해 농사를 짓는다. 친환경적 식사는 능길마을의 자랑거리 중 하나다. 싱싱한 농산물이 가득 올라간 밥상을 보면 마음까지 건강해지는 듯한 느낌을 받는다. 여기에다 천마와 뚱딴지 원료가 들어가는 막걸리(순설주)는 정말 일품이다.

여름에 방문하면 약초 채취, 고구마 캐기 등 농사 활동에 참여할 수 있다. 능길산골학교에서는 친환경 농법으로 지은 다양한 농산물을 보고 체험할 수 있는 기회를 제공한다. 천연염색 체험도 가능하다. 황토와 양파, 감 등 천연 자연재료를 이용해 손수건이나 두건, 명주 스카프 등에 자연의 색을 담을 수 있다. 순수 우리 콩을 맷돌로 갈아 손두부를 만들 수 있는 두부 만들기 체험 프로그램이 기다리고 있다. 두부를 만들고 남은 비지는 집에 가져가 콩비지 찌개를 만들어 먹으면 된다. 마을에서 직접 재배한 찹쌀로 인절미를 만드는 것도 인기다. 고소한 콩가루와 찰진 찹쌀이 궁합이 맞아 어우러진 맛을 느낄 수 있다.

마을 앞동산에 오르면 웅장한 봉우리를 자랑하는 마이산이 보인다. 마이산(馬耳山, 685m)은 백두대간에서 호남정맥과 금남정맥으로 이어지는 주 능선에 위치하고 있다. 말의 귀처럼 생겼다고 해 '마이산'으로 이름 붙여진 이 산에는 한국의 불가사의로 꼽히는 원뿔형의 탑사가 있다. 세계 유일의 부부

봉인 마이산은 1979년 10월 16일 도립공원이 됐고, 산태극·수태극의 중심지로 2003년 10월 31일 국가지정문화재 명승 제12호로 지정받았다.

1800년대 후반 이갑용 처사가 쌓은 것으로 알려져 있는 이 탑사는 사람의 손이 닿지 않는 높이까지 솟아 있는 데다 비바람이 불어도 무너지지 않는 신비함을 간직하고 있다. 자연의 장엄함을 느끼고 싶다면 찾아가 봄 직하다.

03. 능길마을의 마을 풍수와 유래[2]

능길마을 상능(웃담)과 하능(아랫담)의 주산은 해발 757미터의 국사봉이다. 국사봉 줄기에서 내려오는 큰 재는 양쪽으로 불당골 줄기로 상능이 형성되어 있고 귀신골 줄기로 하능이 형성되어 있다. 마을 앞으로는 남덕유산에서 내려오는 물줄기인 구량천이 마을 앞을 가로지른다. 구량천 건너편 안산으로 해발 520미터의 깃대봉이 있다.

능길마을은 진안군 동향면 능금리(能金里)에 속하는데 본래 용담군 일동면 지역이었다. 1914년 행정구역 개편에 따라 호산리와 능산리를 병합하여 능산과 금곡의 이름을 따서 능금리라 하여 진안군 동향면에 편입되었다. 능금리는 내금(안쇠실), 상능(능길 웃담), 외금(바깥 쇠실), 추동(가래골), 하능(능

---

2. 출처: 진안 문화원 1998년, 2010년.

길 아랫담) 등 5개의 마을로 구성되어 있다. 능길마을은 금광이 많아 '금방아실'이라 불렸는데, 이것을 한자로 표기하여 '능금'이 되었다고 하며, 실제로 마을 주변에서 사금(砂金)이 많이 나온다고 한다. '용담에서 제일은 능길이요, 둘째는 주지내(주천면)이며, 셋째는 포안(안천면 소재지)이다'라는 말이 회자되고 있을 정도로 능길 주민들은 용담군이던 시절 살기 좋았다고 한다.

능길마을은 남원 양씨, 함안 정씨, 수원 백씨에 의하여 형성되었다. 마을에서는 '양 백 정씨'가 마을을 개척했다고 하나 마을 형성 연대는 정확히 알 수 없다.

1) 능길마을 깃고사 연원

능길마을 깃고사가 정확하게 언제 시작되었는지는 알 수 없다. 마을 사람들은 1800년대에 기가 만들어진 것으로 추정하고 있지만 이에 대한 정확한 근거는 없다. 반면, 진안군 백운면 백암리 상백암 마을 기에는 한문으로 "광무(光武) 원년(元年) 2월(二月) 1일(一日) 시설(始設)/ 단기(檀紀) 4292년(四二九二年) 2월(二月) 1일(一日) 중수(重修)"라 적혀 있어 광무 원년인 1897년에 깃발이 제작되면서 깃고사가 행하여졌고, 1959년에 다시 깃발이 제작되었음을 알 수 있다. 또 진안군 마령면 강정리 원강정 마을의 용대기에는 한문으로 "창시(創始) 도광(道光) 15년(十伍年) 3월(三月) 일(日) 갑자(甲子) 칠월(七月) 일(日) 수보(修補) 전북(全北) 진안(鎮安) 마령(馬靈) 강정리(江亭里) 용대기(龍大旗)"라 적혀 있어 1835년에 시작되었음을 알 수 있다.

능길마을 기에는 "능사사명(能社司命)"이 새겨져 있는데 마을을 보호해주는 신(神)을 의미하는 것으로 생각된다. 능길마을에서는 깃고사를 지내면서 한 해의 안녕을 기원한다. 그래서 능길마을 깃고사는 일종의 당산제의 성격을 띠고 있다.

2) 능길마을 깃고사의 성격

능길마을에서 기를 세우면서 제의를 행하는 것을 깃고사라 한다. 일반적으로 다른 지역에서는 마을의 농악대가 농기를 앞세우고 정해놓은 장소에 모여 농기의 오래된 순서에 따라 새해 인사를 나누는 '기 세배'나 '깃절' 또는 '농기맞이'를 한다. 특히 전라북도 장수군의 '깃절 놀이'는 능길마을 깃고사와의 차이점을 쉽게 이해할 수 있는 사례이다.

장수 깃절은 장수군 장수읍 13개 자연 마을이 함께했던 놀이였다. 부모기를 비롯한 아들기의 순서는 기의 제작 연대를 따르는데 가장 먼저 만들어져 오래된 기가 영감기이고 그다음이 부인기, 장남기, 차남기 순서이다. 간단히 제의를 마치면 깃절이 시작된다. 깃절은 영감기와 부인기의 맞절로 시작된다. 영감기와 부인기의 인사가 끝나면 각 마을의 아들기가 큰아들부터 막내아들기까지 순서대로 부모기인 영감기와 부인기에 절을 한다. 장수군의 깃절놀이는 마을 단위의 공동체가 고을 공동체로 확대된 대동 놀이이다.

반면에 능길마을 깃고사는 마을회관 앞에 기를 세우고 제의를 행하는 마을 단위 행사이다. 이 깃고사는 정적이며 마을의 안녕을 기원하는 당산제의 성격을 띠고 있다. 능길마을의 깃고사는 '대산지[큰산제]'로 어른을 모시는 것이어서 그 이전에 개인적인 고사는 지내지 않는다. 각 가정에서 개인적으로 절이나 무당을 찾는 것은 깃고사를 마친 후에나 가능한데, 능길마을 깃고사의 당산제적 성격을 말해주고 있다.

3) 능길마을 깃고사의 구성 요소

능길마을 깃고사 기의 구성 요소는 다음과 같다. 먼저 기는 큰 기와 작은 기가 있다. 큰 기는 1999년에 새로 제작된 것으로 기의 훼손 정도가 심하면 다시 제작하여 사용한다. 보통 기를 세우면 한 달 동안 세워놓기 때문에 10년 정도 지나면 낡아지곤 하여 새롭게 제작한다. 이때 낡은 기는 함부로 버리지 않고 잘 보관해둔다.

큰 기는 가장 중심이 되는 기이다. 3×5m 정도 크기의 직사각형 흰 천에 검은 천으로 테두리를 쳐놓고 있다. 가운데에 "능사사명(能社司命)"이라 적혀 있고 한쪽에 제작 연대인 1999년이 새겨져 있다. 기에 제작 연대와 명문을 새겨 넣는 것은 필수적이다. 능길마을에서 현재 깃고사 때 사용하는 기는 1999년에 제작된 것이고 1982년에 제작된 기는 마을회관에 보관하고 있다.

작은 기는 영기(令旗)라 부른다. 작은 기는 2개를 세운다. 검은 천에 '영(令)'자가 새겨져 있다. 깃대는 대나무에 새끼줄을 감아놓은 형태이며 크기는 7미터 정도이다. 깃대는 마을에 2개가 있으며 마을 창고 처마에 보관하고 있다.

깃대 맨 위에 장식하는 것을 '꿩장목'이라고 하는데 흔히 꿩 깃털로 장식한다. 능길마을에서는 꿩 깃털이 없어 깃고사를 지낼 때마다 짚으로 꿩장목을 장식한다. 꿩장목 바로 아래에 흰 천으로 감아놓는 것을 '머리태'라고 한다. 흔히 영기에서는 꿩장목 아래에 수염을 다는데 능길마을에서는 흰 천을 달아맨다. 기를 세워 묶을 수 있는 3개의 기다란 끈이 필요하며 3~4개의 버팀 쇠가 필요하다. 예전에는 논에 기를 세웠으나 지금은 마을회관 앞에 세우고 있다.

4) 능길마을 깃고사 의례 과정

(1) 제일과 제수 준비

능길마을 깃고사는 음력 정월 초사흗날 오전 10~11시경에 지낸다. 그리고 한 달 후인 2월 초사흗날에야 기를 떼는데 깃고사를 지낸 후 한 달 동안 기를 달아매어 놓는 것이다. 제주는 섣달에 대동회에서 결정하며, 초헌관·아헌관·종헌관·축관을 선정하고 집사 2명도 함께 선출한다. 제주는 동네에서 궂은일이 없는 깨끗한 사람이 맡는데 상능과 하능이 교대로 정한다. 비용은 논 10마지기와 밭 약 1,322.3m^2에서 나온 것으로 충당하며, 제물로는 백설기·삼색실과·탕·전 등을 준비한다.

(2) 축문

축문은 마을 주민 박찬언이 매년 시정하여 준비한다. 마을의 주신인 능사사명(能社司命)에게 마을의 해를 없애고 복을 기원하는 것으로 내용은 다음과 같다.

유세차(維歲次) 간지(干支) 모월(某月) 간지(干枝) 모일(某日) 간지(干支) 유학(幼學) 모모(某某) 감소고우(敢昭告于) 능사사명명지하(能社司命命之下) 년년원삼갈립동천(年年元三揭立洞天) 일리헌성백가재천(一里獻誠百家齊薦) 가가정결인인희락(家家精潔人人喜樂) 일심치성소무해실(一心致誠少無害至) 재해원거복연일지(災害遠去福緣日至) 근이주과경신존헌상향(謹以酒果敬伸尊獻尙饗)

(3) 기 세우기

기 세우기는 우선 마을회관 앞을 깨끗하게 청소한 후에 시작된다. 창고 처마에 보관 중인 깃대를 내려놓은 후에 회관에서 보관하던 기를 먼저 묶는다. 깃대 끝 부분에서 2미터 정도 아랫부분에 묶는다. 이후에 '꿩장목'을 짚으로 깃대 끝 부분에 묶는다. 그리고 '꿩장목' 바로 아래에 '머리태'라 하여 흰 천을 묶는다. 이후에 기를 세운다. 이와 함께 작은 기 2개도 함께 묶는다. 기를 세울 때에는 미리 세 곳에 버팀 쇠를 박고 세 줄의 끈으로 균형을 이루게 하여 팽팽하게 묶는다. 기를 세울 때 풍물을 울린다.

⑷ 제물 진설과 제의 진행

깃고사는 기를 세운 후 큰 기 바로 앞에 제물을 진설하고 풍물을 치면서 시작된다. 제는 초헌관, 아헌관, 종헌관으로 전통 유교식으로 진행된다. 제관들이 소지 종이를 나누어 들고 각자 마을과 가정의 안녕을 위해 한 장씩 올린다. 큰 소지 종이는 자르지 않고 둥글게 말아 소지를 올린다. 제를 마친 후 음복을 하며 제상에 올린 떡은 '재수떡'이라 하여 조금씩 나누어 먹고 마을회관에 모여 점심을 먹으며 한 해를 설계한다.

⑸ 기 내리기

제를 지낸 지 한 달 후에 기를 내려놓게 되는데 2월 초하루 전에 바람이 심하게 불거나 이유 없이 기가 쓰러지면 기를 다시 세우고 정성스럽게 제를 다시 모신다. 겨우내 땅이 얼었다가 날씨가 포근해지면 쓰러질 수 있어 이러한 점까지 고려하여 기를 세운다고 한다.

2월 초하룻날 기를 내릴 때는 아침에 마을 사람들이 모여서 풍물을 울리면서 기를 내린다. 기를 세울 때와는 달리 술을 석 잔 올린 후에 내린다. 세 갈래로 묶은 줄을 풀면 자연스럽게 기가 넘어가는데 이때 반드시 동쪽으로 쓰러뜨린다. 동쪽은 오는 방향이며 서쪽은 가는 방향이므로 반드시 길한 방향인 동쪽을 향하도록 한다. 기가 쓰러지면 기폭을 떼어내고 짚을 뭉쳐 만든 꿩장목도 떼어낸다. 기폭은 잘 접어서 함에 보관하고 영기도 내려 보관한다. 그리고 마을회관에서 함께 식사를 하며 기 내리기를 마친다.

(6) 대동적 공동체 축제로서 깃고사

능길마을 깃고사는 백운면 상백암 마을 깃고사와 함께 현재까지 제의가 전승되고 있는 중요한 민속이다. 과거 다른 지역에서 기세배라 하여 기 싸움 놀이가 있었으나 현재 대부분이 사라진 상황에서 능길 깃고사는 의미가 크다. 또한 상백암 깃고사는 기에 남아 있는 명문으로 그 역사성을 증명할 수 있는 귀중한 자료가 된다.

04. 귀농한 사람들이 만들어가는 '능길마을'[3]

마을 대표는 고향으로 귀농한 지 25년을 넘겼다. 어릴 적 다니던 초등학교가 폐교된 것을 인수해 체험학교로 만들었다. 그것이 마을의 중심이 돼 도시민들이 들어와 살기 좋은 마을 가꾸기에 나섰다. 귀촌한 사람들이 하나둘 참여하기 시작해 마을 가꾸기에 힘을 보태고 있다. 이름 하여 전북 진안의 능길마을이다.

능길마을은 전북 진안군 동향면 능길리를 이른다. 대전-진주 간 고속도로의 덕유산나들목을 나서서 무주 쪽으로 10여 분 정도 더 가면 만날 수 있는

---

3. 출처: 2009년 10월 9일, 세계일보(진안)에서 인용.

마을이며 53가구 150여 명이 사는 덕유산 자락의 전형적인 작은 농촌마을이다. 특별함이 있을 것 같은 마을도 아니다. 여느 농촌마을처럼 물 맑고 공기 좋은 마을, 인심 좋은 사람들이 마을의 자랑거리다. 다른 농촌마을처럼 젊은 사람들은 떠나고 마을 구성원들 대부분이 노인네들이란 것도 똑같다.

관광지로 유명한 곳도 아니고 세상에 널리 알려진 특산품이 있는 것도 아니다. 인근에 큰 도시가 있어 도시민들의 진입이 쉬운 마을도 아니다. 주변에 개발 이슈가 있는 곳은 더더욱 아니다. 마을의 뒷산이 되는 국사봉 산자락을 따라 집단으로 촌락이 형성돼 있고 앞쪽으로는 농경지가 펼쳐져 있다. 농경지를 가로질러 구량천이 흐르고 있다. 내가 흘러가는 곳을 따라 눈길을 돌리면 멀리 소백산맥의 자락들이 아득하게 보인다. 관광지로 유명한 무주가 아마 거기 어디쯤일 것이고 전북의 오지인 장수도 그쯤일 것이다. 능길마을과는 연계가 될 수 없는 곳들이다.

이런 마을이 최근 몇 년간 외지인들의 발길이 끊이지 않고 있다. 농촌 체험 관광을 오는 어린아이들부터 마을 견학을 오는 다른 지역의 주민들과 공무원들, 거기다 최근 들어서는 도시를 버리고 들어와 살겠다며 찾아오는 도시민들도 많이 늘고 있다. 이렇게 사람들의 발길이 끊이지 않는 것은 마을의 중심이 되고 있는 산골체험학교가 있기 때문이다. 이 학교를 끌고 가는 마을의 박천창 대표와 부인 김미아 씨 부부가 큰 역할을 하고 있다.

1960년생인 박천창 대표 부부는 귀농한 사람들이다. 이곳 능길마을이 고향으로 지금은 폐교가 되었지만 능길초등학교를 다녔다. 1989년 말에 고향으로 귀농을 하여 폐교된 모교를 인수해 산골체험학교를 운영하고 있다.

부인 김미아 씨는 부산에서 직장생활을 하다 결혼한 후 남편을 따라 능길마을에 정착했다. 지금은 마을 부녀회 총무일을 맡고 있으며 산골체험학교에서 천연염색을 교육하고 있다. 매년 2만여 명이 넘는 인원이 체험학교를 다녀가지만 수익은 크게 자랑할 것이 못 된다. 그래서 인진쑥 가공공장을 차려 생협을 통해 유통을 하면서 연간 4억 원 이상의 매출을 올리고 있다.

다른 곳들이 100억 이상씩 정부지원을 받아 유명세를 치를 때 능길마을은 그런 것에는 별로 신경을 쓰지 않았다. 박천창 대표는 정부의 지원보다 자생력을 키우는 것이 우선이었다고 말을 한다. 그렇게 자립심을 키우다 보니 마을도 알려지기 시작했다. 농식품부에서 주관하는 농촌마을경진대회에서 대상을 받기도 했으며 박천창 대표는 농민의 날에 대통령 표창도 받았다.

그러다 보니 자연스럽게 지원 사업들과도 연계가 되었다. 농식품부의 녹색농촌체험마을로 지정되는 것을 시작으로 본격적인 마을 가꾸기에 들어갔다. 폐교를 리모델링하여 교육장과 사무실, 숙소로 활용하고 황토 찜질방, 천연염색체험방 등도 만들었다. 2006년에는 농촌마을종합개발사업지로 지정을 받아 마을 가꾸기에 탄력이 붙고 있다. 요즘엔 폐교에 마을 도서관을 만드는 일과 도시민들이 와 쉬고 갈 수 있는 체류형 민박집을 짓는 공사로 한창 바쁘다.

능길마을과 마을 대표 박천창 씨가 관심을 갖는 것은 도농교류와 도시민 유치다. 젊은 사람들, 사회적으로나 경제적으로 경쟁력을 갖춘 도시민들이 들어와 살 수 있도록 마을을 만드는 것이다.

이런 노력들이 서서히 결실로 나타나고 있다. 도시민들이 하나둘 들어와 터를 잡기 시작했다. 특히 바로 옆 마을 학선리에 조성된 농식품부 지원 전원마을 '새울터'와의 연계도 모색 중이다. 도시에서 31가구가 이주하게 되는데 이들이 농촌에서 딱히 할 만한 일을 찾기 힘들기 때문에 능길마을과 연계할 수 있는 소득사업들을 고민 중이다. 이미 새울터 마을에 입주한 귀농인이 능길마을에서 박천창 대표와 함께 일을 하는 경우도 있는데 마을 간사인 송영철 씨가 대표이다. 그는 현재 공사 중인 새울터마을이 완공되기 이전에 이미 능길마을로 내려와 터를 잡아 살고 있었다. 가족들도 함께 내려와 아이들은 시골 초등학교에 입학을 시켰다.

능길마을은 '지역마을과 함께하는 순환형 자립마을'을 표방하여 마을 가꾸기를 하고 있다. 외지인들이 귀농을 했을 때 마을 자체적으로 일자리를 만들고 수익을 얻을 수 있도록 하자는 의미다. 이를 위해 귀농한 사람들이 주축이 되는 친환경 장류와 지역 특산물을 가공하는 공장 설립 및 법인 설립을 계획하고 있다.

박천창 대표는 인진쑥 가공공장을 설립해 생협을 통해 판매하고 있으며 이런 경험이 지역을 기반으로 한 수익사업을 하는 데 큰 힘이 되고 있다. 마을에 이주한 지 12년이 되는 유재철 씨는 능길마을 가공공장의 공장장이다.

이런 일련의 사업들을 추진하기 위해 가장 큰 어려움은 사람이 없다는 것이다. 그래서 도시민들의 귀농과 전원생활에 관심을 기울이고 있다. 귀농자나 전원생활 하는 사람들이 마을로 이주해 함께 살면서 마을 가꾸기도 함께 하는 것을 바라고 있다.

이를 위해 각종 행사들을 개최하고 있는데 여름 동안 계획돼 있는 것들도 많다. 7월 21일부터 25일까지 '원어민과 함께하는 팜스테이 경어캠프'가 실시되며 '한여름 귀농귀촌체험축제'가 8월 11일부터 16일까지 개최된다. 8월 15일부터 19일까지는 아토피 제로캠프도 열린다. 이런 행사를 통해 도시민들과 적극적으로 교류하며 소통하고 있는 중이다.

05. 한마음으로 미래를 꿈꾸는 마을

　해마다 정월이 되면 마을 앞마당이 시끌벅적하다. 바로 '깃고사' 준비 때문이다. 200여 년 전통의 이 행사는 마을 주민 모두 함께 준비하고 정성을 다해 차례 의식을 치른다. 하늘과 땅과 조상님에게 지나온 시간을 감사드리고 다가온 한 해를 푸른 하늘빛 희망으로 가득 채운다. 주민 모두 한마음으로 높이 솟은 깃발을 바라보며 더 나은 미래를 약속하고 준비한다. 덕유산 줄기의 작은 고장이 우리 농촌의 희망을 보여줄지도 모르겠다. 스스로의 힘으로 전국 최고의 경쟁력을 갖춘 농촌 마을이 되었다. 아름다운 꿈을 키워나가는 능길마을로 여러분을 초대한다.

1) 능길마을

심훈 선생님의 『상록수』라는 소설이 있다. 동혁과 영신이라는 젊은 두 주인공이 고향으로 돌아가 농촌을 계몽하기 위하여 노력한다. 두 주인공의 순수하고 헌신적인 모습은 일제강점기의 어두운 현실 속에 새로운 희망의 모습으로 많은 사람에게 용기를 준다.

오늘날의 우리 농촌의 현실은 새로운 '상록수'를 간절히 기원하고 있을지 모르겠다. 우루과이라운드로 시작된 현실의 움직임은 FTA 협정으로 이어지며 분노의 울분을 넘어 좌절과 체념의 모습으로 이어지고 있다.

십수 년 전, 한 젊은이가 고향인 이곳 능길마을로 돌아왔다. 대도시에서 직장생활을 하며 평범하고 안정적으로 살고 있던 현재 능길산골학교의 대표이다. 그의 생각은 한결같았다. 농업과 농촌은 우리 사회 삶의 뿌리를 이루는 곳으로 절대 포기할 수 없는 것이라 생각하였다. 도시 또한 자연의 혜택과 삶의 기본인 먹거리를 생산하는 농업과 농촌 없이는 존재할 수 없다고 확신하였다. 그는 농촌 현실의 대안이 '지역'과 '공동체'에 있다고 생각하였다. 이미 가지고 있어도 알지 못하였던 자원과 가치를 다시 생각해보며 외부에의 의존을 줄이고 지역민이 중심이 되어 삶의 방향을 스스로 선택하고 실천해나가야 한다고 마을 주민들에게 이야기하였다.

마을의 발전을 위해서는 좀 더 많은 정부의 지원을 받는 것이 가장 중요한 것으로 여기던 지역민들에게 결코 쉬운 일이 아니었음은 너무도 당연한 이야기다. 하지만 그의 노력에 올바르고 현명한 마을 사람들은 마음을 모았다.

해마다 '깃고사'에 모두 모여 한마음으로 기원하듯, 힘을 모아 마을의 잠재적 가치를 발견하고 살기 좋은 곳으로 바꾸어나갔다.

능길마을은 도시화된, 관광객들을 위한 마을 개발을 단호히 거부한다. 마을 주민이 원하는 마을 발전을 생각하고 정부지원사업도 마을 주민의 생각이 일치할 때만 추진한다. 농산물 가공 공장의 운영과 생산물의 도농 직거래를 통한 마을 연간 수입은 이미 10억 원 이상이 되었다. 시작한 지 4년 만의 기록이다. 마을의 폐교를 이용한 '능길산골학교'를 중심으로 하는 마을 방문객 수도 연간 2만 명 이상이다. 53가구, 150여 명의 주민들이 사는 덕유산 자락, 해발 350미터에 위치한 작은 농촌 마을의 놀라운 기록이다.

마을 체험프로그램도 단순히 흥미 위주로 구성하지 않는다. 도시민들의 일과성 체험에서 그치지 않고 체험을 통하여 새로운 삶의 공간으로 선택할 수 있는 표본지역으로 성장하는 것이 마을의 목표다. 방문객들은 잘 정비된 '능길산골학교'의 숙박 공간에 머무르며 다양한 체험프로그램 속에서 자연스럽게 농촌 마을의 현실을 바라보고 미래를 준비하는 능길마을의 모습을 느낄 수 있다.

새로운 희망의 깃발이 능길마을 깃고사의 높은 깃대에 펄럭이며 우리 농촌의 미래를 밝게 한다. 2013년, 새로운 상록수의 이야기다.

2) 박천창 마을 대표

능길마을은 능(능할 능) 길(길할 길)을 쓰고 있으며 모든 일이 잘된다는 뜻의 이름을 가진 마을로서 능길마을을 다녀가시면 모든 일이 잘될 것이다. 이 마을은 전형적인 산촌형 마을로서 마을 앞에는 백두대간 덕유산에서 발원한 구량천이 굽이돌아 용담댐으로 흐르는 훌륭한 자연과 환경이 살아 있으며, 농촌다움을 유지하려 항상 노력하고 있다.

3) 능길마을 체험여행 일정표

	시간	일정
1일차	오전~12:30	출발→전북 진안군 능길마을 도착(서울 기준 3시간 소요)
	12:00~12:30	환영인사와 마을 소개
	12:30~13:30	점심 식사-마을에서 준비한 시골밥상으로
	13:30~14:30	마을 둘러보기(마을의 상징 소나무, 원두막, 풍력 발전기 등) 마을회관 들러 인사하기
	14:30~16:30	오리농법 농사체험 또는 황토 염색, 물놀이, 고기 잡기
	17:30~18:30	저녁 식사-친환경 농산물로 정성껏 준비
	18:30~19:30	전통 민요 배우기
	19:30~21:00	저녁 체험(모닥불에 감자, 고구마 구워 먹기), 능길마을 이야기 듣기
	21:00~22:00	청정 지역에서만 보는 반딧불이 관찰하기
2일차	08:00~08:30	마을 산책
	08:30~09:30	아침 식사
	09:30~10:30	체험프로그램-새끼 꼬기, 여치집 만들기
	10:30~11:30	우리 음식 만들어 먹기-떡메 치기, 두부 만들기
	11:30~12:00	마을 출발, 진안 마이산 도착

12:00~16:00	중식 후, 마이산 등반(암마이봉, 수마이봉, 탑사 등)

* 계절별, 일정별 프로그램 조정 가능

4) 능길마을의 계절별 다양한 체험

---

*봄―야생화 관찰, 산나물 채취, 달래 캐기, 냉이 캐기, 오리 입식 축제
*여름―감자 · 옥수수 수확, 다슬기 잡기, 산골여름학교 운영
*가을―고구마 캐기, 벼 베기, 밤 줍기, 과일(한방 배, 포도) 따기, 허수아비 만들기,
　　　메뚜기 잡기, 야생표고버섯 채취
*겨울―연날리기, 썰매타기, 쥐불놀이, 황토방 쑥 찜질
*연중―천연염색, 삼림욕, 마을 전통가옥 눌러보기, 산골체험학교 황도 찜질방 운영

---

5) 능길마을의 현재, 그리고 꿈꾸는 미래

2004년 '농촌마을가꾸기' 대상 수상, 2005년 농림부 '우리 농업 희망 찾기' 현장정책 우수상 수상, 박천창 마을 대표 2004년 농민의 날 대통령상 수상, 2001년 팜스테이마을 지정, 2002년 녹색농촌 체험마을 지정, 2004년 자연생태 우수마을 지정, 2004년 대체에너지 시범마을 지정, 2005년 정보화마을 지정, 일본 · 유럽 · 호주 선진지 농촌 연수, 방송 50여 회, 언론 200여 회 등, 능길마을의 기록들은 너무도 화려하고 많다. 마을을 찾기 전, 외부에 알려진 능길마을의 이야기들은 과거 새마을운동의 성공 사례처럼, 방문객들에게 현대화의 모습으로 가득 찬 마을의 모습을 쉽게 기대하게 한다.

하지만 처음 찾는 사람들에게 보이는 마을의 모습과 느낌은 폐교를 이용한 능길산골학교와 마을회관의 단정하고 소박함 외에는 너무도 평범한, 작고 조용한 마을의 모습에 의아스럽기까지 하다. 오히려 밤 10시 이후에는 마을의 차량 통행을 마을 스스로 자제하고 구판장 등의 판매 시설도 문을 닫아 외진 산골에 들어와 있는 것 같은 착각마저 생길 정도다.

능길마을 사람들이 생각하는 농촌의 발전과 미래는 '도시화'나 '현대화'의 모습이 아니다. 오히려 기존의 마을 생태와 환경을 잘 보존하고 관리하며 능길마을의 농업 생산물도 무농약과 유기농 경작으로 재배하여 품질에서 경쟁력을 갖는 것을 목표로 한다. 마을에서 생산된 질 좋은 농산물들은 도시의 기업 등 단체들과 적극적인 결연행사 등의 교류를 통하여 직접적인 홍보를 한다. 전국 어느 곳에서라도 마을과 소비자 간의 직거래를 가능하게 만드는 방식을 도입한 것이다.

이러한 능길마을의 체계화된 방식은 농산물의 생산이라는 1차 산업, 단순 가공의 2차 산업과 더불어 농촌마을의 방문과 체험관광으로 이어지는 농촌 서비스의 제공이라는 3차 산업의 구조까지 더해져 마을의 모습을 탈바꿈시켜 놓았다.

방문객들에게 식사, 숙소 등을 제공하고 그들의 요구사항에 맞는 서비스를 준비한다는 단순하고 수동적인 일반 관광지역과 다를 바 없는 기존 농촌 체험마을의 운영을 능길마을은 과감히 탈피하였다. 농촌마을 체험을 통하여 방문객들이 새로운 삶의 공간으로 농촌을 선택할 수 있도록 유도할 수 있는 표본지역의 역할을 하는 것이 능길마을의 장기적인 목표이다.

이러한 마을의 중·장기 계획을 체계적으로 추진하기 위하여 능길마을은 분야별 전문가 50여 명으로 구성된 자문위원단을 선정하고 그들의 전문 지식을 통한 마을 가꾸기에 노력하고 있다. 작은 농촌마을 스스로 외부 전문 인력으로 구성된 자문위원단을 선정한 것은 보기 드문 사례일 것이다.

마을 구성원들의 실질적인 소득증대를 위한 마을 운영도 선진적이다. 오리 입식 농사 체험행사, 하천 가꾸기 체험행사, 주말농장 운영 등의 활발하고, 연속성을 가진 도농교류활등의 진행, 마을 내 공장에서 생산되는 인진쑥 엑기스, 한방 배즙, 호박 배즙 등 특화된 고부가가치 농산물 가공품 개발 등을 통하여 주민들의 실질적 소득 증대를 창출하고 있다.

앞으로도 진행될 능길마을의 미래 또한 다양성과 희망으로 가득해 보인다. 사상체질별로 차별화된 숙박과 식사를 제공하는 민박형 숙소 운영, 마을 콘도와 농촌형 실버타운의 건설, 마을 전체를 연결하는 순환형 자연 학습 동선의 개발 등을 계획하고 추진함으로써 도시 문명의 '대안'으로 자리매김하는 농촌 마을을 만들기 위하여 노력하고 있다.

6) 능길마을 운영의 중심

능길 체험학교마을에 들어서면 가장 먼저 황토 빛 가득한 능길 체험학교가 눈에 들어온다. '산골학교'라는 정식 명칭의 이곳은 능길마을 체험의 중심지역이다. 많은 농촌 체험 마을들이 마을회관이나 마을민박 등 기존의 마을 시설물들을 체험행사장으로 사용하는 형태라면 이곳 능길마을의 체험학교는 제대로 격식을 갖춘 숙박시설이자 실내외 체험장의 역할을 담당하고 있다.

7) 능길 산골 체험학교 내부시설

과거 능길초등학교 시설을 기초로 황토로 내·외벽을 바르고 시설물들도 용도에 맞도록 깔끔히 정리하였다. 실내 시설도 용도에 따라 다양한 크기의 방들로 개조하여 구성하는 등, 가족단위의 여행객이나 대규모 단체 방문객들이 그 목적에 따라 독립성을 유지하며 시설을 사용할 수 있도록 구성되어 있다.

편의시설로는 체험객이 직접 사용 가능한 주방과 다용도실, 욕실 등이 내부에 마련되어 있다. 더하여 천연염색 공예, 단체객들의 세미나 등의 용도에 적절한 강의실이 준비되어 있으며 단체 활동에 필요한 강당도 마련되어 있다.

8) 체험학교 외부 공간

능길 체험학교의 진정한 멋스러움은 외부공간에 있다. 운동장 공간은 녹색의 잔디밭으로 잘 가꾸어져 있으며 이곳에서 방문객들은 족구, 캠프파이어 등 다양한 체육활동을 마음껏 즐길 수 있다. 운동장의 한 곁에는 옛 모습대로 지은 이층 원두막과 짚으로 지붕을 덮어 더욱 운치 있는 단층 원두막이 있어 농촌체험학교의 분위기를 살리고 있으며, 단층 원두막의 넓이가 꽤 넓어서 추운 계절을 제외하고는 야외 강당과 같은 역할이나 기타 사람들이 모이는 장소가 된다.

특히 저녁 늦은 시간, 운동장 원두막에 둘러앉아 맑은 공기와 깨끗한 밤하늘의 정취에 빠져 모닥불에 감자, 고구마를 구워 먹으며 마을 어르신들의 옛이야기를 청해 들어보는 것은 결코 잊을 수 없는 추억거리가 될 것이다.

체험학교의 뒷마당에는 다른 마을에서 좀처럼 볼 수 없는 이색 시설이 있다. 황토와 돌을 재료로 하여 마을에서 가까운 마이산의 모양을 본떠 만들어진 황토 찜질방이 예쁘게 자리 잡고 있다. 찜질방 바닥에는 마을에서 생산되는 인진쑥을 깔아 더욱 몸에 좋은 웰빙 시설로 마을 주민들과 방문객들이 함께 건강관리를 할 수 있도록 준비되어 있다.

9) 능길 체험학교의 또 다른 모습

잊지 말고 둘러보아야 할 것 한 가지! 이곳 체험학교의 시설물은 모두 1KW급의 자그마한 풍력 발전기를 설치해 전기를 공급받고 있다. 바람 많은 고지대의 지리적 특성을 잘 살려 한발 앞서는 친환경적 시설물을 설치한 것이다. 작은 부분까지 앞서나가는 능길마을의 모습이다.

10) 능길마을 체험 프로그램 – 다양함과 자유로움의 만남

능길마을 체험의 특징을 보면, 능길마을의 프로그램들은 다양성과 함께 '자유로움'이라는 단어로 대표될 수 있을 것 같다.

많은 농촌 체험 프로그램들에는 마을에서 정해놓은 시간과 일정이 있고, 무조건 그 틀에 따라 행사가 진행되곤 하는 모습을 볼 수 있다. 이에 비해 능길마을의 체험 프로그램들은 다양한 내용을 방문객들에게 제시하고 원하는 체험 내용에 맞추어 일정을 진행하는 방식을 택한다. 상투적인 체험보다는 스스로 만들어가는 체험 시간으로 좀 더 편안한 마음으로 마을과 농촌을 배우고 이해할 수 있도록 하는 것이 능길마을의 체험 진행이다.

마을을 찾기 전, 체험 담당자에게 숙박, 식사 예약과 더불어 반드시 방문기간에 알맞은 체험 프로그램에 대한 조언을 듣고 희망하는 프로그램들을 논의해 사전 준비를 해야 하겠다.

11) 다양한 체험 프로그램의 준비

농촌 체험 마을들에서 프로그램 진행에 가장 어려움을 겪는 겨울 프로그램을 살펴보아도 짚으로 새끼 꼬기, 논에서 연날리기, 고구마 구워 먹기, 팽이치기, 썰매타기, 쥐불놀이, 황토방에서 쑥 찜질하기, 천연염색, 전통 민요 배우기 등 다양한 프로그램들이 준비되어 재미있고 의미 있는 체험을 즐길 수 있도록 하고 있다. 특히 천연염색 프로그램은 능길마을이 자랑하는 체험거리 중 하나이다. 다른 여러 마을에서 진행되는 프로그램이지만, 이곳의 천연염색은 체험학교의 실내 공간과 잔디 운동장의 야외 공간 모두를 활용하여 전문가의 진행으로 체험 이후 생활에서 실제 입거나 사용할 수 있는 제대로 된 체험용품을 만들 수 있다.

전통 민요 배우기 또한 전문성을 갖춘 프로그램으로, 농촌 마을의 늦은 저녁시간 우리의 전통 가락을 전문가의 지도로 배워볼 수 있는 시간을 가진다. 또한 가야금과 장구 등 우리 전통악기도 준비되어 있어 배워볼 수 있다. 능길 마을에서는 '국악한마당' 교실이 여러 회에 걸쳐 진행되기도 하였다.

마을의 평이한 자연환경을 자원으로 최대한 활용하고 있는 점도 돋보인다. 마을 뒷산에 산책로를 개설하고, 마을 앞을 흐르는 개천에는 징검다리를 놓아 물고기를 관찰할 수 있도록 하였으며 물레방아와 원두막도 도시에서 찾아오는 방문객들에겐 색다른 관찰거리가 된다.

12) 마을 어르신 모두가 체험학교 선생님

이러한 마을의 체험 프로그램은 능길 체험학교를 중심으로 마을 주민들의 적극적이고 분업화된 참여를 통하여 진행되고 있다. 마을 부녀회는 유기농으로 준비되는 식사와 메주 - 된장 담그기, 두부 만들기, 천연염색 등 고유의 생활 전통 체험의 진행을 담당하고 있으며 마을 청년회는 해외연수와 유기농 연구 등의 경험을 바탕으로 마을 및 마을 주변의 체험 자원을 발굴하고 프로그램 진행을 주도적으로 담당하고 있다. 이곳 능길마을의 어르신들은 '게이트볼 동호회'를 결성하여 여가에 활발한 활동을 하며 체험객들과 함께 게이트볼을 즐기기도 하는 등 젊은이들 못지않은 정력을 보이신다. 마을의 전통과 단합을 주도하는 마을의 가장 큰 힘이 되는 분들이다.

13) 단체 행사에 완벽하게 준비된 마을

단체의 특성에 알맞은 숙소와 넓은 운동장, 강당과 황토 찜질방 등의 시설, 다양한 프로그램이 준비되어 있는 능길마을의 체험 활동은 개별 방문객뿐 아니라 기업체 등 수많은 단체의 캠프, 워크숍 등의 진행장으로 정평이 나 있으며, 전라북도 진안의 이 작은 마을이 항시 찾아오는 손님들로 흥겹고 북적이게 만드는 큰 요인이 되고 있다.

근처에 진안의 명산 마이산이 우뚝 서 있다. 마이산은 전북 진안군에 위치한 전국적인 명산이다. 높이 673미터의 암마이산과 667미터의 수마이산으로 형성된 명산이다. 봄에는 안개를 뚫고 나온 두 봉우리가 쌍 돛배 같다 하여 돛대봉, 여름에 수목이 울창해지면 용의 뿔처럼 보인다고 용각봉, 가을에는 단풍 든 모습이 말의 귀 같다 해서 마이봉, 겨울에는 눈이 쌓이지 않아 먹물을 찍은 붓끝처럼 보여 문필봉이라 한다.

높이는 그리 높지 않아도 마이산의 모습은 참으로 예사롭지 않다. 두 신선이 이곳에서 자식을 낳고 살다 하늘로 오르는 새벽에 서로 다투어 등을 지고 앉았다는 전설이 있는데, 산의 모습을 보고 있노라면 비록 전설이라 하지만, 진안군 쪽에서 보면 정말 동편 아빠봉에 새끼봉이 둘 붙어 있고, 서편의 엄마봉은 반대편으로 고개를 떨구고 있는 모습이라 새삼 감탄을 자아내게 한다. 조선시대부터 그 신비한 모습과 영험한 기운으로 전국적인 명성이 있던 곳이라 한다.

자연의 걸작이 마이산 자체라 한다면 마이산에는 인간이 만든 걸작이 또 있으니, 마이산 탑사의 돌탑무리이다. 자연석을 차곡차곡 쌓아놓은 수많은 돌탑이 장관을 이룬다. 한 선사가 불심의 마음을 모아 쌓기 시작하였다는데 돌탑들은 태풍에도 흔들리기는 하나 무너지지 않는 신기를 보이고 있다. 탑들을 보면 양쪽으로 약간 기울게 쌓여 있는 것을 볼 수 있는데 이는 바람의 방향을 고려하여 축조한 것이라 한다.

또한 마이산 안에서 물을 떠놓으면 고드름이 하늘로 솟는 신기한 현상이 나타나는데, 풍향, 풍속, 기온, 기압 등의 복합적 영향이라 추측될 뿐, 아직도 정확히 왜 이런 현상이 나타나는지 밝혀지지 않았다고 한다.

마이산에 봄이 오면 약 1.5킬로미터의 산등성이 전체가 벚꽃으로 가득 채워져 장관을 이룬다. 진안군청은 벚꽃이 만개하면 해마다 '마이산 벚꽃축제'를 열어 그 아름다움을 알린다.

06. 능길권역의 3대 동력, 그리고 새로운 도전

1) 사람만이 희망이다

귀농귀촌을 통한 지역 활성화를 도모하기 위해 능길권역 내 전원마을인

〈전원마을 새울터 착공 2007. 6. 30.(좌),
제2회 한여름밤 귀농귀촌축제 개막식 2009. 8. 2.(일) 19:00~21:00(우)〉

새울터를 조성하는 데 지역주민이 적극 협조하여 2006년 능길권역 농촌종합개발사업이 확정되면서 능길권역 내 전원마을인 새울터 조성이 탄력을 받아 진행되었고, 진안군청의 적극적인 협조로 2007년 6월 착공식을 하였으며, 2008년 8월부터 입주가 시작되어 2009년 8월 31가구 중 27가구가 입주를 완료하여 준공식을 진행했다. 능길권역은 1990년부터 20여 년 동안 300여 가구가 귀농하였으나 현재 80여 가구가 정착해 살고 있고 귀농보다는 귀촌을 유도하고 있으며 그동안 "귀농인의 집", "귀농귀촌 현장교육장", "자연과 사람들"농업 법인을 구성하여(귀농인 7명, 현지인 2명) 부지 17,000평을 구입하여 진행 중이다. "소규모로 5~10가구 정착을 위한 귀농 정책"을 건의하고 현장에서 진행하고 있다.

2) 에너지 자립이다

능길권역은 2002년 능길마을 20년 장기 발전을 수립 시 20년 내에 에너지 자립 마을을 준비하였고, 에너지 자립을 위해 2006년 10월 ㈜강남태양열과 1사 1촌 자매결연을 통해서 꾸준히 준비해오고 있다. 능길권역에 능길 산골체험학교에는 풍력발전기, 태양광 발전기, 태양열 온수기, 심야전기보 일러, 전기보일러, 전기발전기를 설치하여 에너지를 절약하는 한편, 대체에 너지 교육인 2009 도농교류 친환경 체험사업을 대산농촌문화재단, (주)강남 태양열, 능길권역 산골체험학교에서 2009년 7월~10월까지 진행하였다. 능 길권역 계획수립 단계부터 총비용의 10%를 대체에너지 시설에 투입하기로 하여 복지시설에 태양열 온수기, 심야전기, 화목보일러를 설치하여 유지 관 리비를 50%까지 절감하고자 노력하고 있으며, 장류체험장 및 친환경 자재 생산 시설에도 태양열 시설을 하여 유지관리비를 절감하고 교육장으로 활용 하고 있다.

〈태양열 온수기〉

〈1사1촌상 수상 및 감사패〉

3) 일자리창출이다

능길권역은 농촌의 새로운 사회적 일자리 사업을 통해서 지역 활성화를 꾀하고 있다. 마을사업 초기인 2002년도 컨설팅 시부터 컨설팅 직원을 상주시키면서 인건비를 컨설팅회사와 마을이 공동부담(일의 역할에 분할하여)하여 진행해오면서 정책제안을 하여 2005년에 농림수산식품부에서 시행하고 2006년도 진안군에서는 마을간사제도 시행해오고 있다.

마을사업을 시행해오면서 2003년부터 무진장 체험마을 네트워크의 필요성을 인식하고 세미나를 2003~2009년까지 5회 개최하였고, 2005년도에는 농림식품부 주관 "우리 농업 희망 찾기 정책공모"를 하여 우수상을 수상하였으며, 2009년 5월 (사)무진장 좋은마을 네트워크를 설립하여 노동부로부터 2009년 7월 모델 발굴형 예비 사회적 기업으로 인증되었다. (사)무진장 좋은마을 네트워크에 21명을 배정받아 같은 문화권, 같은 생활권인 무주, 진안, 장수군에 특색 있고, 같이 참여하는 마을, 영농조합, 농장 등이 참여해서 비용을 절감하고 새로운 지역의 자원을 결합한 마을 만들기에서 한 단계

〈귀농귀촌 축제 시 추억의 콩쿨대회〉　　〈귀농귀촌 축제 시 지역출신 작가와 만남〉

업그레이드한 지역 만들기 사업을 진행하면서 귀농·귀촌인의 능력을 접목하고 지역주민의 삶의 질을 향상시키기 위해 작은 도서관을 유치하여 운영하는 한편 새로운 일자리를 창출해서 더불어 같이하는 새로운 모델을 만들어 잘사는 농촌지역을 만드는 데 노력할 것이며, 목표이다.

4) 새로운 도전이다

능길권역은 2007~2008 원어민 영어캠프, 2008년도 아토피캠프 2회, 2007~2008 한여름밤 귀농귀촌 축제 2회 등을 농림수산식품부, 농협에서 사업안 및 공모사업으로 진행, 지역개발사업을 사회적 기업에 연계해왔으며, 농촌 활성화를 위해서 새로운 도전을 하여 새로운 모델을 정착시키고자 한다. 일을 시작하면서 "5년은 준비하고, 5년은 시행하고, 다음 10년 뒤에 평가받자"는 생각과 각오로 진행하고 있다.

〈도농교류 가족사랑 농촌사랑 친환경 체험행사를 마치고 기념사진〉

〈세네갈 공무원 한국연수 시 능길권역 견학〉

07. 일본 농업연수를 가다 [4]

일본 농업연수는 2000년 8월 27일~9월 2일(7일간)이었으며, 인원은 진 안군 각 읍·면에서 1명, 인솔 공무원 1명을 포함하여 12명이 다녀왔다. 이 번 연수는 일본의 동북지방을 중심으로 해서 미하루댐, 야마가타 도매시장, 갓산 파이오니아(유기농)농장, 다카구치 농장(버찌, 복숭아, 배, 사과), 이와테 축산연구소, 미야기현 농업기술센터, 원예시험장, 미야기현 임업시험장, 센 다이 중앙청과, 안중근 의사와 치바도시치 씨의 우정기념비를 다녀왔다.

연수를 다니면서 깨끗한 환경, 친절, 근검절약 정신이 일본을 선진국으로 발전시킨 국민성이구나 하는 것을 다시 한번 느낄 수 있었다. 고속도로의 중 앙분리대에 나무를 식재하였고 가로수를 무궁화로 식재하였으며 방음벽에 도 담쟁이 넝쿨을 올려놓아 운전자를 배려하는 한편, 수도꼭지에 장동센서 를 달아 수돗물을 아껴 쓰는 방법도 시행하고 있었다.

미하루댐은 "100년을 계획하고 10년을 건설하고 100년 후까지도 생각 한다"는 정신이 배어있었다. 미하루댐은 콘크리트 댐으로서 본 댐이 있고, 상부 유입 지류하천 4개소에 소규모 상류 댐을 막아 부유물질을 차단하고 침 전물은 파이프를 통하여 본 댐 하류로 방류하는 한편, 본 댐 저수지 물에도 공기를 주입하여 물을 순환하게 하여 수온상승을 방지하고 플랑크톤 번식 을 방지하여 물의 오염을 최소화하였다. 댐 상류 주민들은 댐 완공으로 담배

---

4. 능금·학선지구 추진위원장 박천창.

농사 및 양잠업 등을 포기해야 했으나, 축산폐수 및 농업에 대한 규제가 없고 교통이 발달하여 과수 재배 및 관광을 통하여 수입을 올리거나, 인근 도시공장에 취직하여 농외소득을 올리고 있어 주민들은 만족해하고 있었다.

갓산 파이오니아농장은 24년 전 유기농업을 시작하면서 30명의 농민으로 구성되었다. 해발 200~500미터 고산식물 재배지역으로 밭 25ha에서 야채류(콩, 양파, 가지, 무, 감자, 채소 등)를 생산 및 가공·판매하여 연간 1억 5천만 엔(약 16억 원)의 매출을 올리고 있다. 또한 서로 다른 작물을 4년에 한 번씩 윤작하는데, 반드시 콩을 심고 5년째는 퇴비작물(클로버, 해바라기)을 재배하여 흙을 살리는 한편 무농약 재배를 하고 있으며 퇴비는 직접 생산한다. 퇴비는 1년 전에 만든 것을 사용하며 비료는 농작물의 상태에 따라 추비용으로 쓰고 있는데, 앞으로는 흙을 살리기 위해 무화학 비료를 사용할 계획이다. 농장에서는 3~11월은 주로 야외에서 농사를 짓고 눈이 많이 오는 12~2월은 주로 유기농산물을 가공하고 있으며, 판매방법은 생활협동조합, 생활환경보호센터와 직거래를 하거나 택배를 통하여 도시 소비자와 직거래하고 있었다.

다카구치 농장에서는 버찌, 복숭아, 배, 사과를 재배하고 있는데, 우리가 방문했을 때는 복숭아 수확기였다. 인터넷으로 주문을 받은 양을 수확하고 복숭아를 선별기(무게를 말하는 저울)로 선별하여 택배로 직거래를 하고 있었다. 농장 규모는 4ha이며 연간 소득은 2천만 엔(약 2억 1천만 원)이고 운영인원은 4명(아버지, 어머니, 본인, 부인)이며 과일 수확기에는 1일 평균 5인 정도를 더 쓰고 있다. 이 농장에서 수입이 좋은 것은 버찌인데, 이것은 색깔을 잘 내어야만 높은 가격을 받을 수 있기에 이를 위해서는 비닐하우스(위에만 비가림)를 해주고 햇빛 반사 필름을 바닥에 깔고, 나뭇잎까지도 묶어주어야 한다. 포장은 1kg이며 판매가격은 3~4천 엔(약 3만 2천~4만 2천500원)이다. 농장 체험장을 운영하여 소비자가 직접 과일을 수확하게 하여 판매하고, 신선한 버찌는 소비자에게 직거래로 택배를 통하여 즉시 배달하여 신선한 과일을 맛볼 수 있게 하고 있다. 농장주의 "농업은 기술이 있어야 살아남을 수 있다"는 말을 되새기며, 구하고 노력하는 농업인이 되어야겠다는 결심을 했다.

일본의 농산물 판매는 농가에서 생산하여 택배를 이용하여 소비자와 직거래하는 한편, 농협에서 농산물을 수집, 선별하여 경매장에서 경매를 하고, 경매 후에는 택배를 이용하여 중간 도매상, 소매상, 소비자로 직접 배달하고 있었다. 경매장은 지방자치단체에서 운영하고 있으며 경매사는 국가 공무원이고 3년에 한 번씩 시험을 본 후 다른 경매장으로 근무지를 옮긴다.

임업은 불연소의 건축자재까지 연구하고 있었고, 축산은 더 좋은 육질, 쌀은 더 좋은 미질을 위하여 연구하고 있었으며, 낙농은 로봇이 젖소의 착유를 하여 시간을 절약하는 방법을 연구하고 있었다.

진안 지역은 청정녹수지역이며 또한 용담댐이 있기 때문에 환경농업을 실천하는 한편, 농민들 스스로가 자생단체를 조직하여야 한다. 또한 생산된 농산물은 반드시 가공하여 브랜드화하고, 직거래를 통하여 농가의 소득을 올려야 할 것이다.

08. 꿈꾸는 자만이 이루어진다[5]

　'전북 진안군 동향면 능금리' 하면 기차도 없고 완행버스만 하루 몇 번 한 가하게 왕복하는 마을로 무주군 안성면과의 경계로 지도상에서는 진안의 맨 끝자락에 붙어 있다. 전주에서 전자제품 하나라도 설치하러 오는 사람들의 입에서 나오는 첫마디가 "정말 머네요잉~" 하는 인사말부터 받는다.

　처음 시집와서 남편하고 완행버스를 타고 동향까지 구불구불 버스를 타고 오니, 싸늘한 3월 초봄 저녁 6시쯤이 되었다. 시댁이 있는 마을까지 들어가는 차는 이미 가버렸고, 남편과 난 택시를 타든지 막차를 타든지 하는 수밖에 없었다. 그래도 첫 신행이라고 남편은 택시를 불렀다. 이제는 집에 다 도착했나 했더니, 15분 정도 비뚤비뚤 비포장 길을 더 가던 택시가 서버렸다. "왜 그러세요?" 하고 물었더니, "도로가 공사 중이라 더 이상 차가 못 들어갑니다. 이제부터는 내려서 걸어가야 합니다"라는 기사님의 무심한 말투다. 아직도 몇 킬로미터는 더 걸어야 시댁마을이 나온다고 남편이 말했다. 겨우내 얼었던 땅이 여기저기 녹는 때라, 발목이 푹푹 빠지는데다가 구두를 신은 나는 걷기가 몹시 힘들었다. 밤은 어둡고 적막하게 느껴졌고, 나는 속으로 '처음 오는 이 길만큼이나 결혼생활도 순탄치만은 않겠구나' 하는 불안한 마음이 앞섰다.

　처음 부산에서 만난 우리는 친정의 반대를 무릅쓰고 결혼을 하였기 때문

---

5. 김미아/능길마을 주민, 천연염색 담당(농민신문사 제20회 생활수기 대상 당선작, 2003. 4.).

에 귀향은 우리에게 아주 어려운 결심이었다. 그때가 1989년도니까, 젊은 사람들은 모두 마을을 떠나고 새로 이사 오는 가족은 거의 없었다. 그때는 귀농이니, 귀향이니 하는 화려한 수식어조차 없는 시절이었다. 도시에서 실패하고 들어오는 사람조차 없는 이농현상이 한창 극심한 때였던 것 같다. 고향이 시골인 남편은 대학 졸업하고 삭막한 도시생활에 몹시 지쳐 있었고, 쉴 곳이 필요한 사람처럼 보였다. 나 또한 공기 좋고 물 맑은, 좋은 곳이란 생각만 앞서서 좋다고 흔쾌히 찬성을 하고 나섰지만, 우리들의 의욕이나 환상은 신혼 초부터 깨지기 시작했다.

아직도 마을 공동 빨래터를 즐겨 찾는 어머니를 보면서 편리한 실내욕실에 길들여진 나는 늘 추위와 싸워야만 했다. 마을이 해발 350미터 고지라서 따뜻한 부산날씨에 익숙한 나는 여름에도 긴팔을 입고 지내야만 했다. 동네 앞에는 덕유산에서 내려오는 냇가가 제법 골이 깊고 넓었고, 산골치고는 들판이 쌀밥을 먹고 살 정도로 몇십 두락 되어 보였다.

우선 농사에 뜻을 둔 남편은 농기계 다루는 것이 미숙해서 늘 다치거나 사고 나기 일쑤였다. 그러고는 다음 해부터 갑자기 농사일도 기계화가 되어야 한다고 비싼 트랙터와 콤바인 등을 사기 시작했고, 남편의 농협출입은 그때부터 시작되었다. 마을 사람들은 젊은 사람이 무슨 희망으로 시골에 살려고 하냐고, 우리를 걱정했다. 그러나 철없는 나는 앞, 뒷산에 흐드러지게 피는 싸리꽃 하나만으로도 이곳이 대궐마냥 마음이 편하고 즐거웠다.

어머니는 소일거리로 염소 몇 마리를 키우고 계셨는데, 남편은 염소가 새끼 낳는 것을 보더니, 소 키우는 것보다 자금회전이 더 빠르겠다고 흑염소농장을 한다며 흑염소를 사들이기 시작했다. 나는 작은 염소 몇 마리가 무슨 수입이 되겠냐고, 차라리 덩치 큰 소 한 마리가 낫지 않느냐고 얘기했지만 남편은 소 값 폭락에 농민들이 얼마나 불안해하는지 아느냐고 얘기했다. 그 때문인지 염소 값이 계속 오르자 너도나도 염소 사육에 뛰어들더니 염소 값 또한 5년도 못 가고 폭락하기 시작했다. 남편이 시골에 정착해서 일군 일이 염소 키우는 일이었는데 가격이 폭락하자 사육비조차 건지기 힘들었다. 고민을 하던 남편은 염소를 가공해서 직거래를 하는 것이 마진이 많이 남을 것이라며, 가공을 해야 한다고 기계를 사들이기 시작했다. 사람들은 산골짜기에서 무슨 염소가공이냐고 말렸다. 고집 센 남편은 주위의 만류에도 아랑곳 않고 친척들이나 지인들을 통해 여기저기 판로를 넓혀갔고, 진안군 흑염소 모임 활동을 하면서 흑염소사육 활성화를 꾀하고 있었다. 여러 농장이 우리가 가공하는 모습을 보고는 하나둘씩 가공을 시작했고, 지금도 나름대로 잘 운영하고 있다.

흑염소 가공을 하다 보니 마을 어른들처럼 논에 나가 일할 시간이 부족했다. 그때 일본의 오리농법을 교육받게 된 남편이 우리도 오리농법을 해봐야겠다고 했다. 오리농법을 하면 제초제나 농약을 하지 않아도 된다고 이야기했다. 동네 사람들의 호기심과 눈총 속에 우리는 오리망을 치고, 오리병아리를 입식하기 시작했다. 오리농법 첫해, 벼 수확은 형편없었다.

염소 똥을 거름으로 사용해서 그런지 질병에는 강했지만 수확량이 적었다. 논 2천 평 정도를 오리농법으로 농사를 지었는데 정작 문제는 그다음부터였다. 관행농법으로 농사지은 쌀하고 같은 값으로 매상을 하기에는 우리의 정성이 너무 아깝고 가격이 맞지 않았다. 오리농법으로 지은 무농약 쌀을 어디에 유통시켜야 하느냐가 문제였다. 오리농법으로 지은 무농약 쌀이라고 설명했지만, 사람들은 냉랭하기만 했다. 수확량이 적고 품이 많이 드는 농법이어서 관행농 쌀과 가격이 차이가 있어야 하는데, 알아주는 사람이 없었다.

우리는 고민 끝에 도시 소비자들에게 환경농법이나 오리농법을 직접 보여주는 길밖에 없다고 생각했다. 눈으로 봐야 믿을 수 있기 때문이다. 그래서 우리는 농장과 오리논을 개방했다. 주말에 소비자들은 우리 농장을 방문했고, 염소나 강아지에게도 이름을 붙여주고 관심의 손길을 주며 농장에서의 시간을 즐거워했다. 사람들은 논에서 오리가 농사짓는 모습을 보면서 신기해했고, 우리 부부의 고집을 인정해주기 시작했다.

내가 시집왔을 때 이곳의 음식은 전주의 양반음식 영향인지 전통적이고, 개운하고, 맛깔스럽고, 정갈한 것이 특징이었다. 산촌이라 버스가 자주 다니지 않으니 시장에 자주 갈 수도 없는데, 갑자기 친지라도 불쑥 찾아오면 솜씨 없는 나는 허둥댈 수밖에 없었다. 그럴 때 시어머니는 장독 깊숙이 박아놓은 콩잎을 꺼내고, 마른 나물을 무치고, 장독대에 말려놓은 도토리묵을 가지고 솜씨 있게 상을 채우는 것을 보면서 나는 탄복을 했다. 모든 반찬이 시장표가 하나도 없는데 이렇게 밥상이 훌륭할 수 있다는 것이 놀라웠다. 이러한 어머니 솜씨는 도시소비자들의 입맛에 맞을 것 같았다. 오리 쌀을 드시는 소비자들에게 밑반찬을 조금씩 보내니 맛있다고 입소문이 났고, 도시소비자들은 된장, 고추장, 말린 산나물 등을 주문했다. 특히 고추장, 된장, 고춧가루의 맛이 개운하고 맛있다고 하였다.

많이 바빠지긴 했지만 나는 원칙을 꼭 지켰다. 그 원칙은 첫째, 직접 재배한 것이라야 하며, 둘째, 저농약이나 무농약, 유기농으로 재배한 먹을거리만을 고집하며, 셋째로는 우리 쌀을 먹는 소비자들의 건강은 내 식구처럼 챙겨 주었다. 힘도 들고 수입은 그다지 크지 않지만, 뭔가 나만의 할 일이 이 골짜기에도 생겼다는 것이 기뻤고, 비로소 시골에 정착한 것이 위로가 되었다.

농사경험이 별로 없는 나와 남편은 정부의 농업정책이나 지원제도 등에 많은 관심과 귀를 기울여야만 했고, 적극적으로 농업정보를 모았다. 주위에서는 관청에 기웃거려 봤자 배보다 배꼽이 더 크고 빚만 늘어난다고 만류했었다. 남편은 10여 년의 농촌생활 동안 해마다 새로운 일들을 시작하고 싶어했다. 지금도 별반 나아진 건 없지만 그때는 농업이 많은 정책에 휘둘리고 있었고, 무슨 라운드니 하는 거센 소용돌이 속에서 농민들은 농업에 대한 불확실과 늘어가는 농가부채로 힘들었던 시기였기 때문이다.

2000년 여름 남편에게 환경농업 연수를 일본으로 갈 기회가 생겨서 연수를 다녀왔다. 일본에 다녀온 후로 자기가 해야 할 일을 찾았다고 신이 나 있었다. 지금까지 우리가 해오던 일을 좀 더 체계적이고, 규모도 더 늘려야겠다고 얘기했다. 우선 농산물가공부터 다양화를 꾀하고 마을 단위로 더 활성화해서 도농교류에 힘을 쏟아야 한다는 것이다. 그때 우리는 한국생협연대에 소량의 농산물을 공급하고 있었다. 남편은 먼저, 동네 가운데 있는 10여 년 동안 방치되어 황량해진 폐교를 임대하여 수리에 들어갔다. 동네 사람들은 덩치만 크지 쓸모도 없는 폐교를 빌려서 뭐하느냐며, 관리비나 나오겠느냐고 걱정했다. 우리는 농산물가공공장을 폐교로 확장 이전하기로 하고 학교를 이용해서 도시소비자들을 초청하고 쉬어갈 수 있는 곳으로 바꾸어나갔다.

2001년 한국생협연대에서 소비자초청 가을걷이 행사가 있었는데, 300여 명의 소비자와 주민들의 어울림 한마당을 폐교 운동장에서 가졌다. 그 모습을 보며 나와 남편은 눈시울이 뜨거웠다. 10년 동안 방치되어 잡초를 베는 데만 예초기로 한나절이 걸렸던 썰렁한 학교가 도시민과 마을 사람들의 화합의 한마당이 되다니, 너무 기뻤다.

진안이 준고랭지라서 약초가 많이 나기 때문에 우리는 각 농가가 유기농으로 재배한 인진쑥을 수매하여 가공해서 생활협동조합과 도시소비자들에게 직접 공급을 해왔다. IMF로 인해 과일 값이 폭락했었고 과일 수입량의 증가로 포도와 배 값이 폭락하자, 과수 농가들은 절망하고 힘들어하고 있었다. 농산물 가공을 하는 우리도 소비할 수 있는 방법을 찾다 보니 즙용이나 건강음료로 나가는 것이 좋을 것 같아서, 주위의 포도농장과 배농장에 가공을 하자고 했다.

농산물 가공은 말이 쉽지, 준비하는 과정이 복잡했다. 그리고 시중에 나와 있는 것처럼 똑같으면 승산이 없기 때문에 좀 더 우리만의 맛과 브랜드화 등 차별화를 해야만 했다. 실제로 과수농가는 한방부산물을 거름으로 쓰고 있었고 저농약으로 재배를 하고 있었다. 약초가공을 해온 노하우로 우리는 '한방 배즙'이라는 브랜드로 과일즙의 차별화뿐만 아니라 도라지나 생강을 첨가해서 몸에 더 좋은 건강음료를 만들었다. 그 결과 한방배가 브랜드가 되었고, 여러 곳 유기농 매장에서도 취급하는 배즙 1호가 되었다. 배와 호박을 결합한 '몸에 좋은 호박배즙'도 젊은 엄마들 사이에서 인기가 많아서 생협 가족들에게는 사랑받는 음료로 자리를 잡기도 했다. 판매액은 1년에 6천만 원 정도 되고 있다. 과수농가에는 위기가 기회가 되었고, 우리 마을에는 새로운 특산품이 되는 계기가 되었다.

진안이 준고랭지라 찹쌀 맛이 좋기 때문에 유기농 쌀을 현미로 포장해서 방문하시는 분들께 드리면, 맛있었다고 인사를 하며 또 주문이 오곤 한다. 마을에서 나는 농산물을 전량 이용하고 가공하며, 작지만 조금씩 우리 마을을 홍보하고 알리기 시작했다. 그러던 즈음(2001년5월) 농협중앙회에서 지정하는 팜스테이 마을로 우리 마을이 지정되자 인터넷이나 책자에 마을이 홍보되면서 전국에서 능길마을에 방문해주셨고, 찾는 발길이 늘어나기 시작했다. 무관심했던 주민들도 대전 · 진주 간 고속도로가 개통되면서 방문객이 많아지자, 각자의 집에서 소비자들을 위해 된장, 고추장 등을 퍼서 날랐다. 동네 어른들도 우리가 사는 맑고 깨끗한 환경과 마을이 도시민에게는 편안한 고향이 될 수 있다는 것을 느끼는 것 같았다.

2002년 5월 우리 마을은 농림부 지정 녹색농촌체험 시범마을로 지정되었고, 정부지원으로 단체숙소를 마련하게 되었다. 폐교를 자연친화적인 건물로 개 · 보수하고, 황토방과 찜질방까지 갖추어서 개인은 물론이고 하루 100여 명까지 소화할 수 있는 숙소를 갖추게 되었다. 정말 우리에게는 꿈만 같은 일이었다. 이런 오지까지 방문한 손님들에게 편안한 시설을 제공하게 되었기 때문이다.

일의 진행과정은 주민들의 참여와 정보공유 원칙으로 했다. 그리고 우리 마을은 체험 위주의 마을이 되자고 주민들과 약속했다. 농사체험은 필수이고, 저녁 10시 이후에는 술이나 고성방가하지 않아야 하며, 가족동반을 환영한다. 그리고 돌아갈 때는 마을 농산물에 푸근한 인심을 가져갈 수 있도록 하자는 것이다.

우리 마을은 가능한 농산물을 가공해서 판매하도록 노력한다. 그래야 농가소득에 도움이 더 되기 때문이다. 콩은 두부 · 메주 · 간장으로, 약초는 엑기스로, 고추는 고추장으로 가공해서 판매하되 유기농 · 무농약을 지향하면서, 우리 가족의 먹을거리처럼 정성을 다하기로 했다.

2002년이 저물어 갈 즈음, 황토방이 마무리되었고 마을 부녀회가 작은 일을 벌였다. 메주와 된장을 만들어서 파는 일이었다. 방문하는 분들께 우리의 정성을 보여주고 싶었다. 메주를 띄우는 퀴퀴한 냄새가 나는 방에서 겨울 산골체험 여행을 온 아이들은 뛰어놀면서도 냄새난다는 불평도 하지 않아 고마웠다. 그 냄새가 우리의 훌륭한 먹을거리의 가공과정이라고 설명했기 때문이다.

학교운동장에 다시 아이들의 웃음소리가 나고, 게이트볼 경기장에선 동네 어르신들의 목소리가 들리고, 마을 냇가에는 국악인들의 소기가 울려나는 능길마을을 나는 그린다. 내가 살아온 이곳을 도시생활에 찌들고 외로운 사람들과 함께할 수 있게 되어서 기쁘다. 내가 도시생활을 하며 힘들 때 푸근한 고향을 꿈꾸었는데, 그때 가졌던 꿈을 이루게 된 것이다. 처음엔 나 혼자 시작했지만 우리 마을로 번졌고 도시에 사는, 우리 먹을거리를 찾는 가족들에게 좋은 시골향기를 전할 수 있게 되었다. 모두가 한 가족이 되어서 참 기쁘고 즐겁다.

언제나 앞서가는 사람들은 외롭고 춥다. 시집오면서부터 십수 년을 인부들 밥만 하다시피 생활했고, 그동안 아이 하나를 사고로 잃은 아픔을 겪어야 했다. 그러나 우리를 지탱해준 건 주위 분들의 위로의 한마디, 그것이었다. 뼈아픈 충고는 약이 되었고, 위로는 힘이 되어서 오늘날 우리의 디딤돌이 되었다. 그동안 마을 주민들은 선진마을 견학·교육 등을 통하여 의식변화가 있었고, 마을 생산물을 가공하는 공동작업·공동생산기반을 마련했다. 이는 마을 주민들의 협조가 만들어낸 성과이다.

이제 우리 마을은 '농약 없는 능길마을', 친환경농업으로 생산된 농산물은 전량 가공해서 판매하는 '능길마을영농조합'을 준비하고 있다. 앞으로도 계속 능길마을이 좀 더 환하게 빛나는 작은 산골휴양마을로 자리매김할 때까지 더욱 노력할 것이다.

불안한 농촌에 우리 마을이 작은 희망이 되었으면 좋겠다.

09. 능길마을이 있기까지[6]

평범한 시골마을 능길마을이 녹색 농촌체험마을로 선정되어 꾸준히 도시민들이 방문하고 있고 한국능률협회로부터 특별상을 수상하는 등 대외적으

---

6. 능길마을 소식지, 2003년 8월호(창간호), 전문가(유정규 박사)진단 인터뷰.

로 명성을 날리기까지 음으로 양으로 애써주신 분들이 많습니다. 그분들 중에서 특히 유정규 박사님(전 진안군청 군정기획 평가단장)을 빼고는 얘기할 수 없습니다. 박천창 능길마을 대표가 "오늘의 능길마을이 있게 한 분"이라고 말씀하시는 유정규 박사님을 진안군청에서 만나뵀습니다.

Q. 진안군에 내려오게 된 경위와 하고 계신 일에 대해서 구체적으로 말씀해주시겠습니까?

A. 한마디로 표현하자면 "주민주도형 상향식 사업 개발"을 하고 있습니다. 지금까지 정부는 지역 실정에 맞지 않거나 지역 주민들이 수행할 수 없는 하향식 농촌개발사업을 벌여왔습니다. 따라서 많은 사업을 벌여왔지만 하나 둘 실패사례를 늘리는 결과만 초래했죠. 저는 농촌개발사업에 있어서의 해법은 지역 주민이 바라는 사업을 찾거나 지역 주민들이 무엇을 원하는지 찾도록 도와주는 것이라고 생각합니다. 그럼 지역개발의 주체는 어떻게 선정할 것인가라는 문제가 남습니다. 가장 바람직한 형태는 지역주민이 주체가 되어서 사업을 끌어가는 것이지만 현실적으로 어렵습니다. 과거 중앙정부의 하향식 사업이 진행되는 동안 지역주민들은 사업에 있어서 철저히 의존적으로 변했고 또 그러한 사업을 수행할 만한 능력이 현재로썬 없기 때문입니다. 따라서 지역 실정을 잘 아는 자치단체가 사업을 이끌어가고 동시에 지역주민의 의식을 깨우는 일을 병행하는 것이 마을개발사업을 제대로 수행하는 것이란 의견을 갖고 있습니다. 이런 의견에 대해 군수님과 일치를 보아서 2000년 8월 10일 진안으로 오게 되었죠.

Q. 그렇군요. 그럼 능길마을과의 인연은 어떻게 맺어졌는지요.

A. 2000년 11월쯤 마을 주민들의 일본 선진지 견학 프로그램을 구성했고 가기 전에 오리엔테이션을 했습니다. 그때 처음 박천창 씨를 만나게 되었죠. 그리고 선진지 견학이 끝난 며칠 뒤에 박천창 씨가 직접 찾아왔습니다. 자신이 일본 연수 전에 농촌생활이 너무 힘들고 괴로워서 농촌을 떠나려고 했는데 일본을 다녀와서 마음이 바뀌었답니다. 그런데 일본의 선진 마을처럼 하고 싶은데 어떻게 해야 할지를 모르니 도와달라고 하더군요.

사실 박천창 씨가 찾아오기 전에 진안군 군정소식지에 기고한 일본 선진지 견학 후기를 보면서 그 사람에 대해 긍정적인 평가를 하고 있었죠. 이렇게 물어봤습니다. "내가 당신을 도와주면 당신은 내게 무엇을 해줄 수 있냐"고. 그러자 박천창 씨는 머뭇거리며 아무런 대답을 못 하더군요. 그래서 제가 먼저 말을 꺼냈습니다. "당신이 중심이 되어서 지역변화를 이끌어내는 지도자가 되어주시오. 주위 지역 변화까지 이끌어낼 수 있는 지도자 말입니다. 그러면 당신을 도와주겠고, 그리고 환경농업과 관련된 제품을 잘 만들면 판로를 모색해주겠소." 사실 제가 박천창 씨를 도와줄 수 있는 길은 믿을 수 있는 제품에 대해 판로를 소개해주는 것이죠. 그 당시 박천창 씨와 마을 주민 몇 분은 오리농법으로 쌀농사를 하고 있었는데, 힘들게 지은 농산물이 제 가격도 못 받고, 판로도 없어 몹시도 힘들어하고 있었습니다. 그래서 생협 연대에 연락을 해서 "유기농 쌀을 이용해 농사를 짓고 있는 사람이 있는데 제품을 검사해서 납품할 수 있는 기회를 만들어달라"고 부탁을 했습니다. 일이 순조롭게 진행이 되어 생협에 납품하게 되었고 박천창 씨와 유기농을 하고 있는 사람들에겐 좋은 기회가 된 거죠. 특히 능길마을 사람들은 생협 식구들과 함께 "오리입식행사" 및 "가을걷이 추수축제"를 개최하면서 꾸준히 생협 연대와 좋은 관계를 유지했습니다. 간혹 생협 연대의 특성을 몰라서 농민들이 오해 하는 경우가 있는데, 생협 연대는 일반 유통기업과 달리 조합원의 조합비로 운영이 되고 물품이 판매되어서 입금된 후 생산자들에게 대금을 지불하는 구조입니다. 농민들도 이런 생협의 구조를 잘 이해해서 서로 오해가 없도록 해야 됩니다. 좋은 제도가 광범위하게 안정적으로 정착될 수 있도록 서로 인 내심을 갖고 협력하는 것이 농민이나 소비자에게 모두 혜택이 돌아가게 하 는 길이 될 것입니다.

2001년 "읍·면 지역개발계획"을 진안군 자체 사업으로 기획하고 있었 는데, 현재는 "으뜸마을 가꾸기 사업"으로 명칭을 변경했습니다만, 동향군 내 11개 읍·면 중 주민의 자율성과 지도자의 능력, 자치단체와의 행정관계 가 원만한 마을을 대상으로 간담회, 계획수립, 교육을 예산에 반영하고 2002 년에 자금을 투입하는 사업이었죠. 동향면에서는 능금리 능길마을이 대상이 었는데 특히 능길마을 주민들의 참여가 아주 적극적이었습니다. 2001년 진 안환경농업대학의 1기 수료생을 보면 52명 졸업생 중 19명이 동향면 주민 이었고 그중에서 15명이 능금리 주민이었을 정도로 환경농업에 대한 생각 이 남달랐고 적극적이었죠. 2001년부터 으뜸마을가꾸기 사업과 녹색농촌 체험마을사업이 진행되면서 수없이 능길마을을 방문했고 그러면서 지금까 지 능길마을과의 인연이 이어져 온 거죠.

Q. 현재의 능길마을의 현황과 문제점 등에 대한 의견을 말씀해주세요.

A. 능길마을은 박천창이라는 헌신적인 사람을 지도자로 갖고 있는 마을입니다. 헌신적이고 자기희생적인 만큼 (주)이장 이라든가 여러 단체 및 개인이 많은 도움을 주고 있죠. 2002년 녹색농촌체험마을로 지정되었고, 마을가꾸기 경진대회에서도 장려상을 수상하는 등 정부정책에 대해서도 적극적이고 여러 매스컴을 통해 알려지면서 전국적인 유명세를 타게 되었죠. 유명해지는 만큼 부작용도 있다고 생각합니다. 외부적으로 보면 "사촌이 땅을 사면 배가 아프다"는 식의 질투의 대상이 되기도 하고 행정에서 지나친 지원과 특혜가 있다는 소문과 비난이 퍼지기도 하죠. 실질적으로 객관적인 자료를 놓고 분석하면 전혀 근거가 없는 소문인데도 말입니다. 그리고 내부적으로 보면 마을 주민들과의 불협화음이 일어나는 등 갈등을 빚고 있기도 합니다. 지금 능길마을의 경우 도약하느냐 주저앉느냐 기로에 서 있는 중요한 시기입니다. 우선 마을 주민들과의 원활한 의사소통을 통해 오해들을 불식시키고 갈등을 넘어서면 마을 전체가 잘살 수 있는 선진적 모범마을로 거듭날 수 있고, 이것이 잘 안 될 경우 개별사업화의 우려가 있습니다. 본인은 열심히 해도 주변에서 함께 참여하지 않고 도와주지 않으면 결국 혼자 추진해갈 수밖에 없기 때문에 개별사업화가 되는 거죠. 이 경우 행정적인 측면에서 보면 또 하나의 실패 사례를 남기게 되고 추진하고 있는 여러 정책에도 부정적 영향을 미치게 됩니다.

Q. 이러한 문제점을 극복하고 새로운 전기를 맞이할 방법을 없을까요?

A. 역시 주민들의 참여를 이끌어내는 게 해답입니다. 우선 녹색농촌체험 마을사업에 함께했던 회원들처럼 보다 적극적인 주민들의 참여를 유도해야죠. 마을 주민들이 참여를 꺼리거나 귀찮아하는 이유는 진행되고 있는 사업을 자기 사업이라고 생각하지 않기 때문입니다. 이 경우 눈으로 직접 보고 느끼도록 선진지 마을을 견학하는 게 좋다고 생각합니다.

예를 들어서 대도시를 끼고 있어 경우가 좀 다르긴 합니다만, 경기도 양평 양수리의 정경섭 씨가 운영하는 그린토피아를 방문해보는 것도 좋을 것 같습니다. 이 마을의 경우 농외소득으로서 민박소득이 큰 비중을 차지하는데 자신들의 사업이라고 생각하니 주민들이 직접 나서서 마을에 꽃길도 조성하는 등 참여가 아주 높습니다. 저는 이렇게 생각합니다. 마을 주민들의 참여가 부진할 때 주민들의 참여를 유도해내는 것도 지도자의 역할이며 능력이라고 말이죠.

Q. 농촌관광화는 자칫 마을의 경쟁을 촉발하고 오히려 내분분열을 일으키는 문제를 낳을 수도 있지 않을까요?

A. 우선 내부적으로 규약을 만들고 정해진 규칙에 따라 시행하도록 하여 이익을 분배하고 공동으로 운영하는 만큼 운영비도 함께 책임지는 게 좋겠죠. 신대리의 경우 작목반에서 쌀을 판매하면 판매금액의 일정 부분을 공동자금으로 비축해두어 공동사업에 운영하는 운영비로 사용하더군요. 마을이 어려운 시기를 견디고 발전을 이루기 위해선 무엇보다도 마을 주민들과의

정보 공유가 중요합니다. 마을 주민들 간의 정례적인 회의가 어렵다면 개별적으로 만나서라도 이해를 구하고, 하고 있는 일에 대한 적극적인 설명들이 필요한 것이죠. 또한 행정에서도 마을 주민들의 오해가 없도록 객관적 사실을 설명하고 적극적으로 중재에 나서야 합니다. 그게 행정기관이 해야 할 의무입니다.

Q. 앞으로의 계획에 대해서 말씀해주세요.

A. 지금까지 진행해온 "으뜸마을 가꾸기 사업"을 효과적으로 진행해가는 것이 저의 할 일 이고 거기에 전력을 기울일 작정입니다. 그리고 능길마을은 제가 이 사업을 추진함에 있어 첫 애정을 기울인 곳이라 지속적으로 관심을 갖고 있죠. 저의 고향은 경남 하동이지만 오히려 지역적으로 진안군 각 면을 훨씬 더 잘 알고, 지인도 더 많은 만큼 제겐 이곳 진안이 고향 같은 곳입니다. 몇 년이 지나서 들러도 고향처럼 반겨주기를 바라고 어느 자리에 있더라도 능길마을엔 계속 관심을 갖고 지켜볼 것입니다.

10. 녹색농촌 체험마을 사후관리 운영방안[7]

1) 개요

현재 농촌에서 진행되고 있는 녹색농촌체험마을 사업은 선정되기까지의 정부의 지원 및 마을의 노력에 비해 선정된 후 운영 관리의 어려움으로 인하여 본래의 사업목적 달성이 어려운바 효율적인 사업 운영 관리의 개선방안과 정책을 제안하고자 한다.

2) 녹색농촌체험마을 사업 현황

(1) 목적

녹색농촌체험마을은 농촌의 깨끗한 자연경관과 농촌 고유의 생활양식 및 문화를 매개로 도시민과의 교류를 통하여 도시민에게는 새로운 체험의 공간을 제공하고 농민에게는 농산물 및 가공품 판매를 통한 소득기회를 제공하여 장기적으로는 농촌 지역의 활성화를 꾀하는 데 그 목적이 있다.

---

7. 인터뷰: 박천창 능길마을 대표.

(2) 현황

녹색농촌 체험마을에 선정된 마을은 사업 선정 후 도농교류센터 및 주변 환경 가꾸기 등 마을 환경 조성을 위한 시설자금에 대부분의 사업비를 지출하고 있다. 특히 사업선정 후 마을 환경 조성, 체험프로그램 및 홈페이지 개발, 운영 등을 시행하는 컨설팅 업체의 경우 전반적인 사업이 정착되고 안정되기 전에 철수하기 때문에 사업 운영의 어려움을 초래하고 있다. 이는 사업비의 대부분이 사업 초기에 모두 소진되어 운영 및 관리자금이 부족한 상태에서 컨설팅업체를 계속적으로 사업에 참여시킬 수 없고, 마을에 컨설팅업체가 하던 일을 인수하여 지속적으로 사업을 이끌 만한 주체 및 역량이 부족한 원인 때문이기도 하다. 녹색농촌체험마을 사업의 목적을 달성하기 위해선 그 지역의 고유한 특성을 개발하고 여러 이벤트 등을 기획하여 실제적으로 도시민들의 유입을 지속적으로 유지하기 위한 노력과 그 일을 수행할 인력이 필요한데 현재의 농촌 현황은 그러하질 못하다. 장기적으로는 농촌의 수익증대를 위한 농산물 생산, 가공 및 유통을 마을 단위로 이끌 수 있는 인력이 필요한데 이에 대한 전문 교육 및 인력이 필요하다.

3) 개선방안

(1) 사업자금의 효율적 배분

사업자금 책정을 마을개발 자금과 마을운영 자금으로 구분하여 운영하는 방안이다. 예를 들어 2억 원의 전체 사업자금 중 마을개발 자금은 1억 5천만 원을 초기 지급하고 5천만 원은 마을운영 자금으로 사용한다. 이를 통해 컨설팅 업체의 3년간 지속적인 사업관리 및 운영을 가능하게 하거나 마을 주민 교육 및 도시고급인력의 유치를 통하여 정착할 때까지 운영비로 사용함으로써 지속적인 사업운영을 가능하게 한다.

(2) 도시 고급인력의 유치

마을사업을 효과적으로 이끌고 가기 위해선 결국 마을에 이를 시행할 수 있는 인력이 있어야 하나 현재 농촌에선 젊은 인력을 찾아보기 힘든 상태이다. 도시의 유휴 인력 중 농촌에 정착하기를 희망하는 고급인력을 끌어들이기 위해선 마을 사업을 운영 관리하게 하면서 확보된 운영비용을 통하여 임금을 지급함으로써 마을에 정착하는 것을 돕는 것이다. 예를 들어 3년간 매월 100만 원은 확보된 마을운영 자금에서 지급하고 20만 원은 마을 단위에서 지급하여 안정적으로 농촌에 정착하게 함으로써 개인과 마을 모두의 이익이 돌아가게 하는 것이다. 특히 마을 사업의 성공을 위해서 생산, 가공 및 유통에 대한 전문교육을 받도록 하여 마을 전체의 수익을 실질적으로 이끌어낼 수 있도록 한다. 아울러 해당 인력이 정착 유예기간(3년)을 넘어 농촌에 정착하게 되면 정부에서 정착자금을 지원하게 함으로써 도시민들의 농촌 유입을 유도한다.

내 역	비 용
마을 주민교육 및 선진지 견학비	500만 원
컨설팅 회사 프로그램 운영 관리비	900만 원
사무장 임금 (체험프로그램 개발 및 진행, 행정 및 홈페이지 관리, 회원관리)	3,600만 원(운영자금) 720만 원(마을부담)

능길마을이 한시적으로 운용 중인 사례를 들면, 컨설팅 업체에서 농촌 정착을 원하는 희망자를 마을에 파견하여, 각종 행정 사무와 홈페이지관리 및 체험프로그램 개발 운영을 하는 사무장으로서의 역할을 하게 하고, 컨설팅업체와 마을에서 임금을 분담하여 지급하고 있다. 사무장의 경우 자신의 전문성을 계속적으로 이용하여 마을개발에 기여하면서 동시에 실질적인 농촌 체험을 하여 상대적으로 농촌에 정착하기 용이하도록 하는 이점을 갖고 있다.

⑶ 지역별 체험프로그램의 네트워크화

마을 자체 단위의 체험프로그램으로만 운영할 경우 지속적으로 도시민들을 유입하기엔 프로그램의 한계가 있을 수밖에 없다. 지역적으로 30분 이내의 거리에 있는 명소나 체험프로그램을 계속 발굴, 연계하여야만 지속적인 도시민 유입을 유도할 수 있고 여러 마을이 함께 성공할 수 있는 밑거름이 될 것이다. 이를 위해선 행정자치단체의 단체별 이익에 앞서 대승적인 행정자치단체 간의 결속을 통한 대민 행정지원이 우선되어야 한다. 능길마을의 경우, 인근의 무주군 부남면(천문대관측소, 래프팅), 안성면(덕유양조/머루주가공, 머루 따기 체험), 장수군 계남면 장안예술촌(벼루가공, 탁본, 서예, 목각 등), 진안군 안천면 용담댐, 상전면 등과 체험네트워크를 활성화하여 각각의 농촌이 잘살 수 있는 방향을 제시하고 노력을 기울이고 있다.

(4) 장기적 사업 방안의 모색

본 사업의 목적이 도농 간의 교류를 통한 실질적 상호 이익의 증진임을 전제로, 녹색농촌체험사업을 통하여 마을의 수입을 증진하기 위한 실질적인 방안이 모색되어야 한다. 녹색농촌체험마을 중 대표적인 유기농 농산물 및 가공품을 단일한 브랜드로 농촌체험마을 전반의 생산 · 가공 · 유통 · 판매 · 소비까지의 전체적인 사업 운영비 및 마을 개발비로 이용함으로써 외부의 지원 없이 자체적으로 사업을 지속시킬 수 있도록 한다.

4) 결론

녹색농촌체험마을 사업이 기존의 농촌관광사업의 실패와 한계를 벗어나기 위해선 마을 고유의 특색 있는 체험프로그램의 개발과 그로 인한 도시민의 교류가 실제적으로 농가에 수입증대를 발생시켜야 한다. 그래야 마을 주민들의 지속적인 참여를 유도하여 순탄하게 전반적인 사업을 이끌어가는 선순환을 이끌어낼 수 있다. 이를 위해선 체험프로그램을 기획하고 도농 간의 효율적인 마케팅을 통하여 수익을 증대시킬 수 있는 전문가의 운용과 농촌의 인력이 필요하다. 그러나 현실적으로 이를 운용할 전문 인력과 농촌인력을 확보하기가 쉽지 않은 것이 농촌의 현실이다. 따라서 사업 자금을 마을개발자금과 마을운영자금으로 구분하고, 3년 정도 운영할 수 있는 마을운영자금을 이용하여, 전문가의 적절한 활용과 고급인력의 농촌 정착을 유도하여 지속적으로 사업을 운영하도록 함으로써, 도시민의 체험활동이 실제적으로 마을의 수익과 연계할 수 있도록 해야 한다. 그리고 지역별 체험프로그램을 연계하여 다양한 프로그램을 제공할 수 있도록 함으로써 지속적인 도시민의 유입을 유도해야 하고, 실질적 농가 수익의 증진을 위해서 단일한 브랜드로 녹색농촌체험마을의 유기농산물과 가공품을 유통·판매하는 방법을 모색해야 할 것이다.

11. 무진장 사례-지역개발과 지역농산물 소통방안[8]

그동안 마을 만들기 사업 진행을 보면 행정주도형으로 진행되다가 2000년도부터 상향식으로 진행이 되었지만 많은 시행착오를 격고 있으며 자세히 보면 지침서 등에서 규제 사항이 있어 주민주도 상향식은 아니기 때문에 민간주

8. 인터뷰: 박천창 능길권역 경영위원장, (사)무진장 좋은마을 네트워크 대표.

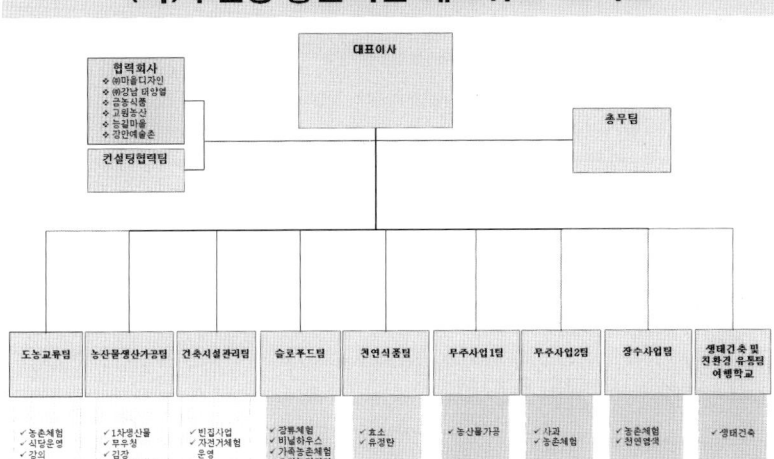

(사)무진장 좋은마을 네트워크 조직도

- 대표이사
- 총무팀
- 협력회사
  - ㈜마을디자인
  - ㈜강남 태양열
  - 곤충식품
  - 고령축산
  - 능길마을
  - 강만예술촌
- 컨설팅협력팀

- 도농교류팀
  - ✓ 농촌체험
  - ✓ 식당운영
  - ✓ 강의
- 농산물생산가공팀
  - ✓ 1차생산물
  - ✓ 무우청
  - ✓ 김장
  - ✓ 콩나물/두부
- 건축시설관리팀
  - ✓ 빈집사업
  - ✓ 자전거체험 운영
- 슬로푸드팀
  - ✓ 장류체험
  - ✓ 비닐하우스
  - ✓ 가족농촌체험
  - ✓ 유기농먹거리
- 천연식품팀
  - ✓ 효소
  - ✓ 유정란
- 무주사업1팀
  - ✓ 농산물가공
- 무주사업2팀
  - ✓ 사과
  - ✓ 농촌체험
- 장수사업팀
  - ✓ 농촌체험
  - ✓ 천연염색
- 생태건축 및 친환경 유통팀 여행학교
  - ✓ 생태건축

《(사) 무진장 좋은마을 네트워크 조직도》

도형 구례군의 바이오랜드 형태가 진행이 되고 있지만 행정구역인 지자체를 넘지 못하고 있으며 같은 문화권, 같은 생활권인 무진장 3개 군을 묶어서 예비사회적 기업 (사)무진장 좋은마을 네트워크 방식을 말씀드리겠습니다.

1) (사)무진장 좋은마을 네트워크 추진경위

▷ 2003. 무진장 체험마을 네트워크 설립준비 세미나 1회

▷ 2004~2009. 무진장 체험마을 네트워크 설립준비 세미나 2~5회 진행

▷ 2005. 10. 농림수산식품부 우리 농업희망 찾기 정책공모사업 우수상
'농림수산식품부 장관상' 수상

▷ 2009. 5. (사)무진장 좋은 마을 네트워크 설립 회원 152명

▷ 2009. 현재 무진장 지역에 마을 만들기 사업 90여 곳 진행 – 네트워크
　를 통한 지역개발 효과 기대(비용절감, 소득증대)

▷ 2009. 6. 예비 사회적기업 선정(일자리창출사업 실시 – 20명 배정)

▷ 2009. 7. 20명 사회적 일자리 창출–진안 5개 사업부, 장수 1개 사업부,
　무주 2개 사업부 운영

2) 무진장 네트워크 필요성

무진장은 농업이 주 산업구조를 차지하고 있어서 농촌마을이 중요한 역
할을 하는바 3개 군이 연계하여 각각 지역개발 관련 사업을 추진할 필요성이
대두된다. 현재 지리적 위치상 금강의 상류에 위치, 수요자들의 요구변화, 마
을의 자생력 등의 문제로 마을활성화의 어려움이 있고, 신규 투자도 부담되
는 상황이다. 따라서 동부 산악권 무진장의 주요 농촌자원과 관광자원을 연
계하여, 비용절감과 대외 경쟁력 확보가 급선무다.

3) 단계별 전략 필요

단기적으로는 농촌 현장체험 중심의 마을, 법인, 개별농가 등을 결합하고,
장기적으로는 "무진장도농교류센터"를 조성하여 새로운 마을로 탈바꿈시
킬 전략이 필요하다.

4) 네트워크 방법

농촌의 문화, 역사, 환경, 교육, 레포츠 등을 복합적으로 결합한 무진장네트워크를 구성하여, 같은 목표를 추구하는 무진장 권역의 마을, 단체, 영농조합법인, 작목반, 개인농가 등을 연계하여, 각각 자신들에 맞는 기능을 수행하여 시너지 효과를 극대화시키는 한편, 테마별 프로그램을 개발하고, 역사기행과 현장체험과 친환경농산물 생산체험 및 문화체험 등을 통해 도농교류를 확대시켜야 한다.

5) 운영관리 및 지원

무진장네트워크 통합조직을 구성하기 위해서는 단기적으로 민간주도형 역량개발(도농교류센터 중심 도농교류촉진법 지원금 활용, 현재 사단법인 무진장 좋은 마을 사람들 사회적 기업이 등록되어 있음)을 추진하고, 중장기적으로 행정통합을 지원(무진장행정 통합과도 일치)하는 통합홈페이지를 운영한다.

▷ 각 마을, 개인, 단체 등 홈페이지를 링크
▷ 도농교류센터에서 관리(운영비 활용)
▷ 장기적으로 통합 브랜드 개발 및 통합 홍보마케팅 실시
▷ 무진장권역의 농촌체험, 친환경농산물의 전 과정을 관리하여 인증제
  실시

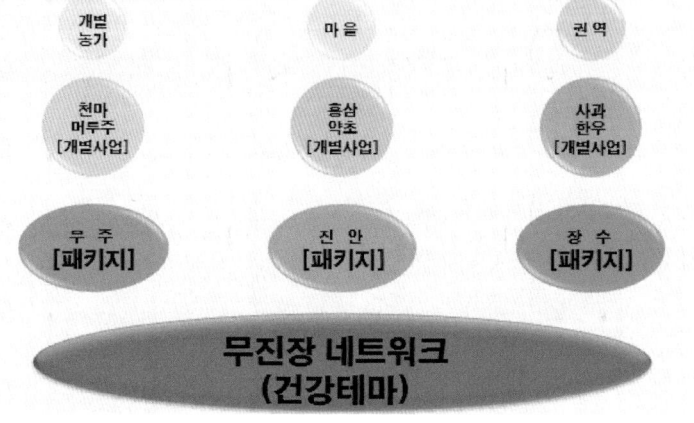

주요 논의들

참고자료 : 2009 미래농촌연구회 농업정책토론회 발표자료(이병오_강원대교수, 무진장지역 농촌관광네트워크 전략)

개별 농가	마을	권역
천마 머루주 [개별사업]	홍삼 약초 [개별사업]	사과 한우 [개별사업]
무 주 [패키지]	진 안 [패키지]	장 수 [패키지]

무진장 네트워크 (건강테마)

※참고자료: 2009년 5월 13일 무진장네트워크 세미나 회의 결과

〈주요 논의 내용〉

6) 마을축제 네트워크 필요

▷ 무진장의 같은 부처 사업끼리 네트워크

▷ 추진 주체가 있어야 함(사단법인 등).

▷ 작은 고유한 특성부터 발굴, 이를 네트워크 하여 작은 공동사업 실시

▷ 특화된 프로그램이 필요(현재는 거의 똑같음)

▷ 장기적으로 무진장 공동브랜드 필요

▷ 도시민 의식개혁 부분도 담당하여야 함.

▷ 네트워크는 경쟁을 통한 강자의 생존에서 공감과 소통, 나눔의 블루오션을 만들어내는 것. 즉, "아름다운 연대"

▷ 진안의 마을 만들기 노하우를 무주/장수와 나누기

▷ 홀로 선 마을이 서로 만나는 것. 같은 방향을 향해 가는 것 중요

▷ 사회적기업, 귀농인 중심 스토리텔링 농촌관광 튜닝 실시

▷ 무진장 100개 마을과 도시 100개 마을을 연결, 단기적으로 10개 마을부터 출발

▷ (사)무진장 좋은 마을 네트워크-사회적 일자리 창출사업 신청

▷ (사)무진장 좋은 마을 네트워크 단체 설립 목적 명시

▷ 마을 만들기를 통한 마을, 기업, 관련기관, 연구소 등을 연대한 네트워크 사업을 통한 비용 절감 및 프로그램 개발

▷ 마을사업을 통한 지역 활성화 사업

▷ 도농교류를 통한 지역개발 사업

▷ 지역 마을 도서관 운영 및 농촌 지역 문화 관련 사업

▷ 지역 친환경 농산물의 생산, 가공

▷ 지역 친환경 농산물을 통한 도농교류 사업을 통한 유통 및 학교 급식 등 공공 급식 연계 사업

▷ 지역 환경정화를 위한 환경 관련 사업

▷ 신재생 · 친환경 대안에너지 보급 및 교육을 통한 에너지 관련 사업

▷ 지역 전통문화자원 발굴 및 상품개발사업

▷ 농촌지역 마을 만들기 관련 인재양성 및 대중화를 위한 교육사업

▷ 농촌과 도시문화 및 구도심 활성화를 위한 사업

▷ 도농교류를 통한 교육, 문화체험상품 개발 및 보급사업

▷ 기타 본 법인의 목적 달성에 필요한 사업 추진 등

7) 사회적 일자리 창출사업계획

(1) 사업 내용

▷ 농촌체험(농촌자원을 활용): 농촌체험을 통한 도시민 농촌교류
  친환경 농산물 생산, 가공, 유통: 학교급식 연계 친환경농산물 소비유
  도 및 환경 인식 제고

▷ 마을도서관 운영: 문화혜택 소외지역인 농촌지역에서 도서관 및 방과
  후 교실을 운영하여 취약계층 문화적 소외 해소

▷ 도농교류 활성화를 통한 농촌 낙후 지역 활성화

▷ 슬로우 푸드 사업: 지역농산물 소비 및 소득증대

▷ 농촌지역 마을 만들기를 통한 지역 활성화 사업

▷ 지역 및 마을 축제 등 행사 진행

▷ 신재생에너지 보급 및 교육사업

▷ 귀농 귀촌을 통한 지역 활성화를 위한 사업

(2) 마케팅 및 홍보방안

마을축제, 농업관련 박람회를 활용하여 홍보 마케팅

지역신문, 지역방송을 통한 홍보 마케팅

회원 및 후원회, 후원의 밤 등을 개최하여 홍보 및 후원금 모집

취약계층을 대상으로 하는 행사유치 및 진행

(3) 사업기간: 2009. 7.~2009. 12.(6개월)

라. 사후 관리 방안

▷ 사업이 지속적이고 사회적 기업으로 육성할 수 있도록 노력

▷ 기업연계형 사업을 추진함으로써 사회적기업으로의 자립 목표 달성

(4) 매년 시장점유율 목표: 매년 5%

(5) 수익발생 목표: 연간 수입금액(매출액 20%), 매년 12% 상승 예상

(6) (사)무진장 좋은마을 네트워크 최종 목표

▷ 사람만이 희망이다(농촌지역 활성화→인구유입).

▷ 지역농산물 친환경 농산물 생산, 가공, 유통→일자리 창출

▷ 지역 에너지 자립→비용절감

▷ 사회적 기업으로 자립

이상을 종합해보면, 마을사업이 진행되는 과정에서 상향식이든 하향식이든 지역주민 역량보다는 관련 지자체 단체장, 공무원이 중요한 역할을 해왔

음은 누구도 부인할 수 없으며 담당 공무원 이해부족 및 이동 등으로 사업진행의 차질이 일부 있었다. 20여 년 동안 마을사업을 해오면서 지역주민의 역량과 지도자의 역량이 향상되어 있어 지자체만 한정지을 것이 아니라 같은 문화권 또는 같은 생활권인 2~3개의 지자체를 묶어서 민간 주도형으로 가는 친환경 농산물 생산, 가공, 유통, 학교급식까지 아우르는 로컬푸드, 마을 사업을 지역사업으로 확대해가는 과정에서 사회적기업으로 자립할 수 있도록 행정적인 지원 및 하드웨어 중심이 아닌 소프트웨어 중심으로 지원을 통해 자립할 수 있는 여건 조성이 중요하므로 정책방향이 전환될 필요성이 있다.

12. 용담호 지류하천 소규모 댐 건설을[9]

1) 부유물 차단 수질보전

용담호 수질을 보전하기 위해 지류하천에 소규모 댐이 건설되어야 하며 새로운 수질관리 대책이 필요하다.

진안군 동향면 박천창 씨(56)는 2005년 7월 31일 기자실을 방문해 집중

---

9. 출처: 박천창, 2005. 8. 전북일보 기고문 인용.

호우 등으로 인해 쓰레기가 용담호로 유입되는 현상을 방지하기 위해서는 지류하천에 소규모 댐 건설이 필요하다고 주장했다.

특히 박 씨는 일본의 미하루댐을 모델로 제시하며 소규모 댐과 선진화된 수질관리로 인해 최상의 수질을 보전하고 있다고 설명했다. 박 씨에 따르면 지난 2000년 일본 미하루댐을 견학했는데, 이곳은 상류유입 지류하천 4개소에 소규모 댐을 막아 부유물질을 차단하고 있다. 소규모 댐에서 발생한 침전물은 파이프를 통해 본 댐 하류로 방류하고 본 댐 저수지물에도 공기를 주입해 물을 순환하고 있다. 또 수온상승을 억제함으로써 플랑크톤 번식을 방지해 수질오염을 예방하고 있다. 따라서 용담호가 집중호우 때마다 겪는 쓰레기 문제와 녹조를 예방하기 위해서는 미하루댐처럼 지류하천의 소규모 댐 건설과 새로운 수질관리 대책이 모색돼야 한다는 것.

박 씨는 "미하루댐 상류 주민들은 댐이 완공되면서 안개 피해가 있는 농작물·양잠업 등은 포기해야 했지만 축산폐수 및 농업 규제가 없다"면서 "용담댐 수질오염 방지, 댐 상류지역 주민 생계보장 등을 위해 지류하천(구량천과 정자천 등)에 소규모 댐을 건설해야 한다"고 주장했다.

박씨는 "수자원공사에서는 새로운 방법으로 호소 수질관리에 나서야 한다"며 "상수원 보호구역 지정만을 고집하는 것은 군민에게 두 번째 아픔을 주는 일인 만큼 수질보전을 위한 지류하천 소규모 댐 건설을 긍정적으로 검토해야 한다"고 덧붙였다.

13. 경험으로 바라본
쌀 문제의 해답[10]

매일같이 떨어지는 쌀값과 판로확보의 어려움 때문에 농민들의 근심은 이 만저만이 아니다. 지방에서는 현물납부 투쟁, 서울에서는 농민집회의 소식이 언론을 통해 보도되고 있고, 이 문제에 대한 해결방안을 찾기 위해 많은 이들이 노력을 기울이고 있다.

지금까지 10여 년 동안 친환경농업을 지켜온 경험과 그 속에서 느낀 생각들을 함께 공유할 수 있었으면 하는 바람으로 펜을 잡아본다.

내가 이곳 동향면에서 농사를 짓기 시작한 것은 1990년부터였다. 1993년, 용담댐 공사가 시작되면서 친환경농업(오리농법)으로 쌀농사를 시작하게 되었다. 지금까지 소득보다는 생명을 살리는 농업을 한다는 자부심으로 농업에 종사하고 있지만, 현실은 너무 견디기 힘들었다.

전북 진안군 동향면은 용담댐 상류지역이면서 오염이 안 된 청정지역의 마지막 보루이다. 관행 농법으로 농사를 지으면 경쟁력이 떨어질 뿐만 아니라 용담댐 식수원의 오염까지 우려되는 상황이다. 그래서 청정지역을 지키고 지역농업을 발전시켜 주위 환경을 지키는 친환경농업의 실천만이 살길이라고 생각했다.

처음 오리농법으로 쌀농사를 짓기 시작했을 때 수확량은 20~30% 감소

---

10. 인터뷰: 박천창, 능길마을 대표.

하였고, 판로확보 또한 어려웠다. 게다가 IMF 위기로 인한 경제적 어려움도 겪었지만, 실패의 두려움보다 친환경 농업을 다시 시작할 수 없을 것이라는 생각에 섣불리 포기할 수는 없었다. 그런 와중에 2000년 9월 진안군에서 선도농가로 선발되어 일본 친환경농업 선진지 견학을 다녀오면서, '반드시 지켜내야 되겠다'는 신념을 가지게 되었다. 또한 농산물은 반드시 지역주민과 공동생산하고 가공하여 지역농업 경제를 활성화해야 농촌이 살아남을 수 있다는 결론을 얻었다.

그리하여 지역 농민들과 "동향면 친환경농업 연구회"를 조직하였고, 지역에 있는 폐교를 임대하여 약초가공사업을 시작하였다. 2001년에는 6ha의 면적에 친환경농업(오리농법, 쌀겨농법, 우렁이농법)으로 쌀을 생산하였다. 판로 때문에 고민하던 중에 "안전한 먹거리를 공급"하고 "소비자는 생산자의 생활을 보장하고, 생산자는 소비자의 생명을 보장"하는 "(사)한국생협연대"와 판매가 연결되었다. 또한 생산 과정에 소비자들이 직접 참여할 수 있도록 '오리입식 및 가을걷이 추수축제'를 하면서 다슬기 잡기, 미꾸라지 잡기, 메뚜기 잡기, 배 따기 등의 행사를 진행하였다. 이를 통해 소비자가 직접 체험하고 느끼면서 서로에 대한 믿음이 생겼으며 계약재배 및 직거래판매를 하면서 판로문제가 해결되었다. 2001년 11월에는 친환경 농업을 확대하고 기술을 한 차원 더 높이기 위해 "(사)흙살림 진안군 동향면 지부"를 결성하기에 이르렀다.

지금까지 친환경 농업을 해온 경험을 통해 쌀 문제의 해결 방법을 조심스럽게 생각해본다.

어려운 상황 속에서도 농민은 더욱 질 좋은 쌀 생산을 위해 노력해야 하고, 정부는 직접지불 등을 통해 소득을 보장해주어야 하며, 지방자치단체와 농협 등 관련단체도 쌀값 안정을 위해 노력해야 할 것이다. 현장 농가 하나만의 힘으로는 역부족이겠지만, 뜻을 같이하는 농민들의 꾸준한 노력과 이를 뒷받침해줄 수 있는 정부정책, 농협의 역할이 쌀 문제 해결을 위한 중요한 열쇠라고 생각한다. 이는 10여 년의 세월 동안 많은 어려움을 겪으며 친환경농업을 지켜온 경험 속에서 얻을 수 있었던 작지만 소중한 교훈이다.

중국과 대만이 WTO에 가입하는 등 국제여건은 갈수록 우리 농업에 어려운 상황으로 전개될 것이다. 쌀 문제는 농민만의 문제가 아닌 국가 식량안보의 문제이며, 어려울수록 다시 한번 힘을 모아야 한다.

14. 흑염소 특화사업, 일본 연수기[11]

1) 방문기관별 주요 연수내용

일자	지 역	교통편	시 간	주 요 일 정	숙 소
4.19. (월)	진 안 인 천 가고시마	전용버스 KE 785 전용버스	04:00 08:00 10:00 11:30 14:00 18:00	· 진안 출발 · 인천공항 도착 후 출국수속 · 인천공항 출발 · 가고시마 공항 도착 〈가고시마＝진안 자매결연 교류행사〉 · 간담회 및 저녁만찬(가고시마 산양협회 주최) · 호텔투숙	가고시마도큐
4.20. (화)	가고시마	전용버스	전일	· 가고시마 대학 부설 농장 견학 및 질의응답 　－ 산양(흑염소), 흑돼지, 화우 등 · 축산 농가방문 및 견학 · 석식 후 호텔투숙	가고시마 도큐
4.21. (수)	가고시마 미아자키	전용버스	전일	· 호텔 조식 후 축산가공업체 방문 　－ 햄가공제조, 판매의 현장 견학 · 돼지 사육능기 방문, 사쿠라선, 미야자키로 이동 · 도깨비 빨래판 단애 절벽 견학 후 호텔 도착 · 석식 후 휴식	프라자 관광호텔

---

11. 진안군 토종 흑염소 연구회, 해외선진지 연수 결과보고서, 2004. 4. 19.~2004. 4. 24.(5박 6일간).

4.22. (목)	미야자키 오이타 아지무	전용버스	전일	· 호텔조식 후 오이타현으로 이동 · 오이타현청 방문 및 농가와의 유대 질의응답 · 그린 투어리즘 성공 포도농장 견학(와인공장 등) · 그린투어리즘 체험농가 민박	민박
4.23. (금)	아지무 아 소 하 기 후쿠오카	전용버스	전일	· 조식 후 아소로 이동 · 야마나미 축산 관광농원 견학 · 아소활화산 화구 관람 후 하기 이동 · 일본 최대의 단감 생산단지 견학, 농가와 대화 · 질의응답 후 후쿠오카로 이동 · 석식 후 호텔투숙	스테이션 프라자 호텔
4.24. (토)	후쿠오카	전용버스	전일	· 호텔 조식 후 쟈스코 육류 유통 마켓 견학 · 1100년의 역사 다자이후 텐만궁, 삿포로 맥주공 장 견학 · 캐널씨티 복합상가, 텐진 번화가 등 시내견학	
	인 천 고 향	KE 782 전용버스	20:20 21:45 02:00	· 공항으로 이동하여 후쿠오카 출발 · 인천공항 도착 후 진안 향발 · 진안 도착	

2) 세부 견학내용

– 주요일정: 4월 19일(1일 차, 월)

오전	▷ 진안–인천국제공항–가고시마
오후	▷ 가고시마 산양협회와 교류행사

04:00, 군청광장을 출발한 버스는 약 4시간 30분을 달려 인천국제공항에

도착하였다. 현지안내를 맡아줄 가이드(최영란)는 이미 나와 있었다. 잘 정리된 국제선청사 내에서 여권과 항공권을 받고 공항수속에 대하여 필요한 설명을 들었다.

이번 연수는 지난주 금요일에 이미 이번 연수에 대한 사전교육을 충분히 하였다. 그렇기 때문에 다들 잘 협조해주었으며, 해외연수가 처음인 사람들은 조금 당황스러워하는 빛이 역력했으나, 모든 수속을 마치고 좁기는 하지만 면세점도 둘러보았다.

우리를 태운 비행기는 정시(10:30)에 이륙준비를 완료하였으며 12시에 예정대로 가고시마에 도착하였다. 가고시마 공항에 도착하여 입국수속을 마치고 가고시마 산양협회 관계자들이 나와서 버스와 함께 기다리고 있었다.

화창한 가운데 우리를 태운 버스는 1시간 정도를 달려서 일본 전통의 우동식당에 가서 소바로 점심을 먹었다. 점심 후 쿠사진구(玖珠神宮)를 관람하기로 하였다. 쿠사진구는 일본 3대 진구(神宮) 중의 하나로서 벳푸로부터는 약 1시간여의 거리에 있었다. 쿠사진구는 교토의 헤이안진구(平安神宮)에 비해서 화려하지는 않지만, 오랜 역사와 일본적인 분위기를 느낄 수 있었다. 모두 일본의 진구에 대한 새로운 경험이었다. 신궁 구경을 하고 산양협회가 주관하는 교류행사장 호텔로 이동하였다.

일본 가고시마 산양협회 회장의 인사와 함께 임원 소개가 있었으며 우리 진안의 회원들에 대한 개별 소개와 흑염소의 특징 및 우수성을 설명하면서 양측의 산양에 대한 공통의견을 개진하였다.

- 주요일정: 4월 20일(2일 차, 화)

오전	▷ 호텔-시로야마(성산)공원-가고시마대학 부설농장
오후	▷ 산양협회 사무국장 농장방문-이소공원

09:00, 호텔을 출발하여 시로야마(성산)공원을 찾아 지역 특산품인 고구마로 만든 아이스크림을 먹으면서 시내 구성도를 살펴보았다.

지역특산품과 관광 상품의 조화로운 진열 매장을 보면서 "가고시마현에는 고구마 박물관이 있으며 고구마를 이용해서 만든 상품이 무려 2,000여가지 상품이 있다"는 가이드에 말을 듣고 지역에서 생산되는 원료를 이용해서 상품화의 방법을 생각하게 되었다. 이동하면서 자동차 번호판의 내용을 보면 660cc 이하 차량을 많이 볼 수 있었으며 노란색 번호판은 세금과 주차비가 반값이며 흰색 번호판은 자가용 자동차로서 주차시설이 있어야만 구입할 수 있게 되어 있어 길거리에 세워져 있는 자동차를 볼 수 없었다. 녹색 번호판 자동차는 영업용 차량임을 알았다.

가고시마 대학 부설 농장에 도착하여 요시다카 나카네시 교수의 안내로 우사 2,000평, 발효퇴비사 1,000평, 산양 및 돼지 사육사 600평을 둘러보았다. 우사에 있는 흑소는 다리가 짧고 몸통은 800~1,000kg까지 가는 것이 있었으며 지속적으로 육질 좋은 큰 소 생산을 위해 혈통교잡을 시행하며 연구하고 있는 것을 보았다. 교잡을 통해 개량되는 육우는 30개월에 600~700kg의 소를 생산함에 주력하고 있었다. 또한 화우 계통은 뿔을 제거

하고 거세를 하여 고기소를 생산하며 16%의 성장성이 있다고 하였는데 우리 한우 농가도 연구해야 될 사항이 아닌가 생각했다. 일본 산양은 유양이 주를 이루며 도카라야키(야생산양)도 일부 사육되고 있었고 한국 흑염소도 있었으며, 농장 내에 자연발효 퇴비사를 시설하여 축사에서 나오는 축분 전체를 발효시켜 퇴비화하는데 인근 농가들이 20kg 한 포에 1,000엔씩 사가지고 왔다.

점심을 먹고 이동 중에 우리나라 5월 5일 어린이날처럼 일본 전통의 어린이들 행사로 남자 어린이를 상징하는 '고이노블'이라는 깃발을 집 마당에 메달아 놓은 것을 볼 수 있었는데 아들의 숫자와 부의 상징을 나타낸다고 하였다.

산양협회 사무국장 토시나카 씨 집을 방문하였는데 50평 남짓한 농장에 각 나라의 여러 종류의 각종 닭을 키우고 있었으며 2001년 한국을 방문했을 때 구해왔다는 토종닭도 키우고 있었으며, 유양도 키워서 생산된 유제품의 시식도 하면서 선물도 받았다. 토시나카 씨 부인은 지압을 하고 있으며 봉사활동을 1주일에 한 번씩 하고 있었다. 연수로 지친 몸을 잠시 토시나카 씨 부인이 해주는 지압으로 풀 수 있었으며 다음 한국 방문 시에는 같이 오겠다고 했다.

1660년 가고시마 성주의 별장으로 만든 이소공원을 방문하였다. 이소고원은 15,000평으로 가문문장이 새겨져 있으며, 가문 대대로의 문양이 진열되어 있음은 물론 3,900명이 석 달간 먹을 수 있는 저장 곡간이 있음을 볼 수 있었다. 일정을 마치고 가고시마 도큐호텔로 이동하여 석식 후 하루 일과를 평가하였다.

- 주요일정: 4월 21일(3일 차, 수)

오전	▷ 호텔–사쿠라지마–후쿠야마
오후	▷ 기리시마 와인공장–도깨비빨래터우도신궁–오이타현 이동

아침에 호텔에서 출발하여 선착장에 이르러 흐르는 강을 따라 15분 정도 배를 타고 사쿠라지마에 도착하여 화산제가 널려 있는 길을 따라 정상을 가는 중 길가로 펼쳐진 비파나무들이 인상적이었다.

한국에 없는 비와(파)가 널려 있었으며 지역 특산품으로 음료부터 생과까지 판매하고 있었다. 일행들은 비파 음료와 과일을 먹어보며 새로운 과일 맛에 만족해했다.

또한 이 지역은 무가 크기로 유명하여 우량의 무 생산에 자부심을 가지고 있었으며 1,117미터의 아소산 공원 정상은 화산돌로 여러 형태의 모습들이 있었고, 조경은 잘 꾸며져 있어 관광객이 끊이지 않고 있었다.

미와자키로 이동하면서 숲이 우거진 아름다움을 볼 수 있었는데 남쪽은 속성수이며 큰 나무인 삼나무를 심었고, 북쪽에는 소나무 종류를 심어 햇빛의 조화를 맞추어 가꾸는 산림조성의 기치를 엿볼 수 있었으며 30년 전부터 이렇게 조성된 숲이 오늘날 관광자원으로 바뀌었다는 이야기를 들었다.

길가에 있는 기리시마 고구마 와인공장에 들러 제조과정을 보고 지역의 전통주로 자랑하는 고구마소주의 냄새에 젖어보았다. 고구마를 원료로 8~12월까지 만드는 소주는 전국에 팔려나간다고 하면서 전시 판매장으로 안내하여 시음할 수 있도록 배려하였다. 700년 전부터 소주를 만들어 먹었다며 역사성을 자랑했다.

1660년 가고시마 성주의 별장으로 만든 이소공원을 방문하였다. 이소고 원은 15,000평으로 가문문장이 새겨져 있으며, 가문 대대로의 문양이 진열되어 있음은 물론 3,900명이 석 달간 먹을 수 있는 저장 곡간이 있음을 볼 수 있었다.

돼지고기를 비롯한 각종 야채가 곁들인 뷔페식으로 점심을 먹고 미와자키로 이동하여 도깨비가 빨래하며 놀았다는 빨래터에 가서 사진도 찍고 도로변에 진열해놓고 판매하는 특산물도 보았다.

이동 중에 선인장 공원을 들렀는데 공원 전체를 선인장으로 꾸며놓았으며 선인장을 이용한 과자, 비누, 샴푸 등 많은 특산품을 제조하고 있었고 방문객으로 하여금 특산품을 구매하게끔 했으며, 아! 이것이 일본인들의 상술이구나 하는 감탄을 새삼 느끼게 했다.

바다에 아기를 놓고 갔다는 우도신궁을 찾아 동굴 속에 있는 각종 신을 보았고 바닷가 돌 위에 조그만 둥근 웅덩이가 있는데 그곳에 왼팔로 돌을 던져 들어가면 아들을 낳는다는 속설에 따라 일행들은 열 개씩 돌을 사서 던져보기도 하였다. 좌우에 펼쳐진 특산물 코너와 나무들은 정견하게 정리되어 있었다.

오후 일정을 마치고 미야자키 관광호텔로 이동하여 석식 후 하루 일과를 평가하였다.

- 주요일정: 4월 22일(4일 차, 목)

오전	▷ 호텔-아소산-축산물 도매시장
오후	▷ 이츠노미야-야마나미하이웨이-오이타현 이동

아침에 호텔에서 출발하여 버스를 타고 높이 보이는 국립공원 아소산을 향해 1시간 정도 달려가서 주차장에 도착하였다. 화산재를 밟으며 걷다가 케이블카를 1km 정도 타고 중간 기점에서 내려 정상까지 30분 정도 걸었다. 해발 1,600m인 아소산의 정상을 향해 걸으면서 유황냄새를 느낄 수 있었으며 곧 화산이 폭발할 것 같은 불안감도 느꼈다. 계속 수증기가 솟구치는 분화구는 깊이가 깊어서 볼 수 없었으며 뒤를 배경으로 삼삼오오 사진을 찍었다.

1시간여 지체하는 동안 우리 진안에도 이런 자연자원이 있다면 얼마나 좋을까 생각하며 하늘이 내려준 마이산을 어떻게 세계인들의 관광지로 만들 수 없을까 상념에 젖어보았다. 화산의 상태를 측정하고, 연구하는 여러 가지 기구와 장비들이 보였는데, 그 기구와 장비들이 쓰이는 전기는 대체 에너지인 태양광전지를 이용하여 사용하고 있었으며, 도로공사 현장에서도 대체 에너지 활용 방법을 볼 수 있었다. 뿐만 아니라 주택에서도 볼 수 있었고, 간판에서도 볼 수 있었다.

아소산에서 내려와 시내의 축산물 도매시장에 들러 축산물의 판매상황 및 유통과정을 살펴보았다. 소, 돼지고기 등을 부위별, 등급별, 용도별로 나누어 진열대에 전시해놓고 팔고 있었으며, 100엔 쇼핑 코너에서 유일하게 한국

제품을 볼 수 있었는데 손톱깎이였다. 대부분 중국제인 가운데 우리나라 제품이 끼어 있어서 기분이 조금 언짢았지만 계속적으로 기술 개발을 하면 언젠가는 이곳에서 판매되는 일은 없을 것이라 안도하고 돌아왔다.

일본식 점심을 먹고 100만 년 전 분화구가 있었다는 이츠노미아 마을을 방문하였다. 해발 70m에 위치한 이 마을에는 소, 말이 유명하며 고메츠카라는 쌀 무덤도 있었다.

오이타현의 중심부인 아지무에 도착하여 미아타 회장으로부터 그린투어리즘의 추진배경과 성공사례들을 들었으며 민박 대표들과 같이 저녁을 먹었다. 원래는 저녁부터 민박집에서 하도록 되어 있었지만, 전체적인 상견례를 위해 회장 집에 모여 식사를 하기로 한 것이다. 각각 4~5명으로 편성된 조에 맞춰 식탁이 마련되고 각 식탁에는 오늘밤 묵게 될 집주인이 자리하였다. 각자 자기소개와 손님을 맞는 각오를 한마디씩 듣고 맛있게 저녁을 먹었다. 모두 내일아침을 기약하면서 저마다 민박집 주인을 따라 흩어져 갔다.

(1) 아지무町의 지역개요

아지무는 오이타현의 중앙에 위치한 분지지역으로서, 일본에서 유일하게 지명에 마음 '心'가 들어간 지역으로서 말 그대로 '마음이 편안한 마을'로 잘 알려져 있다.

▷ 면 적: 147.17km²

▷ 인 구: 2000년 말 현재, 8,034명(남 3,798명. 여 4,236명)

▷ 취업인구: 4,159명(1차 산업 1,389명. 2차 산업 1,097명. 3차 산업 1,671명)

▷ 지역특징으로서 분지(盆地)이기 때문에 주야간 기온차가 커서 포도의 재배가 적당하다.

▷ 최근에는 도농교류를 위한 정책과 주민의 노력이 활발하게 진행되고 있다.

▷ 특산물은 쌀, 포도, 축산, 화훼 등이고, 특히 포도는 규슈에서 최고의 주산지로 알려져 있으며, 아지무와인이 유명하다.

(2) 아지무 그린투어리즘(G/T) 추진배경 및 논리

첫째, 그린투어리즘 추진배경을 살펴보고자 한다. 어느 지역이나 농업은 점점 어려워지고 있다. 그런 연유로 토지로부터 얻는 생산만으로는 생활이 곤란하다. 그래서 농업과 농촌, 사람과 사람의 만남을 중시하는 관광교류에 역점을 둘 수밖에 없다. 이것이 그린투어리즘 정책추진의 배경이다.

그린투어리즘은 유럽에서 시작하였으며, 주로 도시와 농촌의 교류를 의미한다. 소득이 높아지고 휴가기간이 장기화(1달)되자 농촌의 생활을 동경하기 시작했다. 멋진 호텔이나 콘도미니엄의 생활은 비용도 많이 들어갈 뿐 아니라 무미건조하다고 인식되자, 농촌사람들도 이들을 대상으로 한 사업이 가능하게 되었다.

독일 그린투어리즘은 농가민박에서 시작되었다. 지역에서 생산된 재료를 이용한 식사 및 가공품 구입 등으로 그린투어리즘은 숙박과 식당 및 가공의 세 가지 분야가 함께 추진해나가게 되었다.

지역 활성화를 위해 가장 중요한 것은 지역인구유지라고 할 수 있다. 종래의 일반적인 생각은 좋은 도로를 만들고 공장을 유치하는 것이었다. 그러나 도로를 만들고 공장유치를 위해 계속 노력했음에도 불구하고 인구는 지속적으로 감소하였고 따라서 과소화 문제를 초래하였다.

상주인구의 증대에 한계를 극복하기 위해 다른 대안을 찾던 중 교류인구의 증대방안을 강구하기에 이르렀다. 그 결과 유럽의 그린투어리즘을 도입하게 되었다. 일본의 그린투어리즘의 역사는 20여 년에 불과하다.

둘째, 그린투어리즘 추진경과를 살펴보고자 한다. 1994년도에 「아지무그린투어리즘 연구회」를 창설하였다. 8명의 농민이 모여 농가민박을 중심으로 하는 G/T연구회를 결성하였다. 초기에는 농가만 참여했는데, 확대에 한계가 있었다. 당면한 문제는 농업이나 농가의 문제만이 아니라 농촌 전체적인 문제였으므로 농촌 전체의 문제를 다루기 위해 비농가도 참여할 수 있는 G/T연구회로 개편(1996. 3.)하였다. 대략 30여 명이 참여하였다. 2002년 4월 기준 320여 명으로 늘어났으며, 이 중 50%는 아지무町의 밖에 거주하고 있다. 그러므로 모든 회원이 상시적인 참여는 불가능한바 많은 회원들은 '응원단(선전, 홍보 등)'으로 참여하고 있다.

셋째, 그린투어리즘 추진과 관련한 주요시책을 살펴보고자 한다. 민 · 관 합동의 G/T 추진한바 町사무소에서 민박 접수를 하여 민간에게 배정하였다. 2001년 기준 연간 약 2,000여 명이 민박을 이용하였고, 당시 민박참여 가구는 15농가 정도였지만, 참여를 희망하는 가구가 40여 농가가 더 있었다. 갈수록 농가민박에서 농촌민박으로 확대 중에 있으며, 대규모 손님도 민박이 가능하였다. 2002년 9월 27일~9월 29일 기간 동안 사이타마현 농가

체험 수학여행단 151명을 수용하였다.

독일 연수 실시는 완전 자부담으로 실시되었다.

· 그린투어리즘 회원들 간에 매월 4,000엔씩 적립(5년간 24만 엔 적립)

· 연수기간: 8일(24만 엔), 지금까지 7년 동안 85명 참여

· 연수내용: 농촌경관정비, G/T 관련 연수, 연수를 갔다 온 사람은 완벽하
게 정신이 개조 됨.

'96년부터는 와인축제를 개최하여 중앙지 지방지 언론을 통해 대대적으로 홍보하였다. 고향 느끼기 운동을 전개하여 농촌 분위기를 최대한 유지하는 것에 중점을 두었다. 숙박이 아니더라도 농촌을 체험할 수 있는 프로그램도 추진하였다. 옛날에는 특이한 풍경이 아니던 것도 이제는 중요한 농촌모습이 될 수 있다. 농촌의 옛 모습을 보전할 필요가 있었다(사례: 볏짚낟가리). 아울러 볏짚 쌓기 대회(많이 쌓기, 예쁘게 쌓기, 특이하게 쌓기 등)를 개최하였다.

그린투어리즘(G/T)전문가 양성을 일환으로 환경문제, 지역문제, 농촌문제, 이벤트전문가 강의, 교육 등을 실기하였으며, G/T전문가는 지역 전체의 문제에 대한 전문가가 되도록 조치하였다. 또한 학교교육에 대한 협력으로 농촌체험학생을 적극 유치하였다. 특히 농촌체험 수학여행이 대폭 증가했다. 그리고 홈페이지 작성과 신문 발행을 통해 홍보활동을 전개하였다.

넷째, 법적 · 제도적인 어려움을 극복하고 노력하였다.

· 여관업법상 규정된 숙박업의 대상은 호텔, 여관, 간이숙박시설 등임.

· 호텔: 여관 이상의 객실 규모와 시설기준을 요함.

· 여관: 다다미방 5개 이상

· 간이숙박시설: 호텔이나 여관이 없는 곳, 특별한 장소(예: 산고개 등)에
국한하여 허용(예: 방갈로 등)

그러므로 여관업법의 적용을 받는 농가민박의 허가를 얻기 위해서는 최
소 방이 5개 이상 되어야 하는데 현실적으로 농촌 마을 사정상 농가의 민박
은 불가능했다. 아지무町에서는 '농가민박은 숙박업이 아니다(스스로 체험하
는 것)'라고 계속 주장함으로써 중앙과 지방정부를 상대로 도전하였지만, 중
앙정부, 오이타현청 모두 반대가 심하였다. 하지만 아지무정의 계속된 주장
에 결국 오이타현에서 허락하였다(→그것은 숙박업이 아니라 "아지무型이다"라
고 하는 전제하에 허용). 이는 일반 숙박업과는 다른 '간이숙박업(방 3개 이상의
규모면 가능하게 됨)'으로 인정하였다.

식품위생법상의 규정을 보면, 타인을 상대로 식품을 판매하고자 할 때는
반드시 본인의 가족이 이용하는 조리대와 구별된 별도의 조리대를 갖추도록
되어 있기 때문에(위생문제) 별도의 조리대를 마련하지 않는 한 농가민박은
불가능하다. 그러나 농가민박은 '숙박업이 아니다'라는 입장에서 보면, 별도
의 조리대가 없어도 무방하다. 오히려 손님과 함께 요리하고 식사하기 위해
서는 하나의 조리대가 유리함이 강조되는바 식품위생법상 농가민박의 장해
요인이 제거되었다.

농가민박에 대한 기준완화는 아지무町이 주장하였고, 오이타현에서 처음
시작되어 전국적으로 확산된 것이다. 지역의 이익, 지역특성에 맞는 정책 마
련을 위한 지자체(공직자)의 적극적인 노력이 얼마나 중요한가를 보여주는
좋은 사례라고 생각된다.

다섯째, 그린투어리즘 추진의 주요 효과. 아지무町은 일본 내에서도 G/T 선진지역인 까닭에 TV나 신문 등에 자주 보도되어 자연스럽게 선전 및 홍보가 되었다. 가장 큰 효과는 지역주민 교류를 통한 심리적인 변화이다. 지역주민의 입장에서 보면, 과거에는 농촌에 사는 것을 부끄러워하는 경향이 강했다(아무것도 없고, 일도 힘들고, 돈도 없고……). 하지만 도시 사람들과 교류함으로써 농촌인의 생각도 많이 바뀌었다. "아무것도 없는 것이 아니라 도시에는 없는 것이 농촌에는 있다", "일이 힘든 것만은 아니고 즐거움도 있다", "돈도 벌 수 있다" 등이다. 도시민의 입장에서 보면, 교류를 하기 전에는 패스트푸드 등 즉석식품을 많이 먹었기 때문에 '먹는 기쁨이 없다', 즉 농촌과의 교류를 통해 맛있는 요리, 신선채소를 먹어보고 '당신들은 행복하다'는 이야기를 하게 되었다.

G/T는 단순한 관광이 아니라 마음의 감동을 주는 것이 되어야 한다. 인공적·가식적인 꾸밈보다는 있는 그대로의 농촌다움을 보여주어야 한다. 2~3일 머무른 후 되돌아갈 때는 헤어짐을 아쉬워하는 여행이 되어야 한다. 행정에서도 막연히 도시적인 방식이나 시설을 닮으려는 사업이 아닌 소프트적인 사업 중심으로 지원해야 한다. 선생의 한국말 배우기와 한국의 탤런트 및 가수, 배우들을 우리보다 더 잘 알고 있었으며 핸드폰 줄에 얼굴이 새겨진 핸드폰 줄을 달고 다니는 것을 보고 한류 열풍을 짐작할 수 있었다. 문화의 중요성을 다시 한번 생각하게 하는 좋은 계기가 되었으며, 여름방학이면 한국을 다녀간다는 주인장은 한국말을 할 수 있어 민박집 주인과의 대화가 더욱 진지하게 진행되어 잊지 못할 시간이 되었는지 모르겠다. 옛날에는 일본어, 영

어, 중국어로 되어 있었던 아지무관광책자가 한국어로 되어 있는 것을 보고, 그 홍보책자를 다시 한번 보게 되었다. 미야다 회장의 당당하고 자신감 있는 설명도 좋았지만, 자식도 자기의 뒤를 이어 포도농장을 계속하고 있다고 자신 있게 말하는 것이 무엇보다 부러웠다. 우리 일행 중 이렇게 생각하는 사람이 얼마나 될지 의문스러웠기 때문이다. 아지무에서 숙박은 두 번째다. 첫 번째는 느끼지 못하고 보지 못한 것을 두 번째 와서는 많이 보았다.

지역 주민과 행정과의 조화와 지역이 활성화되어야 지역이 살아남을 수 있고 유지된다는 점. 그래서 아지무에서 생산된 포도를 가지고 포도주 공장이 가동되고 있으며 원료를 생산하는 농가와 제품을 생산하는 공장의 유기적이 역할분담과 서로 공생한다는 정신이 오늘날 일본이 있는 것이 아닌가 하는 것을 새삼 느꼈으며, 상대방의 배려, 버스가 보지 않을 때까지 손을 흔들어 배웅하는 모습에 몇 번이고 버스 창을 통해 확인하면서 우리가 배우고 깨달아야 할 것이 저것이다. 저것부터 다시 배워야겠다는 다짐을 해보면서 흔들어주던 그 손이 지금도 아른거린다.

- 주요일정: 4월 23일(5일 차, 금)

오전	-와인공장-벳푸 시내(원숭이공원)
오후	-유누하나-원예조합(감)-호텔이동

아지무와이너리(安心院葡萄酒工房)는 가족여행촌 '아지무(家族旅行村

'安心院')' 내에 있는 조그만 와인공장으로서 도농교류 및 지역활성화의 거점으로서 중요한 의미를 갖고 있다. 가족휴양촌 '아지무'는 89ha의 부지에 102m의 산책로와 어린아이부터 노인에 이르기까지 즐겁게 놀 수 있는 미니골프, 전천 후 테니스코트, 체육관, 수영장, 관광포도원, 온천센터 등 다양한 시설을 갖추고 있다.

아지무와이너리는 일본 소주제조회사인 三和酒類(주)가 농업구조개선자금의 지원을 받아 1971년 아지무가족여행촌 내에 건설한 '숲속의 와인공장'으로서 주요시설은 전부 서양식으로 통일되어 있으며, 와인제조과정을 볼 수 있는 견학코스와 시음코너 겸 판매장을 갖추고 있다.

아지무의 특산물인 포도를 원료로 하고 있으며, 프랑스식의 시설에서는 町 내에서 생산되는 농산물을 원료로 만든 요리를 먹을 수 있는 식당과 토산품판매점이 있다.

이 시설은 지역에서 생산된 원료를 지역 내에서 가공함으로써 지역주민에게는 농산물(포도)의 안정적인 판로를 보장해준다는 점에서, 그리고 지역 내의 생산물을 이용·가공하여 부가가치를 높이고, 또 그 생산현장을 도농교류의 장으로써 활용하여 외지방문객을 지역 내로 끌어들이는 역할을 한다는 점에서 그린투어리즘과 지역활성화에 중요한 일익을 담당하고 있는바, 우리 연수단이 이러한 의미를 인식하고 이곳을 이번 견학코스에 포함시킨 의미를 이해할 수 있기를 기대해본다. 아직은 낮은 수준이지만 안천 머루가공공이 지향해야 할 방향을 이곳에서 찾을 수는 없을까. 공장장이 직접 우리 일행을 안내해주었다. 지역에서 생산되는 델라웨어 포도의 종류와 공장의 구조,

와인이 생산되는 과정 그리고 숙성과정 등에 대하여 친절하게 설명해주었지만, 자꾸만 산만해지는 우리 일행의 견학태도에 약간은 미안한 생각이 들었다. 아마도 자신의 분야와 거리가 있기 때문일 거라고 생각하면서도 좀 더 진지한 견학태도가 아쉽다는 생각을 지울 수가 없었다.

거의 전 과정이 자동화되어 있고, 특히 항상 일정한 온도를 유지할 수 있도록 반지하에 건설된 저장고, 숙성실(여름철 14~15℃, 겨울철 18~19℃, 습도 80%)은 참으로 부러웠다. 전체적으로 4억 5천만 엔이 투입되었다는 이 가공시설은 직원 300명이 이 지역 사람이며, 와인 판매소득이 1억 5천만 엔에 이르며 처음 설립 당시 4개의 조그만 회사가 참여하여 1개 회사로 만들었기 때문에 교대로 사장을 맡는다고 한다.

와인은 대부분 오크통에 넣어 숙성시키지만 포도주병을 넣어서 숙성시키는 경우도 있는데 이때 포도주병을 눕혀서 보관하는 이유는 무엇일까, 그 이유는 바로 포도주병을 세워서 장기간 보관하면 코르크로 된 병마개가 건조해져서 마개를 뽑을 때 코르크가 부서지게 되고, 따라서 보기 좋게 마개를 뽑을 수 없을 뿐만 아니라, 자칫하면 부서진 코르크부스러기가 와인에 섞이게 되어 와인을 버릴 수 있기 때문에 이를 예방하기 위해서, 즉 코르크가 항상 일정한 수분을 유지할 수 있도록 하기 위해서라는 안내인의 설명이 아직도 귓가를 맴돈다.

시설견학을 마치고 시음장에 들러 모두 여러 종류의 와인을 맛봤다. 그리고 기념으로 각자 1병씩 가질 수 있도록 24병의 와인을 구입했다. 이 공장은 시설 중일 때 한 번, 가동 시 두 번까지 합해서 세 번째 견학이었으며, 견학을 마치고 밖에서 나와 주변을 둘러보면서 공장에서 나오는 폐수를 정화해서 흘러나온 물을 저수지에 가두어 다시 한 번 더 정화를 하는데 그곳에는 잉어를 비롯한 많은 물고기들이 살고 있었으며 저수지 주변을 공원화하여 지역 주민의 쉼터로 활용하고 있었다. 아! 이것도 우리가 깨닫고 배워야 할 사항이다.

기념사진을 찍고 벳푸의 고기산 원숭이공원을 향해 출발하였다. 버스는 오이타시 방향으로 약 1시간을 달려「高崎山자연동물원」앞에 도착하였다. 육교를 건너자 곧바로 공원입구가 나왔다.「高崎山자연동물원」은 오이타시의 서쪽에 628m의 高崎山에 서식하는 야생원숭이를 관광 상품화한 것이다. 최근까지 3개 무리(A群, B群, C群)에 약 2,000마리의 원숭이가 서식하고 있었으나 우리가 방문했을 당시에는 내부의 권력투쟁 과정에서 가장 큰 무리였던 A群이 참패하여 분열, 이산(離散)해버리고 B群(500여 마리)과 C群(700여 마리)만이 있었다.

高崎山은 규슈의 태평양 해안가에 위치하여 겨울에도 온난한 기온이기 때문에 에도시대(우리의 조선시대)부터 야생원숭이가 서식하고 있었다고 전해지고 있으나, 현재의 원숭이공원은 1952년 당시 오이타시장이었던 우에다(上田) 씨가 원숭이를 모으기 시작해 이듬해 3월부터 현재와 같은「高崎山자연동물원」을 개원한 것이라고 한다.

이 원숭이공원은 일반적으로 생각하는 동물원의 형태가 아니고 高崎山 중턱에 있는 '萬能寺' 광장에서 시간에 맞춰 원숭이의 먹이를 주고 있는데, 이 먹이를 받아먹기 위하여 산에서 일군(B群)의 무리들이 내려왔다가 먹이를 다 먹으면 다시 산으로 올라가고 다른 무리(C群)로 교대하는 그야말로 야생원숭이 공원이다. 따라서 길 주변이나 나무 위에 놀고 있는 원숭이들을 자연 상태로 관찰할 수 있다는 것이 큰 특징이다.

마이산에도 원숭이를 풀어서 이와 유사한 형태의 공원으로 만든다면 새로운 볼거리가 될 수 있지 않겠느냐는 의견이 제시되기도 하였다. 하지만 기후나 온도 등 자연적인 조건이 크게 다르기 때문에 어떨지는 모르겠다는 생각이 들었지만, 가능성 여부를 검토해볼 필요는 있으리라 생각했다.

약 40여 분가량의 원숭이공원 관람을 마치고 민족자료관을 잠깐 들러 구경하고 조총련계가 운영하는 춘향원(春香園) 식당으로 이동하여 점심을 먹었다. 우리뿐 아니라 여러 관광팀이 있었는데 마음속으로 혼자 나가다가 납치되면 어쩌나 하는 생각도 들어 마음이 편하지는 않았는데 점심을 맛있게 먹고 나니 마음이 누그러졌다. 점심을 먹고 남는 시간을 활용해 바로 앞에 있는 츠루미(鶴見) 슈퍼마켓에 들러 일본의 농산물판매단위나 포장상태 등을 살펴보았다. 우리나라에서 온 파프리카가 한국산으로 쓰인 채 당당하게 판매되고 있음을 보았다.

이어서 '미치노에키 우키하(道の驛 うきは)'에 대하여 알아보고자 한다. '道の驛(미치노에키)'는 국도휴게소를 말하는데, 국토교통성의 지원으로 1987년부터 조성되기 시작했으며 1999년 말 현재 일본 전국에는 551개소의 미치노에키가 있음. ⇒ 휴게소를 이용하는 여행자들이 국도변 지역의 관광명소, 특산품정보 등을 찾고 식사도 하고 지역특산품도 구입한다는 것에 착안하여 이를 지역 활성화에 활용하자는 취지에서 출발하였다.

'미치노에키 우키하'는 국토교통성과 우키하초가 70억 원을 투자하여

2000년 4월 개장하였으며 농산물직판장, 관광안내센터, 식당 등의 시설이 있다. 미치노에키 우키하의 설립목적은 교통안전(건설성)과 지역진흥(우키하)이다. 따라서 지역진흥을 목적으로 한 농림성의 보조금 수수가 해당한다.

전체적인 관리는 우키하정에서 담당하되, 직판장(물산관)운영을 위해서 'うきはの里 주식회사'를 설립하였다. 출자자는 우키하정, 농협(JA), 산림조합, 상공인회(관광협회) 등이다.

직판장 출하자는 400여 명이며, 판매방식은 위탁판매이고, 수수료는 판매고의 15%이다. 매일 아침에 출하되어 저녁 6시까지 판매된다. 6시까지 판매되지 않은 것은 출하자가 스스로 회수(2회 이상 회수해가지 않으면 판매코너를 회수)하여 간다. 2002년 방문자 수는 55만 명(계산대 통과자 수)이다. 실제로는 100만 명 이상이고, 전체의 90% 이상이 외지인이며, 판매고 6억 엔 정도다. 모든 출하자는 자신의 판매코너가 정해져 있고, 가격은 청과의 경우 도매시장의 경매가격과 슈퍼가격의 중간에서 결정하며, 최대 출하자의 경우 연 1,000만 엔 이상의 판매수익을 올린다. 출하자의 평균연령은 70세이고, 100명의 출하 희망자가 대기 중이었다.

'미치노에키 우키하'의 성공비결(마을 이미지의 활용)은 이렇다. 다른 지역에도 환경농법으로 생산하고 생산자 이름을 부착한 신선한 농산물을 관광객이 가져가기 쉽도록 잘 가공, 포장하여 판매하고 있기 때문에, 이제는 청정·환경농산물 그 자체만으로 경쟁에서 이기기 어렵다. 더욱 중요한 것은 그 농산물이 생산된 지역의 이미지이다. 우키하는 산비탈의 계단식 논, '수원(水源)의 숲 백선(百選)'에 선정된 폭포공원, '明水百選'에 선정된 지하수 등을 활용하여 마을의 청정 이미지를 가꾸는 데 최선의 노력을 하고 있다.

농업·농촌이 살아남을 수 있는 하나의 길은 환경농산물을 생산하고(1차 산업), 가공과 포장을 잘하고(2차 산업), 직거래를 통해(3차 산업) 농산물의 부가가치를 높이는 방법이다. 이러한 의미에서 그린투어리즘(농촌체험)관광은 6(1*2*3)차 산업이라고 할 수 있다.

우키하의 '미치노에키 우키하'와 오오야마의 '고노하나가르텐'은 마이산 남부와 북부, 그리고 월랑공원 3곳의 판매장 혹은 식당을 위탁운영하고 있는 우리 진안군의 입장에서는 부러움 그 자체가 아닐 수 없었다. 국토건설성(중앙정부)과 우키하정(지방정부)이 협력해서 건설하였고 운영은 지역 내의 여러 기관에서 출자한 제3섹터가 담당하는 미치노에키 우키하는 물론이고 지역농협이 설치, 운영하는 고노하나가르텐의 운영상황을 보고 과연 우리는 무엇을 배워야 할 것인가, 왜 우리는 이렇게 할 수 없을까. 시설의 훌륭함을 배우기보다는 운영의 방식과 특성을 이해하는 데 더 많은 노력과 고민이 필요할 것 같다.

마지막 저녁이라 생각하고 100년 전통이 이어지고 있는 우동집에 들러 일본 전통의 정식 우동을 먹었다. 100년의 전통은 단순히 전통이 아니라 건물부터 기술까지 완벽하게 조화를 이루는 전통이었으며 그들만의 고집을 엿볼 수 있었다.

- 주요일정: 4월 24일(6일 차, 토)

오전	-후쿠오카 시내관광 및 쇼핑
오후	-후쿠오카 출발-부산-진안 도착

9:00, 느긋하게 아침식사를 마치고 버스에 올라타고 1100년의 역사를 가진 다자이후 텐만궁에 들렀다. 백제의 후손이 세웠다는 텐만궁의 도리문(天子問)을 보고 삿포로 맥주공장에 들러 맥주 만드는 전 공정을 살펴본 후 시음장에서 맥주를 맛보았다.

점심을 먹고 캐널씨티 복합상가에 들러 친지나 동료 등에게 줄 간단한 선물들을 샀으며, 텐진 번화가를 돌면서 시내관광을 하고 17시에 일본식 초밥을 맛볼 수 있는 뷔페식당에서 저녁을 먹은 후 후쿠오카의 하카다 공항으로 출발하였다.

모든 출국수속도 끝나고 20:00, 우리를 태운 비행기는 예정시각에 맞춰 이륙하였다. 21:45, 인천국제공항에 도착, 대기하고 있던 버스에 올라 25일 02:00, 진안에 무사히 도착하였다.

3) 연수내용 요약

하나, 지역발전을 위한 지자체의 역할과 주요시책

둘, 지역개발을 위한 산 · 학 · 연의 자율적인 참여방안

셋, 주민과 행정의 협조체제 구축 및 실태

넷, 지역특성에 맞는 특산물개발 및 소득증대 실태

다섯, 생산자와 소비자의 신뢰를 통한 농산물 유통

여섯, 도 · 농 교류 증대를 위한 아이디어 발굴

일곱, 한국과 일본 간 흑염소의 기술교류와 상호방문을 통한 교류

여덟, 선진국 농촌의 가치 재확인 및 활용법 접목

4) 문제점 및 개선방안

(1) 문제점

이번 연수의 문제점은 크게 두 가지로 정리할 수 있다. 첫째는 좀 더 철저한 사전준비, 둘째는 연수팀 구성의 철저 등이다. 먼저, 보다 충실한 견학이 되기 위해서는 첫째, 연수대상지와의 충분한 협의, 둘째, 연수목적에 대한 참가자들의 인식공유가 필요하다. 연수 참가자들 또한 방문대상지에 대한 충분한 사전검토를 통해 무엇을 배울 것이며 또, 연수지마다 어떤 내용의 질문을 할 것인가에 대한 확실한 자기과제가 설정되어 있어야 한다. 우리는 출발하기 4일 전에 이미 2시간에 걸쳐 사전교육을 마쳤고 또 관련 자료를 배포하였음에도 불구하고 참가자 중에는 이를 충분히 숙지하지 못한 경우가 있었다는 것이 큰 아쉬움으로 남는다. 차기 견학에서는 이러한 문제점이 사전에

충분이 해소되어야 할 것이다.

또한, 보다 충실한 연수가 되기 위해서는 연수목적을 공유할 수 있도록 연수단이 구성되어야 하며, 이를 위해서는 연수단 선정에 대한 철저한 관리가 필요하다.

(2) 개선방안

앞으로도 농업인의 해외선진지 견학은 계속될 것이며, 또 더욱 확대되어야 할 것이다. '百聞이 不如一見'이기 때문이다. 문제는 좀 더 충실한 해외연수가 되어야 한다는 점이다. 이러한 의미에서 이번 연수는 몇 가지 시사점을 제공해준다.

이번 연수로부터 얻을 수 있는 행정적인 교훈은 첫째, 계획적인 연수일정 마련, 둘째, 연수참가자들에 대한 보다 철저한 사전교육, 셋째, 보다 면밀한 연수단 구성 등이다.

연수단에 대한 사전교육을 충실히 하여야 한다. 그러기 위해서는 좀 더 충분한 시간을 갖고 연수단을 구성해야 할 것이다. 사전교육을 위해서는 최소한 출발 20일 전까지 최종대상자가 결정되어 있어야 하며 최소 2번 이상의 사전교육과 모든 연수 참가자의 자기 계획서 제출이 필요하다. '선심성 해외여행'이라는 지금까지의 해외선진지 견학에 대한 일반적인 인식을 불식시키고 보다 충실한 연수와 견학을 위한 철저한 행정적 준비와 교육이 필요하다는 생각이다.

15. 박천창이 들려주는
6차 농업 이야기

1) 6차 산업 특별법, 농촌 현장에 맞게 제정돼야[12]

최근 농업의 6차 산업화에 대한 관심이 높다. 농업의 6차 산업화는 농산물을 생산하는 1차 산업, 이 농산물을 가공·조리하는 2차 산업, 이를 매개로 도농교류·농촌체험을 하는 3차 산업을 융합함으로써 부가가치를 창출해 농업·농촌에 활력을 더하자는 것이다.

얼마 전에는 국회 여야 의원들에 의해 이른바 '6차 산업 특별법' 제정안도 발의됐다. '농촌산업 육성 및 지원에 관한 법률안'과 '농업인 등의 농촌복합산업 촉진 및 지원에 관한 법률안' 등이 그것이다.

물론 지금도 농촌산업 활성화를 지원하는 여러 법률이 마련돼 있다. 하지만 실제 농민이 마을 내에서 농산물 가공·판매를 하려면 여러 장벽에 부딪힌다. 일정한 자격을 갖추더라도 판매는 마을 내에서만 할 수 있고, 매장이나 인터넷에서 전시·판매·유통을 하려면 식품위생법·폐수처리법 같은 여러 법률에 따라 복잡한 신고나 허가 절차를 밟아야 한다. 관련 법률이 대기업 위주로 마련돼 있어 농가의 대다수를 차지하는 중소농은 농산물 가공·판매에 진입하기가 쉽지 않은 것이다.

---

12. 박천창/ 기고문(농민신문, 2013. 11. 27.).

이에 필자는 앞으로 마련될 6차 산업 특별법이 농업·농촌 현장의 요구를 반영하고 다음과 같은 점을 고려해 제정돼야 한다고 본다.

첫째, 식품위생법을 개정해 농가나 마을에서 직접 생산한 농산물을 가공·판매하는 경우 기준을 완화했으면 한다. 지자체가 이에 관한 조례를 만들어 시행하도록 하되, 판매 지역을 해당 지자체 내로 한정한다면 마찰의 소지가 적을 것이다. 식품위생과 관련된 문제는 처벌 및 배상 조항으로 예방할 수 있을 것이다.

둘째, 폐수처리법의 개정이다. 일반 공장에서 배출하는 폐수와 달리 오염도가 경미한 농산물 가공시설의 폐수는 생활오수에 준해서 처리할 수 있도록 법을 개정해야 할 것이다.

셋째, 부가가치세법도 개정돼야 한다. 미국·일본·유럽 등 선진국에서는 식품에 대해서는 부가세를 물리지 않으며, 한국에서도 쌀은 가공(도정)을 해도 부가세가 없다. 온 국민이 먹는 농산물 가공식품은 부가세를 면제해 가공 및 판매가 활발히 이뤄지도록 뒷받침해야 한다.

끝으로 유통법도 현실에 맞게 바뀌어야 한다. 농가나 마을에서 농산물을 가공한다 하더라도 현실적으로 어려운 점이 유통이다. 농가나 마을에서 만든 제품을 농협 등 전문기관이 유통을 대행하고 그 비용을 정부 예산 범위 내에서 지원하는 방식도 있고, 로컬푸드 판매장이나 꾸러미사업단 같은 별도의 매장에서 판매하도록 하는 방식도 있을 것이다.

농업의 기계화·규모화·상업화로 인해 중소농의 소득은 갈수록 줄어들고 있다. 이런 때 중소농의 소득 보전과 이를 통한 농촌 활성화를 위해서는 기왕 마련되는 6차 산업 특별법에 반드시 현장의 목소리를 담아야 할 것이다.

2) 농부 박천창이 들려주는 6차 농업 정보(1)

농촌융복합산업 육성 및 지원에 관한 법률(6차산업법)이 2014. 6. 3. 제정이 되어 2015. 6. 4.부터 시행이 된다.

주요 골자는 ① 식품위생법 관련, ② 폐수 및 폐기물 관련, ③ 유통비용 지원 관련, ①②③항과 관련하여 지자체에서 현실에 맞게 조례를 정하거나 지원을 할 수 있도록 근거를 마련했다.

이제는 누가 바뀌길 바라는 시기는 이미 지났다. 법까지 제정되었다. 그 법을 농업인이 직접 나서서 바꾸었으므로 이제는 실천만이 농업 농촌이 살길이다.

3) 농부 박천창이 들려주는 6차 농업 정보(2)

농촌융복합산업 육성 및 지원에 관한 법률(6차 산업 법) 제5조는 다음과 같다. 제5조(다른 법률과의 관계) 이 법은 농촌융복합산업의 육성에 적용되는 지원 및 특례 등에 관하여 다른 법률에 우선하여 적용한다. 다만, 다른 법률에 이 법의 규제에 관한 특례보다 완화된 규정이 있으면 그 법률에서 정하는 바에 따른다.

더불어 제8조(농촌융복합산업 사업자의 인증) 내용은 다음과 같다.

① 농림축산식품부장관은 농업인 등의 신청을 받아 농촌융복합산업 사업자로 인증할 수 있다. 다만, 지역의 대표 농촌융복합산업 육성 등 대통령령으로 필요하다고 정하는 경우에는 농업인 등을 포함하여 공동으로 신청할 수 있다.

② 제1항에 따라 인증을 받고자 하는 자는 농림축산식품부령으로 정하는 바에 따라 사업계획을 작성하여 농림축산식품부장관에게 제출하여야 한다.

③ 제2항의 사업계획에는 추진 사업의 명칭, 사업자의 명칭 및 주소, 사업의 기본방향 및 체계, 사업의 개요 및 세부계획, 추진사업의 대상 위치 및 그 면적, 추진사업의 실시 예정 시기 및 기간, 재원조달계획 및 연차별 투자계획, 그 밖에 농촌융복합산업 추진에 필요한 농림축산식품부령으로 정하는 사항 등이 포함되어야 한다.

④ 농림축산식품부장관은 제2항에 따라 제출된 사업계획을 대통령령으로 정하는 바에 따라 검토하고 평가한 후 사업자 인증 여부를 통지하여야 하고, 농림축산식품부령으로 정하는 바에 따라 인증서를 발급하여야 한다,

4) 농부 박천창이 들려주는 6차 농업 정보(3)

6차 농업은 1차 농산물을 생산하는 지역농업인을 기초로 하여 2, 3차 산업이 융복합하는 것이다. 농업을 근본으로 융복합하기 위해서 진안군의 친환경 농산물 확대 재배를 위해서 노력한 결과 돼지감자 재배 예산 15ha가 확정이 되었다. 더불어 홍삼연구소와 함께 돼지감자+홍삼의 기능성 제품을 연

구하기 위해 전북도 생물자원진흥원에서 돼지감자 연구비 심사에서 선정이 되었다. 이제 6차 농업은 농업인이 생산하는 농산물을 기초로 하여 2, 3차 산업이 융복합하여 더불어 잘사는 농업 · 농촌을 만들어나갈 때이다.

5) 생산 · 가공 · 서비스까지 농업은 광범위 6차 산업[13]

생산하고 가공, 서비스까지 포함한 6차 산업이 농촌에 뿌리내려야 한다.

전북 진안군 동향면 능금리 능길마을에서 만난 박천창(56) 마을 위원장은 "농산물만 생산해서 그대로 파는 건 마을 소득 증가에 도움이 되지 않는다" 면서 이같이 말했다. 6차 산업은 1차 산업인 농수산업과 2차 산업인 제조업, 그리고 3차 산업인 서비스업이 복합된 산업을 말한다. 농촌의 경우 농업이라는 1차 산업과 특산물을 이용한 다양한 가공 재화를 생산하는 2차 산업, 그리고 체험프로그램 등 각종 서비스를 창출하는 3차 산업을 아우르는 게 6차 산업의 개념이다. 이를 통해 농촌에 새로운 가치를 불러일으키고, 고령자나 귀농자의 새로운 취업기회가 창출될 수 있다.

박 위원장은 능길마을을 이 같은 6차 산업의 개념에 맞게 운영하고 있다고 설명했다. 마을의 특산물인 돼지감자를 이용해 돼지감자차나 뚱딴지환을 만들어 팔고 돼지감자 캐기 체험프로그램까지 운영하는 것이다. 그는 최근 돼지감자 막걸리도 판매를 시작했다.

능길마을 출신인 박 위원장은 25년 전 귀농해 약초 가공 사업을 시작했다.

---

13. 출처: 문화일보, 2014년 2월 14일(진안).

직접 재배한 약초를 2차 가공 생산품으로 만들어 부가가치를 높인 것이다. 당시만 해도 농촌은 1차 산업에 치중하던 상황이었다. 농가 소득은 보잘것없었다. 그는 마을 위원장이 된 후 자신의 경험을 살려 마을 사람들과 함께 돼지감자 가공 사업에 뛰어들었다. 돼지감자는 마을의 효자가 됐다. 박 위원장은 "농업도 산업이라는 생각을 해야 한다"면서 "체험프로그램까지 추가해 지금은 6차 산업으로 우리 마을을 꾸려가고 있다"고 설명했다.

Part 2

마음의 고향,
무진장 농촌

01. 인류는 농업의 역사

인류의 역사는 200만 년으로 추정된다. 이 시간의 길이는 46억 년 지구 역사를 우리 신장에 비교할 때 머리카락 한 올 두께 정도 된다. 수억 년 전에 이미 진화가 완성된 상어나 개미 등에 의하면 보잘것없는 역사를 가진 인류가 어떻게 오늘날의 찬란한 문명을 이루고 살 수 있을까.

엘빈 토플러는 인류의 역사를 3개의 거대한 물결로 분류했다. 1만 년 전 농업혁명을 제1의 물결, 18세기 산업혁명을 제2의 물결, 오늘날 인터넷 기반의 정보혁명을 제3의 물결리라 칭하였다. 이 세 가지 물결의 공통점은 생산방식의 혁신을 통해 인류의 살아가는 모습과 방식, 생각의 틀을 바꿨다는 데 있다.

산업혁명은 자본주의와 시장경제체제, 시민사회를 잉태했고, 정보혁명은 기존의 산업구조를 근본적으로 변화시키며 새로운 사회를 만들어가고 있다. 그러나 이 두 물결은 첫 번째 물결이 없었다면 결코 존재하지 못했을 것이다. 농업혁명은 인류가 원시인의 모습에서 벗어나 문명을 이루고 사는 데 결정적인 기여를 했다.

　농업혁명은 먹을거리를 채집과 수렵에 의존하던 인간이 씨앗을 적절한 시기에 땅에 심고 이를 잘 관리하면 수십 배, 수백 배의 수확이 가능한 것을 이해하고 실행한 것을 의미한다. 농업혁명을 이룬 농사의 비법을 알기까지는 아마 100만 년 이상의 시간이 필요했을 것이다. 오랜 시간에 걸친 관찰과 실험이 있었을 것이고, 문자를 비롯한 다양한 정보수단이 필요했을 것이다. 불분명한 의미와 부정확한 정보는 수많은 시행착오를 낳았을 것이고, 보다 정확한 사실을 얻기 위해 많은 시간과 노력이 소요되었을 것이다.

　이런 고통스럽고 지루한 과정은 혁명이 되기에 충분했다. 인간은 농업혁명을 통해 비로소 오랜 기아와 영양실조에서 벗어날 수 있었다. 식량을 조달하는 데서 오는 위험과 떠돌이 생활에서 벗어나 안정적인 삶과 활발한 종족 번식이 가능했다.

　또 농업은 인류의 물질문명뿐만 아니라 정신세계의 바탕이 됐다. 프랑스의 천재 소설가 베르베르는 작품 '신'에서 농업은 인간에게 미래라고 하는 관념을 심어주고 사후의 삶을 상상하게 하여 인류의 정신을 변화시키고 종교를 탄생시켰다고 쓰고 있다.

　농업은 인류가 가진 거의 모든 것의 역사이다. 현재도 그렇고 미래에도 그럴 것이다. 농업을 망치면 미래가 있을 수 없다. 농업정책은 200년 역사의 미숙한 경제학이 아니라, 농업의 가치에 대한 깊은 이해와 철학을 바탕으로 해야 한다.

02. 동서고금의 농업관

　지구 상에서 선진국 대접을 받는 나라 중 식량을 자급하지 못하는 나라는 일본뿐이다. 농업생산의 유지는 국가 발전의 근본이며 선진국으로 진입하기 위한 필수 요건이다. '경제성장을 위해 농업의 희생은 불가피하다'라는 이야기를 자주 듣게 된다. 자동차·반도체 같은 주력 수출품 시장의 확대를 위해 국내 농축산물 시장을 개방할 수밖에 없다는 주장 역시 보편화되어 있고, 정부의 농업보호 의지 역시 날이 갈수록 약화되고 있는 것이 현실이다. 그러나 이 같은 논리는 눈앞의 이익에만 집착한 단견임을 역사는 증명하고 있다.

　노벨 경제학상을 수상한 쿠즈네츠 교수는 "나라를 다스림에 있어서 농업의 가치와 의미·목적에 대한 확고한 인식 없이는 국가의 지속적인 발전도 기대할 수 없다"며 "농업 발전 없이 선진국이 되는 것은 불가능하다"고 갈파했다.

　산업혁명으로 선진공업국이 된 영국의 경우, 식량은 수입하고 공산품을 수출하는 것이 국민경제에도 도움이 된다고 판단해 농업을 포기했다. 그 결과 밀의 자급률이 19%로 떨어진 상황에서 제1차 세계대전이 일어났다. 녹일은 해상을 봉쇄했고, 영국 국민은 식량 부족으로 극심한 고통을 겪었다. 이를 계기로 영국은 농업의 중요성을 깨닫고 농업투자를 확대해 1980년대에는 만성적인 식량수입국에서 수출국으로 탈바꿈했다. 미국과 유럽연합(EU) 같은 선진국들이 자국의 농민들에게는 막대한 농업보조금을 주고 바깥으로는 농산물 수출시장을 확대하려는 이유도 농업생산 기반의 유지가 국가 발전의 근본임을 잘 알고 있기 때문이다.

동서고금의 농업관

* 식(食), 병(兵), 신(信) 셋 중에서 백성을 배불리 먹이는 식량(食糧)이 군사력(兵)보다 중요하다 〈공자〉
* 모든 것을 미룰 수는 있어도 농업만큼은 절대 미룰 수 없는 일이다. 〈네루〉
* 살아가는 데 있어 제일 중요한 것이 식량이다. 식량을 충분히 확보하려면 농민의 권리를 보장하여 농민 스스로 식량을 증산할 수 있도록 해야 한다. 〈쑨원〉
* 국가는 백성을 근본으로 삼고, 백성은 식량을 하늘로 삼는다. 〈세종대왕〉
* 농사는 천하의 대본이라는 말은 결단코 묵은 문자가 아니다. 이것은 억만 년을 가고 또 가도 변할 수 없는 진리이다. 〈윤봉길〉
* 후진국이 공업 발전을 통해 중진국으로 도약할 수는 있으나, 농업 발전 없이 선진국이 되는 것은 불가능하다. 〈쿠즈네츠〉
* 농업은 뿌리이고, 공업은 줄기이며, 상업은 잎이다. 〈미라보〉
* 농업을 장려하는 것이 이 나라의 살길이며, 이를 위해 선비보다 못한 신분상의 지위, 상인보다 낮은 이윤, 장인보다 힘든 노동을 개선해야 한다. 〈정약용〉

---

03. 농업과 문명

농업은 문명의 발달과 밀접한 관계를 가지고 있다. 문명의 발생지는 예외 없이 농업의 발생지이다. 사람들이 수렵과 채취 생활을 버리고 농사짓기를 시작한 이유는 무엇일까?

고고인류학자들의 연구결과에 따르면 농사를 지음으로써 사람들이 수렵과 채취생활보다 더 나은 삶을 살게 되었다고 보기 어렵다. 요즘에도 농업은 고된 노동을 요구하는 힘든 직업이다. 고고인류학적인 발굴자료에 의하면 초기의 농경민들은 수렵민보다 체격도 작고 영양상태도 좋지 않았으며, 질병을 더 많이 앓았고, 평균수명도 짧았다. 최초의 농경민들이 식량생산을 시작하는 데 따른 신통치 못한 결과를 미리 예상할 수 있다면 농경생활을 선택하지 않았을지도 모른다. 그러나 농경생활은 인류 전체의 지배적인 삶의 양식이 되었다. 어떻게 이런 일이 일어나게 되었을까?

이 의문에 대해서는 고고인류학자들 간에 논란이 계속되고 있으나 그 이유를 네 가지로 추론해볼 수 있다. 첫째는 야생의 먹거리가 감소하여 수렵·채취 활동의 보상이 감소하였을 것이라는 것이고, 둘째는 기후 등의 변화로 작물화할 수 있는 야생식물의 범위가 넓어져 작물 화에 따르는 보상이 증가하였을 것이라는 것이며, 셋째는 식량생산에 필요한 기술이 발전하게 되었을 것이라는 것이고, 넷째는 인구밀도와 식량생산 사이에 '포지티브 피드백' 관계가 형성되기 시작했을 것이라는 것이다. 인구밀도와 식량생산 사이에 '포지티브 피드백'이란 식량 또는 인구 둘 중에 한쪽이 증가하게 되면 그것이 원인이 되어 다른 한쪽이 증가하고 다시 그것이 원인이 되어 원래의 것이 더욱 증가하게 되는 순환관계가 성립하게 되었다는 것을 뜻한다. 이 마지막 요인은 매우 중요하다. 왜냐하면 농경사회가 확산된 중요한 이유 중의 하나는 식량생산으로 인하여 인구를 밀집시키는 데 성공하였기 때문이라고 생각되기 때문이다.

따라서 농업이 인류의 지배적 삶의 방편이 된 이유는 농업이라는 생산방식의 높은 효율성뿐만 아니라 농업의 부산물인 농업의 총, 균, 쇠, 그리고 국가조직 등에서도 찾아볼 수 있다. 스페인의 코르테스가 남미의 잉카문명을 정복할 때 잉카를 정복할 수 있었던 것이다.

한 사업의 가치를 평가할 때는 그 산업이 직접 생산해내는 배화나 그 산업의 효율성뿐만 아니라 그 산업이 사회적 · 군사적 · 과학적 부산물도 고려하여야 한다. 농업이 생산하는 것 중 농산물만 중요한 것이 아니라 농촌 어메니티를 비롯한 농업의 다원적 기능도 그에 못지않게 귀중하다는 것을 인식하여야 한다.

04. 농업의 정체성

세계 각국은 저마다 창세신화를 가지고 있다. 창세신화에는 예외 없이 농업의 기원에 관한 이야기가 포함되어 있다. 이들 농업에 관한 이야기에는 보통 대지의 어머니인 위대한 여신과 그녀의 애인 또는 아들인 곡식의 남신이 등장한다. 그리고 부권적 사회를 이루고 있던 유목민이 정착 농경민의 사회로 진출한 이후에는 남신이 농업을 지배하게 된다.

삶과 죽음이 서로 순환하는 가운데 선과 악, 참과 거짓의 구분을 중요시하지 않는 대지의 어머니 여신에 의해 지배받던 때에는 농업은 굳이 가면을 쓸 필요가 없었다. 그러나 새로 침입해온 유목민의 신은 이분법적인 논리로 모든 것을 분명히 하는 신이었으므로 농업 또한 가면을 쓰고 사회가 요구하는 역할을 할 수밖에 없게 되었다.

극히 최근까지 인류의 역사는 굶주림의 역사이었으므로 인류사회가 농업에 요구하는 역할은 당연히 식량조달이었다. 서양에서 유목민의 남신은 그 특유의 단순함과 단호함으로 농업에게 끊임없이 효율적으로 식량생산에 매진한 것을 강요하였다.

그러나 농업은 효율성의 가면을 쓰고 식량생산에 매진하는 가운데에서도 한시도 대지의 여신을 잊지 않고 많은 것을 보전하였다. 그 덕택에 우리는 식량생산의 효율성과 거리가 멀게 느껴지는 여러 가지 농업의 특성(다원적 기능)을 누릴 수 있게 되었다. 특히 신과 인간을 구별하지 않은 동양에서는 농업은 단순히 효율성의 추구가 아니라 인간성의 추구이며 자기실현의 과정이라 여겨졌다. 그러나 과거 100여 년간의 근대화 과정에서 동양농업의 과제는 어머니적인 요소를 극복하고 효율성을 추구하는 길로 들어서는 것이었다. 즉, 근대화 과정에서 동양 농업은 그것이 가지고 있는 여성적 그림자를 극복하기 위하여 노력하였으며 인간성의 추구나 자기실현의 문제는 경제성장을 위하여 희생되었다. 하지만 이제 단순히 식량생산의 효율성만을 추구하는 농업은 한계에 도달하였고 과거에 농업발전의 원동력이었던 남성적인 것이 극복하여야 할 농업의 그림자가 되었다. 우리 농업이 진정한 정체성을 찾기 위해 반드시 해야 할 일은 가면을 벗고 자기의 그림자와 대결하는 것이다.

05. 산업으로서의 농업

농업이란 식물성 및 동물성 물질을 생산하거나 이와 관련된 산업을 의미한다. 좁은 의미에서 농업은 벼, 보리, 콩 등과 같은 곡물을 재배하여 인간에게 필요한 식량을 생산하는 산업을 의미한다. 그러나 이를 좀 더 확장하여 과일 · 채소 · 꽃을 생산하는 원예, 가축을 생산하는 축산, 목재를 생산하는 임업이나 고치를 생산하는 잠업까지도 농업으로 보고 있다.

그러나 최근에는 농업의 범위를 농업 관련 산업까지 확대하여 농산물의 가공, 저장, 유통과 판매, 비료 · 농약 · 농기계, 유통과 판매, 교육 및 연구 등으로 범위가 점차 확대되고 있다.

농업은 농산물을 경제적으로 생산하고자 하는 점에서 다른 산업과 본질적으로 비슷한 점도 있다. 그러나 작물이나 가축 등과 같이 성장, 증식하는 생명력을 활용하여 유기물을 생산한다는 측면에서 다른 산업의 방식과는 다르다. 그 생산에 소요되는 기간이 길고, 생산형태가 연속적이고 순환적이며 재료를 가공하기도 하지만, 작물이나 가축을 환경과 조화 있게 조절함으로써 목적하는 것을 생산할 수 있게 하는 특징을 지니고 있다.

이러한 농업생산의 특징을 요약하면 다음과 같다. ① 농업은 기본적으로 태양에너지를 이용한 식물의 광합성 능력을 활용하는 산업이다. 농업생산은 작물이 빛 에너지를 이용하여 엽록체의 무기물로부터 만들어지는 광합성 산물로서 인간과 가축을 부양한다. ② 농업은 토지요소의 영향을 크게 받는다. 작물은 토지를 기반으로 생산되고 있으므로 토지 자체가 지니고 있는 토양의 이화학적 성질뿐만 아니라 경사의 정도, 관계, 수리 등 여러 가지 조건에 따라서 그 생산성이 크게 달라진다. 또한 토지의 면적과 토지의 소유형태 등도 생산성과 깊은 관계가 있다. ③ 농업은 자연환경과 영향을 크게 받는다. 작물은 대부분 넓은 면적의 토지에서 재배되기 때문에 인위적으로 그 환경을 조절해주기가 매우 곤란하다. 즉, 작물은 보통 자연환경 속에서 그 영향을 받으면서 자라는 것이 일반적이기 때문에 온도, 강우, 바람, 광조건 등이 기상요소의 영향을 크게 받는다. ④ 농업은 생산과정이 순환적이다. ⑤ 농업은 증식률이 매우 높다. ⑥ 농업은 계절성이 강하다. ⑦ 농업은 지역성이 강하다.

06. 농업의 다원적 기능

농업은 인간이 생존하는 데 필수적인 식량을 생산하는 기본적인 역할과 함께 홍수조절 · 대기 및 수질 정화 · 토양 침식 방지 · 기후순화 등의 환경을 보전하는 다양한 기능을 갖고 있다. 이를 경제 가치로 환산하면 67조 6,632억 원에 달한다.

과거 농업은 식량을 생산하는 하나의 산업으로만 인식되어 왔다. 그러나 최근 들어서는 농업의 가치를 더 넓게 해석하는 연구가 진행되고 있다. 우루과이라운드(UR) 협상에서도 농업의 다원적 기능을 인정해 각국이 농업을 보호해야 하는 당위성을 확보하게 됐다.

우리나라의 연간 농업생산액은 쌀 8조 원을 포함해 35조 원 정도가 된다. 그러나 농업이 유지됨으로써 얻는 경제적 가치를 농촌진흥청은 농업생산액의 배에 가까운 67조 6,632억 원(논 56조 3,993억 원, 밭 11조 2,638억 원)으로 분석하고 있다.

해마다 겪는 자연재해 중 가장 큰 것이 장마나 태풍의 호우로 인한 홍수피해다. 논과 밭은 일시적으로 비를 저수하여 홍수를 예방한다. 특히 논은 논둑이 있어 홍수예방 능력이 크다. 홍수조절 효과는 논이 44조 3,149억 원, 밭 7조 2,215억으로 평가된다.

땅은 자연스럽게 물을 저장할 수 있는 보고이며 특히 논농사는 물을 가두어서 농사를 짓기 때문에 지하수와 하천수를 풍부하게 해준다. 이에 따른 경제적 효과는 논 1조 7,694억 원, 밭 528억 원에 달한다.

농업은 수질정화 효과도 크다. 하천과 지하수의 오염물질을 양분으로 이용하면서 수질을 깨끗하게 정화한다. 이를 환가하면 2,977억 원이다. 농업은 식물의 광합성 작용을 통해 대기 중의 이산화탄소를 흡수하고, 산소를 방출한다. 이러한 대기정화 기능의 가치는 논이 7조 1,845억 원, 밭이 2조 7,435

억 원에 달한다.

논을 비롯한 농경지는 여름철 도시에서 발생하는 열을 흡수해 온도가 상승하는 것을 막아준다. 이를 기후순화 효과라고 하는데 경제적 가치는 논 1조 3,020억 원, 밭 4,850억 원이다. 1cm 두께의 흙이 만들어지기 위해서는 약 200년이 걸린다고 한다. 우리나라는 집중호우가 많고 논·밭의 경사가 심해 토양 침식의 우려가 아주 높다. 그러나 논은 하천으로 쓸려갈 흙을 막아주는 토양침식 예방 효과가 있어 그나마 다행이다. 이를 환가하면 논 1조 5,069억 원, 밭 7,610억 원이다.

농업은 유기성 폐기물을 분해하여 토양을 보전해주는 눈에 보이지 않는 중요한 역할을 하는 동시에 각종 조류와 야생동물의 먹이를 제공하고, 자연 생태계의 중요한 서식처 역할을 하고 있다. 이러한 기능들은 경제적으로 환가가 불가능한 무형의 가치이다.

07. 농심(農心)과 인간성 회복

오늘날 우리 사회가 각박해지고, 각종 범죄가 끊이질 않는 이유는 여러 갈래로 생각해볼 수 있다. 한동안 많은 사람들이 이야기하던 한국병이라는 것도 마찬가지다. 도덕적 해이 등 인간성 상실을 원인으로 지목하기도 하는데 좀 더 깊이 생각해보면 우리 마음속에서 농심을 잃어버린 것이 근본 원인이 아닌가 싶다. 농촌을 우리 몸속의 장기에 비유한다면 간에 해당된다고 한다. 손발이 아무리 건강해도, 얼굴이 잘나고 똑똑해도 간이 병들면 건강한 삶을 살 수가 없다는 것이다. 도시가 아무리 발전하고 잘살아도 농촌이 병들고 피폐해지면 나라 전체가 불행해질 수밖에 없다.

미국을 지탱하는 국민정신은 개척자 정신과 실용주의다. 일본은 화혼양재(和魂洋才: 일본 정신 위에서 서양의 유용한 것을 받아들인다)를 내세우고 있다. 비슷한 뜻으로 우리나라에서는 동도서기(東道西器: 우리의 전통적인 제도와 사상은 지키면서 서양의 발달된 과학기술을 받아들인다)라는 말이 있었다. 1970년대에는 근면 · 자조 · 자립을 바탕으로 한 새마을 정신이 우리의 국민정신으로 자리매김을 하기도 했다. 그러나 이러한 것보다 앞서 우리에게는 농심이라는 아주 훌륭한 정신이 있다는 것을 잊어서는 안 된다.

농심은 자연의 법칙과 생명의 원리에 따라 인간의 모든 정성을 기울여 생명체를 가꾸어가는 농민의 마음이다. 우리 민족의 본래의 본성이라고 할 수 있다. 농심은 '콩 심은 데 콩 나고, 팥 심은 데 팥 난다'는 소박하지만 합리적인 사고를 바탕으로 하고 있다. 농사는 수고하고 공들인 만큼 결실을 가져다준다. 허황된 한탕주의나 불로소득을 노리는 투기와는 거리가 먼 것이 농심이다. 농민은 생명과 가치를 창조하는 생산자로서, 자연의 섭리에 순응하고, 자연과 한 몸이 되어 함께 호흡을 하는 사람이다. 이런 농민의 가슴속 깊이 자리하고 있는 농심을 잃어버리고 살다 보면 사회는 혼란해지고, 인성은 피폐해질 수밖에 없다.

농심 속에는 자연과 더불어 사는 지혜가 녹아 들어가 있다. 뿌린 대로 거두는 소박함 속에는 과욕과 탐욕을 경계하는 절제의 미덕이 함축돼 있다. 각자의 마음속에서 알게 모르게 수그러지고 있는 농심의 불씨를 되살리는 것만이 피폐한 인성을 회복할 수 있다.

08. 농촌은 마음의 고향

자연의 섭리에 순응하면서 살아가는 농민의 삶의 터전인 농촌은 메마른 우리의 심성을 감싸 안고, 어루만지며 순화시켜 주는 어머니의 품과 같은 곳이다. 농촌은 우리의 원초적 향수가 깃들어 있는 마음의 고향이며 진실한 터전이다.

땅을 경작하는 사람만이 신의 축복을 받는다는 말이 있다. 사람은 자연에서 태어나 자연 속에서 살다가 다시 자연으로 돌아간다. 흙은 모든 생명의 근원이자 모태이다. 아무리 사회가 변화의 거센 소용돌이 속에 휘말려 있다고 해도 우리 인간의 순수하고 아름다운 심성은 자연에서 우러나온다. 자연은 터무니없는 욕심을 내지 않는다. 그렇기 때문에 자연과 더불어 사는 사람은 자신의 본분에 자족하면서 스스로 마음의 여유를 가질 수 있다.

농업은 하늘이 우리에게 허락하는 만큼만 영위할 수 있는 생업이다. 계절이 허락하지 않으면 어떤 작물도 꽃을 피울 수 없다. 인간의 지혜가 아무리 고도로 발달한다 하더라도 이러한 자연의 섭리를 거스를 수는 없는 일이다.

하늘을 의지하고 사는 농민은 그 어떤 경우라도 자만하지 않고 천리에 순응하며 살아간다. 그저 묵묵하게 깨끗하고 아름다운 마음을 가꾸면서 하늘의 뜻을 받아들인다. 그런 농민들이 사는 곳이 바로 농촌이다.

아무리 산업화와 공업화가 세상을 지배하는 것 같지만 인간생활의 기초가 되는 농업의 뒷받침이 없는 한 그것은 한낱 사상누각에 지나지 않는다. 과학이 발달하면 할수록 인간은 자연으로의 회귀를 더욱 절실히 요구하게 되는 귀소본능(歸巢本能)은 더욱 강해지게 마련이다. 따라서 사람이 돌아가야 할 최후의 보루는 땅이라고 할 수 있다.

최근 들어 도시의 각박함과 삭막함을 벗어나 농촌으로 돌아가려는 귀농·귀촌인들이 늘어나고 있는 것은 어쩌면 자연스러운 현상이다. 그동안 치열한 생존경쟁 속에서 잠시 잊고 지냈던 마음의 고향, 농촌을 찾아가는 도시민이 늘어나고 있는 것은 이제 거스를 수 없는 하나의 대세가 되고 있다. 그동안 유명 관광지 중심이던 국내관광 수요가 농촌관광으로 급속하게 옮겨가고 있는 것도 이러한 추세를 반영하는 것이라고 할 수 있다. '돌아오는 농촌'은 이제 구호가 아니라 현실로 다가오고 있다.

농촌은 인간이 개발이라는 미명하에 마구 파헤치고 훼손해버린 자연이 자연 그대로 남아 있는 마지막 보루이다. 농촌의 맑고 깨끗하고 아름다운 경관과 조상의 얼이 배어 있는 전통과 풍습 등은 소중한 어메니티 자원으로서 그 가치를 재평가받고 있다. 농촌은 삭막해진 도시민의 메마른 심성까지 감싸 안고 어루만지며 순화시킬 수 있는 어머니의 품성을 지닌 곳이다. 농촌은 우리의 원초적 향수가 깃들어 있는 마음의 고향이며 진실한 터전이다.

09. 식량권 보호와 인권

장 지글러 식량권 담당 유엔 특별조사관은 2002년 제58차 유엔 인권위에 제출한 보고서에서 "식량권 보호는 인권 차원에서 지적재산권 보호보다 우선해야 한다"고 건의했다. 그는 세계적으로 기아로 인한 죽음이 방치되고 있는 현상을 '침묵의 대학살'이라고 표현하기도 했다.

세계적으로 굶주림으로 인해 고통을 받는 인구가 8억 4,000만 명에 달하고 매년 3,600만 명, 한 시간에 4,000명이 넘는 사람이 영양실조로 죽어가고 있다. 반면, 미국인들은 동물성 지방과 단백질의 과다섭취로 매년 수백만 명이 심장혈관 질환으로 사망한다고 한다. 기아와 포식이 공존하는 이 세상은 분명 정상이 아니다.

미국 등 농산물 수출국들은 식량의 교역자유화가 빈곤과 기아문제의 해법이라고 주장을 한다. "세계 전체의 식량 공급량은 충분하다. 다만 국가 간 교역이 자유롭지 못해 식량부족이 발생한다"며 대다수 식량수입국의 식량안보 논리를 부정한다. 우루과이라운드(UR)협상에서 힘겹게 인정됐던 식량안보의 필요성조차도 세계무역기구(WTO) 농업협상에서는 '협상의 고려사항' 정도로 퇴색한 것도 이 때문이다.

그런 가운데 2002년 유엔 인권위원회에 식량권 보호의 필요성을 건의하는 보고서가 제출돼 관심을 모았다. 제58차 유엔 인권위에 장 지글러 식량권 담당 유엔 특별조사관이 제출한 보고서는 "세계무역기구의 뉴라운드 협상에서 일부 개도국들이 제안하고 있는 식량안보가 각별히 고려돼야 한다"며 "식량권 보호는 인권 차원에서 지적재산권 보호보다 우선해야 한다"고 건의했다.

이 보고서가 주는 의미는 식량문제를 인권 차원에서 해석하고 있다는 점이다. 보고서는 전 세계 인구가 충분히 먹고도 남을 식량이 생산되는 세상에서 기아로 인한 죽음이 방치되고 있는 현상을 '침묵의 대학살'로 표현하고 있다. 다국적 곡물메이저와 수출국의 이익만을 추구하는 식량의 교역자유화에 경종을 울린 것이다.

식량문제를 인권적 차원으로 접근을 하면 식량안보나 식량주권에 대한 해석의 폭도 넓어진다. 인권은 누구도 침해할 수 없는 천부적인 것이다. 마찬가지로 각국의 식량 확보 노력은 신성불가침의 권리로 논쟁의 대상에서 벗어나야 한다.

농업생산 보호를 위한 보조금은 감축대상이 아니라 장려해야 할 정책이 되고, 국가와 국민의 안위에 직결되는 주곡을 포함한 주요 품목에 대한 국경 보호 역시 정당화될 수 있다. 경쟁력이 없으면 농업 생산을 포기하고, 달러가 없으면 굶어 죽으라는 식량수출국의 교역자유화와 시장논리에 맞서 '식량은 인권'이라고 주장한 장 지글러의 보고서는 신선한 충격이다.

10. 식량안보와 식량주권

앞으로 식량 확보에 실패한 나라는 정부 존립기반이 위태롭게 될 것이다. 따라서 국가 안보의 개념에서 식량안보가 군사안보보다 우위에 놓여야 한다.〈미국 월드워치 연구소 레스터 브라운 소장〉

식량의 중요성을 이야기할 때 자주 등장하는 말이 식량안보와 식량주권이다. 쉽게 말하면 식량안보는 어떤 상황에서도 식량을 안정적으로 확보할 수 있어야 한다는 것을 말한다. 식량주권은 식량안보를 위해 각국의 농업정책은 다른 나라의 간섭을 받아서는 안 된다는 것이다. 이 두 단어의 정의는 세계무역기구 농업협정 20조 c항에 다음과 같이 규정돼 있다.

식량안보(Food Security): '모든 사람이 건강한 삶을 위해 언제든지 충분한 식량에 접근하는 것.' 식량주권(Food Sovereignty): '모든 나라가 자국의 식량정책을 독자적으로 결정할 권리.' 지난 2002년 이탈리아 로마에서 개최된 세계식량정상회는 식량안보에 대해 "모든 사람이 어느 때라도 활동적이고 건강한 삶을 위한 음식섭취의 수요와 기호에 맞도록 충분하고도 안전하며 영양가 있는 식량을 얻을 물리적 · 경제적 접근성이 존재하는 것"이라고 보다 구체적으로 정의를 했다. 따라서 식량안보가 확보되기 위해서는 자국민이 충분히 영양을 섭취할 수 있도록 국내생산 기반이 유지돼야 하고, 부족한 식량은 언제든지 수입해 올 수 있는 국제적 교역 환경과 국가 경제력이 뒷받침돼야 한다.

식량안보의 핵심은 각국이 필요한 식량정책을 다른 나라의 간섭을 받지 않고 자유롭게 결정할 수 있는 권리, 즉 식량주권이 보장돼야 한다. 그런데 우루과이라운드(UR)협상이나 도하개발어젠다(DDA)농업협상에서는 교역 자유화를 명분으로 식량주권을 제한하는 방안이 논의 되고 있어 식량수입국의 식량안보를 위협하고 있다.

농업보조금을 제한하거나 관세 감축으로 생산기반을 위축시키는 것 등이 가장 대표적인 예라고 할 수 있다.

농협은 DDA농업협상에서 식량수입국의 식량주권을 확보하기 위해서는 다음의 3가지 조건이 반영돼야 한다고 주장하고 있다.

첫째, 유사시 수출국의 식량을 우선적으로 수입할 수 있는 '수입시장 최소 접근' 권한의 반영과 각종 수출제한 조치의 철폐.

둘째, 수출 보조금을 받고 수출되는 농산물에 대해서는 보조금만큼 관세를 더 부과할 수 있는 수입국들의 권리 반영.

셋째, 식량 수입국의 주식(主食) 자급을 위한 국경보호 조치와 국내 보조금은 식량안보 차원에서 허용.

중국 정부는 국가식량안보 중장기 계획(2008~2020년)에서 식량안보 확보를 위한 6가지 임무로 △식량 생산력 제고, △비식량 자원 이용, △식량 방면의 국제협력 강화, △식량유통 시스템 완비, △식량 비축 시스템 완비, △식량 가공 시스템 완비를 제시했다.

11. 신토불이와 지산지소

신토불이(身土不二)는 지난 1989년 농협에서 '우리 농산물 애용' 운동을 벌이면서 처음 쓰기 시작했다. '우리 땅에서 난 농산물이 우리 체질에 좋다'는 의미로 우리 농업과 농촌을 살리기 위해 수입 농산물의 이용을 억제하자는 호소도 함께 담고 있는 말이다.

신토불이를 글자 그대로 해석하면 '몸과 흙은 둘이 아니다. 즉, 몸과 흙은 본시 하나이니 제 땅에서 나는 음식이 우리 체질에 가장 알맞다'는 뜻이 된다. 신토불이의 어원에 대해서는 여러 가지의 해석이 있으나 불경을 그 원전으로 보는 견해가 많다. 그중의 하나가 법화경(法華經)의 십종(十鍾) 불이문(不二門) 중 의정불이문(依正不二門)이 곧 신토불이라는 것이요, 의정(依正)의 의(依)는 국토(國土)를 뜻하는데 국토가 흙을 말하는 토(土)가 된다는 것이다. 의정의 정(正)은 심신(心身)을 뜻하므로 의정불이문이 신토불이와 같은 뜻이라고 해석한다.

또 다른 해석은 신(身)은 불신(佛身)의 준말이고, 토(土)는 불국토(佛國土)

의 준말로 보는 것이다. 불경에서는 "우주의 모든 것이 다 부처님의 몸이요, 부처님의 나라이므로 몸과 나라는 별개의 것이 아니라 하나"라고 본다고 한다. 이를 자세히 설명하면 이런 풀이가 나온다.

"몸(身)과 흙(土)은 둘이 아니다. 흙은 근거요, 몸은 그 근거 위에 나타난 양상이다. 몸은 인간으로 태어난 우리 자신이며, 흙은 우리를 낳고 먹여 살리는 우주 대자연이다. 그리고 우리가 죽으면 돌아갈 고향 땅이다. 그러니 자기가 태어난 땅에서 나온 농산물이 자기 체질과 가장 가까울 수밖에 없다는 것은 정한 이치"라는 것이다.

일본은 2003년부터 우리의 신토불이 운동과 유사한 지산지소(地産地消) 운동을 펼치고 있다. 이 운동은 자기 지역에서 생산한 농산물을 자기 지역에서 소비하자는 것이다. 즉, 지역 주민 각자가 지역 농산물을 먹자는 것인데, 그만큼 농민들은 믿을 수 있는 좋은 품질의 농산물을 생산하자는 뜻도 함께 갖고 있다.

신토불이나 지산지소 운동은 수입 농산물에 대한 경각심을 일깨우기 위해 나온 것이다. 그러나 우리 농업이 살리면 '우리 농산물'이라는 점만으로 소비자에게 다가가서는 호응을 얻기 어렵다. 맹목적인 애국심이나 애향심에 의존하는 정서적인 접근은 소비자의 마음을 움직일 수 없다. 우리 농산물이 다소 비싸더라도 그 이상 안전하고 품질이 좋다는 것을 실증적으로 보여주어야 신토불이나 지산지소 모두 국민운동으로 생명력을 이어갈 수 있다.

12. 농촌복지와 농촌사회

농촌복지의 개념에 있어서도 일반적인 복지의 개념과 그 의미를 함께한다. 즉, 농촌복지란 현대사회에서 농촌주민이 각종 물질적 · 사회적 · 정신적 기본욕구를 해결하고, 국가 전체적으로 파악하여 타 지역과 비교해서 삶의 질과 기회에 있어서 차별받지 않는 상태라고 정의할 수 있다. 그렇지만 농촌지역에서의 복지수준은 도시에 비해 크게 뒤떨어져 있다는 것이 일반적인 견해이며, 그 격차 또한 좁혀지지 않고 있음으로 해서 농촌주민들은 상대적으로 열악한 환경에서 소외감을 느끼고 있는 실정이다.

그동안 한국의 농촌지역사회는 대량적인 인구의 도시유출과 인구의 노령화, 지역사회의 공동화 등으로 해체적 위기에까지 몰리고 있다. 그리고 농촌주민들은 소득구조의 불안정, 교육 및 의료시설의 불리, 여가선용을 위한 레크리에이션 활동의 부재 등 도시와 비교하여 복지수준이 크게 떨어지고 있다. 이로 인해 농촌에서 젊은 세대를 도시로 이주하게 하는 중요한 요인으로 작용하고 있다. 농촌의 복지는 깨끗한 환경, 안정되고 보람 있는 생활, 직업인으로서 보람과 긍지를 느낄 수 있는 농촌의 건설을 전제로 한다. 그렇지만 현재 농촌은 ① 취업기회가 적을 뿐 아니라 안정적인 소득보장이 어렵고, ② 의료여건 및 인구의 노령화에 따른 복지문제가 심각하며, ③ 취학아동의 감소와 교육환경이 불리하고, ④ 건전한 여가활동을 위한 시설, 인력, 프로그램이 부족하다는 등의 문제를 지니고 있다.

따라서 농촌 복지의 문제도 '농촌이 얼마나 살 만한 공간인가?'라는 물음으로부터 출발하며, 개별적이고 단편적인 접근으로는 문제의 해결에 한계를 지닐 수밖에 없다. 농촌의 복지수준 향상을 위해서는 첫째, 안정적인 취업과 소득구조를 형성하고, 둘째, 농촌의료시설과 인원의 확충, 특히 인구의 노령화에 따른 대책의 마련과 셋째, 농촌청소년이 지역 내 학교에서도 양질의 교육을 받을 수 있고, 상급학교 진학에 있어서도 혜택이 주어져야 하며, 넷째, 농촌주민들에게 건전한 여가활동을 보장함으로써 심리적인 육체적 안정은 물론 자기계발이나 자발적인 사회참여, 사회적 성취 등을 위해 자유로이 활동할 수 있는 조건을 형성해야 한다.

이를 위해서는 정책을 시행하는 정부나 지자체는 문제의 핵심에 대한 정확한 진단을 바탕으로 의견을 서로 공유하면서 유기적인 노력을 펼쳐나가야 한다. 그리고 농촌주민을 정책의 수혜자로서 판단하지 말고 정책의 적극적 참여자로 이끌어냄으로써 동반자로서의 관계를 형성해나가야 한다.

13. 로하스시대의 농촌

세계는 지금 로하스(LOHAS)시대에 접어들고 있다. 로하스시대의 중심에는 바로 식품이 있고 좋은 식품의 선택은 삶의 질을 획기적으로 높여줄 것이라는 예측이다. 케이스를 나무로 만든 노트북과 데스크톱 PC. 발전기가 달린 라디오, 두께는 얇지만 강도는 더 높은 우유팩과 무게를 30g에서 20g으로 줄인 음료수용 페트병 등, 이 제품들은 모두 친환경을 목표로 만들어진 제품이다. 이러한 아이디어는 인간의 건강만 생각하는 웰빙(Well-being)을 넘어 인간과 지구(환경)의 건강을 같이 생각하는 로하스(LOHAS) 개념에서 출발한다.TV드라마 '허준'이 한창 인기리에 방영될 때 전염병을 치료하기 위해 매실을 쓰던 장면이 나온 적이 있었다. 이후 매실 관련 식품이 동나다 못해 덜 익은 살구를 매실로 착각해 사람들이 가져가기도 했다. 자신의 건강한 몸을 유지하기 위해 독식하는 것이 웰빙이라 한다면, 로하스의 개념은 건강에 취약한 사람을 배려해주고, 사회 전체를 위해 새로운 부가가치를 창출하는 것이라 할 수 있다. 이렇듯 로하스에 대한 인식은 일시적 트렌드가 아닌 건전하고 건강한 사회를 만드는 개념으로 자리 잡은 것이다.최근 미국의 NMI에 따르면 미국 로하스 소비자는 전체의 17%를 차지하고 있으며, 유럽과 일본은 20% 정도로 추정했다. 우리나라의 경우는 한국내추럴비즈니스연구소(KNBI)에서 실시한 조사 결과에 따르면 소비자의 37%가 로하스족으로 나타났다. 이러한 분위기에서 소비자들이 농촌의 향토음식에 관심을 가지는 것은 당연한 일이며, 이는 가치소비 지향의 원인으로 작용하고 있다. 건강지향적인 분위기는 유기농에 대한 관심을 불러일으킴과 동시에 농촌 토속음식에 대한 소비자들의 인지도를 크게 높이고 있는 가운데 농촌을 찾은 도시민들은 지역 토산품이나 유기농 반찬을 직접 맛보고 싶어 할 것이다.그런데 내가 체험했던 전통테마마을 식단의 경우 아직까지는 도시민의 니즈를 충족시키기에 불충분함을 느꼈다. 예컨대 주로 민박집 주인이 직접 생산한 농산물을 재료로 쓰고 있었다. 일반 어른들은 지역 특산물을 이용한 향토음식을, 아이들은 전이나 튀김류, 일품요리들을 좋아하는 경향이 많았다. 하지만 농촌지역의 경우는 대부분이 자급자족의 형태에 의존해 식단의 다양성이 결여돼 있고, 지나친 매운맛의 강조와 지역의 특성을 살린 체계적인 식단 작성이 이루어지지 않는다는 점이 도시민의 재방문을 꺼리게 하고 있다. 도시민이 다치 찾을 수 있도록 해야 한다. 그러기 위해서는 먼저, 음식의 매운맛에 대한 등급을 마련해야 한다. 고추의 경우 매운맛을 결정하는 것은 캡사이신 성분의 함량 정도(심미도)이다. 따라서 고추의 경우 '매운맛'과 '보통 매운맛'으로 맛의 등급을 정해야 한다. 특히 매운맛 정도에 따라 품종을 구분, 육종할 수 있어야 보급을 확대할 수 있다. 그래서 식당을 찾은 관광객이 고추장 하나를 주문하더라도 매운 고추장과 덜 매운 고추장을 내놓고 선택할 수 있도록 해야 한다. 그리고 매운맛과 관련된 각종 포장재에도 매운맛의 등급이 표시되어야 한다.또한 농가마다 차별화된 특별 메뉴와 식사제공 비법을 정착시키는 일이 매우 중요하다. 그러기 위해서는 농가에서 보고 실천할 수 있는 관광 식단의 개발과 지침서 제작이 필요하다. 지침서에는 계절별 · 대상별 · 연령별로 식단을 작성하는 법이 자세히 기록되어야 한다. 또 지역별 특산물 소개와 농가 주부가 도시민들에게 설명해주는 요리가 담겨져야 한다. 아울러 식단(영양 면 · 경제 면 · 기호 면 · 능률 면)의 효능도 첨가되면 더욱 좋을 것이다.

14. 경제발전 패러다임의
변화와 농업정책

　　WTO 체제 출범 이후 1990년대는 리카도적 경쟁시장 이론에 입각한 발전론이 세계를 지배하게 되었다고 해도 과언이 아니다. 그러나 근래에 생명산업과 정보산업이 크게 발전하여 생명의 형태에 관한 이해가 깊어지고 미래에 대한 예측능력이 향상됨에 따라 여러 가지 새로운 대안적인 경제발전의 패러다임이 제시되고 있는 것도 사실이다.

　　우리는 이제 개체의 효율성보다는 생태적 안정성, 그리고 현재의 자원배분뿐만 아니라 먼 미래의 자원배분까지도 아울러 고려하는 광역적이고 장기적인 자원 배분이 가능한 시대에 살고 있다. 이미 지속가능한 발전은 소수 경제학자나 환경운동가의 주장이 아니라, 경제발전을 논하는 사람이라면 한번은 생각해보아야 할 중요한 주제가 되었다. 또한 생태적 안정성도 개체적 효율성과 마찬가지로 중요하게 고려되어야 한다는 주장도 새로운 발전론의 주제로서 대두되고 있다.

　　우리나라는 좁은 국토에 지나치게 많은 인구를 가지고 있다. 식량이 부족하고 환경이 훼손되기 쉽다. 즉, 우리나라의 환경과 자원은 다른 나라와 비교해볼 때 상대적으로 짧은 시간 내에 소진될 가능성이 높다. 우리나라의 농업정책은 지속가능한 발전의 테두리를 벗어나서는 안 된다고 생각된다. 우리나라의 농업정책은 경쟁력보다는 생존전략의 차원에서 고려되어야 한다.

즉, 경쟁력보다 생태적 안정성을 우선하는 농업정책이 되어야 한다. 세계경제를 하나의 생태계로 본다면 한국경제는 세계경제를 이루고 있는 여러 개의 개체 종류 중의 하나에 지나지 않는다. 세계경제를 이루고 있는 개체가 모두 같은 종류로 통일될 필요는 없다.

모두 같은 종류의 개체로 이루어진 세계는 효율적일지는 모르나 불안정한 것이 되기 쉽기 때문이다. 같은 논리로 한국경제를 이루고 있는 모든 산업이 모두 같은 행동원리를 따를 필요는 없다. 제조업이 고도성장의 논리를 따른다고 해서 농업도 같은 논리로 대응한다면 한국경제의 생태적 안정성은 깨어지고 말 것이다. 제조업의 경쟁논리와 농업의 생존논리가 생태적 균형을 이룰 때 우리 경제는 안정적으로 발전할 수 있을 것이다.

15. 기후 온난화 시대와 농업의 가치

농촌진흥청이 도시지역 25곳과 농촌지역 24곳을 대상으로 1973년부터 2007년의 34년간 평균기온 변화를 조사했는데 도시지역은 총 누적 상승온도가 1.23℃인 반면 농촌지역은 0.81℃, 산간지방은 0.63℃로 나타났다.

같은 기간 중 세계 평균은 0.73℃, 우리나라 평균은 0.95℃로 우리나라의 기후 온난화가 빠르게 진행되고 있고, 농촌보다는 도시가 더 심각한 것을 알수 있다. 이는 우리나라의 환경 자정능력이 급속히 약화되고 있음을 뜻한다.

평균기온의 상승은 기상이변과 자연재해, 생태계 교란 등으로 나타난다. 겨울철의 이상난동, 비가 내리지 않는 마른장마, 여름철에 집중되는 강수량, 장마 이후에 쏟아지는 폭우로 인한 홍수피해 등이 모두 기후 온난화 현상과 관련되어 있다고 한다.

실제로 지난 10년간 연간 강수량은 1,470mm로 평년 대비 10%가 증가했다. 그런데 1970년대에는 여름에 내리는 비가 겨울보다 4.5배 많았으나 2000년대에는 6.3배로 1.4배가 높아져 여름철 홍수피해가 매년 커지고 있다.

2005년 세계경제포럼이 우리나라의 환경지속성 지수를 최하위권(세계 146개국 중 122위, OECD 국가 중 29위)으로 분류한 것은 주목할 만한 일이다. 우리의 환경파괴가 앞으로도 지금과 같이 지속될 경우 엄청난 재앙을 불러올 것이란 경고이기 때문이다.

농촌진흥청은 농지의 무분별한 전용을 평균기온 상승의 주요한 원인으로 지목한다. 우리의 국토면적은 간척사업 등으로 1970년 이후 11만 1,000ha가 늘어났으나, 농경지 면적은 오히려 46만 2,000ha가 줄었다. 지난 30년간 매년 1만 6,853ha의 농경지가 사라지면서 세계에서 가장 빠르게 온난화가 진행되는 나라가 된다는 것이다.

논과 밭은 식량생산이라는 고유의 역할 이외에도 부수적으로 환경을 유지·보호하는 다원적 기능을 갖고 있다. 이를 경제 가치로 환산하면 연간 논은 56조 3,993억 원, 밭은 11조 2,638억 원으로 이를 합하면 67조 6,632억 원에 달한다.

이를 좀 더 자세히 살펴보면 ▲홍수조절 (논)44조 3,149억 원/ (밭) 7조 2,215억 원, ▲수자원 함양 (논)1조 7,694억 원/ (밭)528억 원, ▲대기정화 (논)7조 1,845억 원/ (밭)2조 7,435억 원, ▲기후순화 (논)1조 3,020억 원/ (밭)4,850억 원, ▲수질정화 (논)2,977억 원, ▲토양보전 (논)1조 5,069억 원/ (밭)7,610억 원 등이다.

16. 확산되는 슬로푸드 운동

슬로푸드(Slow Food) 운동이란 패스트푸드(Fast Food)를 반대하는 운동이다. 슬로푸드 운동의 지향점은 현대의 속도 문명에 대한 대안을 찾자는 것으로, 환경운동과도 밀접하게 연관된다.

슬로푸드(Slow Food) 운동은 맥도날드 햄버거로 대표되는 패스트푸드에 대한 반대에서 비롯되었다. 이 운동은 1986년 맥도날드사가 이탈리아 로마에 진출하자, 맛을 표준화하고 전통 음식을 소멸시키는 패스트푸드의 진출에 대항하여 식사 · 미각의 즐거움, 전통 음식의 보존 등의 기치를 내걸고 시작되었다.

이탈리아에서 시작한 이 운동은 2005년 전 세계 40여 개국에서 7만여 명의 유료회원을 확보한 세계적인 운동으로 발전했다.

슬로푸드 운동의 이념을 잘 보여주고 있는 '슬로푸드 선언문'은 1989년 11월 9일 프랑스 파리에서 채택되었다. "기계의 발명과 함께 시작된 산업혁명은 오늘날 기계화 같은 사고방식으로 가득 찬 사회를 만들어냈다. 기계화는 생활 곳곳에 침투하여 우리를 속도의 노예로 만들었다. 속도는 항상 허둥대며 쫓기는 비합리적인 군중을 만들어냈고, 그 지배하에 놓인 우리는 패스트푸드를 먹도록 강요당하고 있다. ……〈중략〉…… 우리는 슬로푸드 운동을 통해 광기 어린 속도로부터 우리의 삶을 방어해야 하며, 지역의 독특한 맛과 향을 재발견하고, 우리의 삶을 망가뜨리는 패스트푸드를 추방해야 한다."

슬로푸드 운동의 3대 지침은 △소멸 위기에 처한 음식·식료·포도주 등 전통문화 보전, △우수한 품질의 재료를 공급하는 소규모 생산자 보호, △소비자와 미래의 주인공인 어린이와 청소년을 대상으로 한 식(食)교육으로 되어 있다.

패스트푸드에 반대하는 슬로푸드 운동은 주로 음식과 관련된 것이지만, 그렇다고 음식에만 국한되는 운동은 아니다. 슬로푸드 운동은 여러 사회운동과도 연관되어 있고, 그중에서도 환경운동과 매우 밀접한 관련이 있다.

환경의 보전과 관련하여 농업의 유지는 매우 중요한데, 슬로푸드 운동은 이에 대해 매우 중요한 시사점을 제시하고 있다.

위기에 처한 우리 농업을 살리는 것과 관련해 슬로푸드 운동에서 주목할 부분은 소규모 농민에 대한 보호다. 기업농과 달리 소규모 농가만이 안전하고 친환경적인 농업을 할 수 있다고 보고 있는 것이다.

또한 어린이와 청소년에 대한 식(食)교육을 강조하고 있는 것도 눈여겨볼 대목이다. 친환경적인 영농을 통해 생산된 우수한 농산물을 학교의 급식 재료로 써야 한다는 움직임도 슬로푸드 운동과 연관이 있다.

17. 슬로시티 운동과 농산어촌

요즘 한류의 영향으로 세계인의 관심이 늘면서 한국 농산어촌을 찾는 현지인이 많아지고 있다. 유럽은 우리보다 한참 앞서 이런 일을 조직적이고 폭넓게 하고 있다. 60년대 이후 일관되게 추진돼 온 공동농업정책의 영향하에서 유럽의 농업과 농촌은 농업계를 중심으로 도시화와 산업화가 빠르게 진행되는 상황 속에서 새로운 사회적 요구에 부응하기 위한 노력을 부단히 전개해왔다.

그 결과 정책적 지원과 사회적 합의가 바탕이 돼 도시와 농촌 간에 조화로운 상생관계가 형성되어, 농촌지역에 어메니티 자원을 기반으로 외국인 관광객을 끌어들이는 새로운 시장을 만들어냈다.

특히 90년대 이후에는 농업활동에 관한 정의에서 매우 중요한 의미 변화가 진행되고 있다. 즉, 재화 생산 중심의 농업활동에 대한 정의에서 점차 서비스 생산으로서의 농업활동에 중요한 의미를 부여하게 된 것이다. 농산물이라는 재화생산 중심의 농업활동에서 점차 농촌지역의 어메니티 자원을 활용한 농촌관광 활동 등 서비스 생산 활동에 주목하고 있는 것이다. 이른바 서비스 농업의 대두가 그것이다. 이 같은 서비스 농업의 밑바탕에는 슬로시티 운동이 자리하고 있다.

슬로시티 운동은 바쁜 도시생활과 반대되는 개념으로 공해 없는 자연환경 속에서 지역의 먹을거리와 고유의 문화를 느끼며 인간다운 삶을 되찾자는 느림의 미학을 추구하는 운동이다. 슬로시티는 현재 문명을 거부하고 과거로 회귀하자는 이념이 아닌 보다 인간적인 삶을 추구하자는 데 있다. 1999년 10월 15일 이탈리아의 오르비에토에 그레베 인 키안티, 브라, 포시타노 등 슬로푸드 운동을 벌이고 있는 네 도시의 시장이 모여 슬로시티를 선언했으며, 이탈리아 55곳, 영국·스페인 8곳, 독일 5곳, 폴란드·포르투갈 4곳, 노르웨이·벨기에 3곳, 오스트레일리아 2곳, 뉴질랜드 1곳 등 총 10개국 93개 도시가 인증을 받았다.

외국 유명 관광지의 풍경 못지않은 마을이 한국에도 많은데 천혜의 경관을 자랑하는 평창 수림대마을이 한 예이다.

슬로시티국제연맹은 지난해 12월 1일 이탈리아 그레베인 키안티에서 열린 총회에서 담양군 창평면, 장흥군 유치면, 신안군 증도면, 완도군 청산면 등 대한민국 4개 지역을 슬로시티로 지정했다. 그 결과 총 11개국 97개 도시가 인증을 받게 된 셈이다.

슬로시티 국제연맹본부의 현지답사를 거쳐 일정 기준을 통과해야 슬로시티 인증을 받을 수 있다. 가입 조건은 우선 고유의 전통문화와 토착음식이 있어야 하며 유기농과 특산품 및 공예품을 자체 생산하고 자연환경이 잘 보존돼 있음을 전제로 한다. 일단 가입이 되면 세계 100여 개 도시와 글로벌 네트워크가 형성되면서 지역 자원의 브랜드화가 가능하고, 이를 관광 상품과 연계할 경우 주민 소득 향상에도 큰 도움이 된다. 한국 농산어촌은 유럽의 슬로시티 못지않은 천혜의 경관, 휴양자원, 역동적이고 짜릿한 체험거리가 줄줄이 늘어서 있고, 다양한 콘셉트로 여행을 즐길 수 있는 대표적인 관광지가 많다.

18. 로컬푸드 운동과 농촌

로컬푸드란, 장거리 운송을 거치지 않은 지역 농산물을 말하며, 흔히 반경 50km 이내에서 생산된 것을 가리키는데, 생산물이 이동한 총거리를 따져야 한다. 즉, 목적지에 도착해 음식의 에너지로 제공되는 것보다 수십 배나 더 많은 화석에너지를 운송과정에서 소모하는 것이다. 그리고 이러한 과정을 거치면서 수익은 농산물을 재배하는 농민이 아니라 유통과 판매를 하는 이들에게 더 많이 발생된다.

튀넨의 고립국이론에 따르면 일반적으로 운송비는 거리가 멀수록 비싸진다. 이와 관련해 생산자와 소비자 사이의 이동거리를 가능한 한 줄임으로써 영양 및 신선도를 극대화하고자 하는 취지를 갖고 출발한 운동이 로컬푸드

(local food)운동이다. 한마디로 로컬푸드는 장거리 운송을 거치지 않은 지역 농산물을 말한다. 최근 일부지역에서는 생산자 단체와 인근 대도시의 시민사회단체가 중심이 되어 지역 농산물 직거래 체계를 구축하기 위해 로컬푸드 운동(지역 먹을거리 운동)을 전개하고 있다. 이를 통해 지역 농업인은 안정적 판로를 확보해 질적으로 수준 높은 농산물을 지속적으로 생산할 수 있고 인근 대도시 소비자들은 안전하고 신선한 먹을거리를 값싸게 구입할 수 있을 것이라는 희망에서 출발하여, 생산자 단체가 직접 인근 대도시에 가서 농산물을 파는 장터, 대규모 사업장 급식 재료 직거래, 초·중·고 학교 급식 재료 직거래를 실험적으로 전개하고 있다. 또한 세계적으로 보면 이탈리아에서는 현대인의 식생활개선 운동으로 식문화 전승운동이 실천되고 있고, 미국에서는 지역의 가족농을 응원하면서 농촌환경 보존을 통해 지역사회를 보존하는 운동으로 지역이 지원하는 농업이 추진되고 있다. 이웃 일본에서도 소비자와 생산자가 서로 얼굴이 보이는 밀접한 관계가 되도록 한다는 지산지소운동을 대대적으로 추진하고 있으며 이 운동의 배경에는 일본 정부가 농정의 최대 현안 중 하나인 식량자급률 제고를 위한 주요 정책수단으로 활용하겠다는 의도도 보인다. 요즘엔 로컬푸드 운동에도 큰 관심을 집중하고 있다. 전 세계에서 진행되고 있는 이러한 운동을 우리나라에서도 구축하자는 주장도 나왔다. 이와 같은 운동의 배경에는 농업이 세계화·표준화되면서 대부분의 먹을거리가 글로벌푸드화되어 엄청난 규모의 자원 낭비와 공해 유발은 물론이고 장기간 저장할 수 있도록 다량의 방부제를 첨가하며, 농장에서 식탁에 이르는 동안 온갖 종류의 감염 위험에 노출되는 등 다양한 문제

를 발생시키고 있다는 것이다. 사실 글로벌푸드는 누가 언제 어떻게 생산했는지를 모르는 정체불명의 먹을거리가 많다. 세계시장을 겨냥해 제철과 상관없이 대규모 영농으로 생산되며 수송거리가 멀어 가공과 포장을 많이 하고 맛이 표준화되어 있으며, 글로벌푸드의 확산은 패스트푸드, 인스턴트식품, 냉동식품 등이 우리 식탁을 점령하여 소비자들의 건강을 알게 모르게 해치고 있다. 더욱이 수천 년 동안 계승되어 온 지역 고유의 전통음식과 식문화의 소멸을 재촉하고 있다. 이러한 상황에 대한 최선의 대안이며 방어할 수 있는 체계가 로컬푸드 또는 지산지소 운동이라 할 수 있다. 결국 지역농산물 소비는 농민과 소비자, 농촌과 도시, 농업과 환경의 관계를 밀접하게 하는 원동력이 되는 것이다. 또한 농업인 직매장, 지역 상점에서 농산물을 구매함으로써 일자리 창출 등 부수적인 효과도 거두게 되어 지역을 선순환 구조로 만드는 역할을 하게 된다. 나아가서는 자유무역으로 대표되는 지구촌 식량체계가 발생시키는 많은 문제점도 해소해줄 것이다. 글로벌푸드에 대비되는 로컬푸드가 참 먹을거리로 각광을 받고 있는 것은 무엇보다 지역 소비자를 위한 제철 생산이 가능하기 때문이며 수송거리가 짧다 보니 포장과 가공도 간소하게 할 수 있어 농산물의 신선도를 유지할 수 있고 주민들 스스로 신뢰를 회복하는 방안이기 때문이다. 더욱더 중요한 것은 본격적인 개방화 시대에 가격경쟁력과 품질경쟁력만으로 농업과 농촌을 지키는 데 한계가 있다는 것이며, 이에 따라 도시와 농촌, 생산자와 소비자 간의 교류를 통해 수요자에게 안심감을 심어줄 수 있는 교류경쟁력이 새로운 대안으로 떠오르고 있는 시점에서 우리에게 시사하는 바가 크다.

19. 농촌의 다원성과 어메니티

농촌 어메니티란 농촌 지역의 다양하고 특색 있는 자연이나 인간의 창조물을 의미하고, 자연 · 경작지의 경관 · 역사적인 유적 · 문화적 전통 등을 포함한 개념이다.

에메니티는 라틴어로 '쾌적하다' 또는 '친근하다'라는 뜻이다. OECD는 농촌 어메니티를 단순히 쾌적한 환경이라는 의미보다는 농촌지역의 정체성을 반영하는 요소로 보고, 사회 구성원에게 휴양적 · 심미적 가치를 제공하는 자원으로 정의하고 있다. 즉, 농촌지역에 존재하는 생물 다양성 · 생태계 · 고건축물 · 농촌 경관 · 농촌 공동체의 독특한 문화나 전통 등이 농촌 고유의 가치와 정체성을 보여주는 유무형의 자원을 의미한다고 하겠다.

일본의 경우는 농촌지역의 특유의 풍부한 자연이나 역사 · 풍토 등을 통해 얻어지는 여유 · 윤택함 · 편안함으로 가득 찬 거주 쾌적성으로 정의를 내리고 있다.

농촌 어메니티는 크게 자연자원 · 문화자원 · 사회자원으로 구분할 수 있다. 자연자원은 깨끗한 공기, 맑은 물, 소음 없는 환경, 비옥한 토양, 동식물, 수자원, 습지 등이 포함된다. 문화자원은 문화재 · 유적지와 서당 · 향교와 같은 전통 건물, 잘 보전된 지역 풍습과 놀이문화 등이 이에 속한다. 사회자원은 농촌의 자연자원과 문화자원을 배경으로 한 관광농원 · 휴양단지 · 민박 시설과 지역 특산물이 포함된다.

최근 들어 농촌의 어메니티가 농업·농촌의 다원적 기능을 유지하는 중요한 자원으로 인식되면서 이를 활용한 농촌개발이 중요한 정책과제가 되고 있다. 농림수산식품부가 추진하고 있는 것만도 농촌마을 종합개발사업·녹색농촌 체험마을·농어촌 휴양단지사업·관광농원·어촌 체험마을 외에 4대강 정비사업과 연계해 구상 중인 금수강촌사업 등이 있다. 농진청은 농촌 전통 체험마을·농촌 건강 장수마을을, 산림청은 산촌 생태마을, 문광부는 문화역사마을 가꾸기, 환경부는 자연생태 우수마을, 행안부는 정보화 마을을 지원하고 있다. 이 밖에 경기도는 슬로푸드 마을, 강원도는 새농어촌건설 마을 등 지자체도 적극 나서고 있다. 농협에서는 독자적으로 팜스테이 마을을 지원하고 있다.

전국의 마을은 대략 36,000개 정도가 된다고 한다. 이 중에서 어메니티 자원을 활용해 마을 개발사업에 착수한 곳이 820곳 정도로 추산되고 있다.

국민소득의 향상과 주 5일제 확대로 농촌관광 수요는 매년 폭발적으로 늘어나고 있다. 2008년 농촌관광을 한 사람은 6,700만 명으로 국내 관광수요 5억 3,000만 명의 13%였다. 그러나 오는 2011년에는 농촌관광 수요가 2008년의 배가 넘는 1억 4,500만 명으로 국내관광 수요의 24%에 달할 것으로 예상되고 있다.

농촌이 갖고 있는 어메니티 자원을 잘 가꾸고, 보전해나가는 일은 농촌에 활력을 불어넣고, 농가소득 향상과 국토의 균형발전을 위해 정말 중요한 일이다.

20. 한국형 농업모델의 설정

세계화 · 국제화는 이제 더 이상 거스를 수 없는 추세이다. 그러므로 이제 우리 농업도 국제화 · 개방화에 능동적으로 대응하면서도 국내의 경제 사회적 요구와 우리 국토 환경적 조건에 부합된 농업형태의 유지라는 두 가지 조건을 만족시킬 수 있는 한국적 농업모델이 설정될 필요가 있다. 이런 모델 설정은 다음 조건을 만족시킬 수 있는 것이라야 할 것이다.

첫째, 한국적 자연환경 특성이 그대로 투영되는 농업이 되어야 할 것이다. 이는 분명히 몬순기후하에서 쌀농사를 주축으로 하는 농업이 될 수밖에 없으며, 논의 환경적 공익기능이 충분히 발휘되는 형태가 되어야 할 것이다.

둘째, 농촌 경제 · 사회적 측면에서 요구되는 기능을 만족시킬 수 있는 농업이어야 할 것이다. 이는 농업 · 농촌기본법에도 명시되어 있듯이 국민식량의 안정적 공급이라는 기본적 명제를 달성하는 것이어야 하며, 그 범위에 향후 통일까지를 염두에 둔 것이어야 할 것이다. 한편 현존하는 농촌사회의 구성과 모습을 유지하고 나아가 복합 산업공간으로 발전시키기 위해서는 기업형태의 대규모 농업보다는 가족농 중심의 농업이어야 할 것이다.

셋째, 소비자가 완전히 식품안전에 대해 확고한 신뢰를 가질 수 있는 농업이어야 한다. 이는 영농에 환경 친화적이고 지속가능한 방법을 도입하고 한국적으로 정착시키는 일에서부터 수확 후 처리 및 가공에 이르기까지 소비자의 안전욕구를 만족시킬 수 있는 전반적인 제도적 · 기술적 체제를 구축하는 일이 필요하다.

넷째, 개방의 측면에서 우리나라 농업정책을 WTO가 요구하는 방향으로 개혁해나가지 않을 수 없다. 즉, 가격지지정책과 같이 소비자가 간접적으로 부담하는 보조정책에서 탈피하여 국가가 예산을 들여 WTO가 허용하고 있는 정책 수단을 사용, 추구하자는 정책목표를 달성하는 형태를 말한다. 여기서 정책목표는 ① 환경 친화적이고 국제경쟁력 있는 농업으로 농업으로의 구조개선, ② 설정된 식량안보 목표의 달성, ③ 농산물 수급의 안정화, ④ 농가소득의 안정화 등을 들 수 있다. 이런 정책목표 달성을 위해서는 WTO 협정에서 허용하고 있는 그린박스형 보조를 적극 활용할 필요가 있다. 구체적으로 ① 은퇴농 직접지불제 및 연구개발투자를 포함한 광의의 구조개선 정책, ② 식량안보 목적의 공공비축제도, ③ 영양개선 목적의 학교급식 및 저소득층 식량지원 등 국내식량원조, ④ 환경직불제, 조건불리지역지불제, 소득직접지불제를 포함한 농가소득안전망 제도 등을 적절히 배합·운용하는 정책 틀을 마련하고 이를 제도화하는 일이다.

다섯째, 상기 직접지불제를 포함하여 농업재해보험의 도입 등을 통하여 농업인 소득을 근본적으로 안정화시키는 정책을 바탕으로 해야 한다는 점은 주지의 사실이다.

21. 농업·농촌의 비전

세계 농업의 흐름과 미래 전망을 토대로 우리 농업의 전망을 정리해보면 다음과 같다.

첫째는 첨단과학에 의한 하이테크 농업의 실현이다. 지금은 생산성 향상을 뛰어넘는 새로운 차원의 기술혁명이 진행되고 있으며, 특히 20세기 후반부터 농업 분야에 응용되기 시작한 유전공학, 전자공학 및 신소재, 컴퓨터와 정보화 등으로 농업은 생명산업·정보산업·과학산업·장치산업으로서의 새로운 면모를 발휘하고 있다.

둘째는 자유무역주의가 확산되고 개방화가 가속될 것이라는 점이다. 자유무역주의로 일시에 직접적인 국경보호 장치의 철폐는 물론 검역 등 비관세 조치도 국제수준으로 표준화하려는 논의가 빠르게 진행될 것이다.

셋째는 첫째의 농업 분야 첨단생명과학 정보기술의 응용과 두 번째 시장개방 요구 증대와 관련하여 앞으로 선진국은 물론, 중국, 인도 등 거대 인구국가의 농업혁명, 생명공학, 기술혁명이 장기적으로 우리나라에 어떤 영향을 미칠지 주목하고 대처해야 할 것이다.

넷째는 농업과 농촌의 역할과 기능이 변하고 있다는 점이다. 선진국가로 진입함에 따라 농업의 공익적 기능은 더욱 증대되고 있다. 특히 생산성을 유지하면서 안전농산물을 공급하고 환경을 보전하기 위한 친환경농업은 세계적 추세이며, 농업이 원천적으로 맡고 있는 식량안보, 국토·환경보전, 토지

비축 등 국가적 차원의 역할뿐만 아니라 농촌사회 유지, 도시집중 억제, 농업 고용, 노령인구 부양 등 사회적 기능도 계속 증가할 것이다.

이상에서 검토한 세계농업의 흐름을 알 수 있듯이 농업이 지닌 국토자원 · 환경보전적 기능이 식량공급기능 못지않게 중요하다는 인식이 확산되면서, 각국에서 농업의 패러다임 전환을 시도하고 있다. 이러한 패러다임 전환의 의미와 한국농업의 비전을 다음과 같이 정리할 수 있다. 첫째, 값싸고 질 좋은 국민식량을 안정적으로 안전하게 공급하는 생명산업으로 발전해야 한다. 둘째, 국토환경을 아름답고 안전하게 보전하는 역할을 담당해야 한다. 셋째, 삶의 공간적 배치, 즉 인구의 공간배치에 대한 새로운 준비가 필요하다. 넷째, 국민경제의 성장과 안정에 기여하는 역할을 수행하여야 한다. 다섯째, 농업이 미래지향적인 지식산업으로 변모해나가야 한다.

Part 3

귀농, 알짜배기 연습

01. 귀농 준비 훈련

높이 나는 새가 더 멀리 보고 더 빠르게 먹이를 구한다. 귀농 준비 훈련도 이렇게 해야 한다. 최근 들어 1955년부터 63년 사이에 태어난 베이비부머 세대가 은퇴를 시작했다. 그 가운데는 노후를 지낼 삶터로 농촌을 원하는 사람이 많다고 한다. 지난해 귀농가구 수가 6,541가구(귀촌 포함 1만 503가구)로 사상 최대치다. 저비용으로 삶의 질이 높은 쾌적한 자연환경 속에서 여유 있는 노후를 보내고 싶은 이들에게 농촌과 고향만 한 곳이 없을 것이기 때문이다. 하지만 귀농 초기의 경제적 어려움 등 귀농인들의 안정적인 정착을 가로막는 걸림돌이 여전히 많다. 실례로 귀농했다가 역귀농한 사람들도 만만치 않다. 귀농 후 농사를 지었지만 생산비에 비해 소득이 낮아 오히려 빚을 지게 되는 경우, 많지는 않았지만 일정한 소득을 올리던 도시생활이 더 낫다고 생각해 다시 돌아온 경우다. 이런 경우, 건강과 경제라는 두 마리 토끼를 잡기 위해서는 준비훈련이 꼭 필요하다.

먼저, 생생한 정보수집이다. 요즘은 귀농을 준비하는 데 도움이 되는 책이 많다. 교육, 철학, 환경, 건강, 종자, 도감, 음식, 집짓기 등과 같이 농사지으며 살아가는 데 필수내용을 담은 좋은 책이 수두룩하다. 특히 전국귀농운동본부에서 추천하는 귀농 추천 도서나 월간지 전원생활에 연재되고 있는 귀농 선배의 지상 강연, 시골생활기술 백서, 농장 생생 정착기 등을 꼽을 수 있다. 또한 정부 · 지자체 · 농촌진흥청 · 농어촌공사 · 농협 등이 제공하는 귀농 · 귀촌지원 원스톱서비스정보(www.returnfarm.com)를 활용하면 좋다.

둘째, 귀농(촌)하기 전에 배우고 싶은 게 있으면 도시에서 배우고 와야 한다. 농촌에는 대학가나 학원도 없다. 전체 인구의 94%나 되는 사람들이 도시에 몰려 살고 있으니 병원과 약국, 학교와 학원도 모두 도시에 있다. 귀농하기 전에 자기 몸과 마음을 보살피고 이웃에게 도움이 되는 게 있으면 배우고 와야 한다. 요가, 지압, 안마, 쑥뜸, 침, 부항, 자연의학, 글쓰기, 사진 찍기, 농기구 수리, 컴퓨터나 전기 · 보일러 관련 기술, 집짓기 등은 배운 만큼 귀하게 쓰일 것이다. 아울러 도시에 살면서도 작물을 심고 가꾸어야 한다. 손수 거름을 넣고 씨를 뿌려 채소 서너 가지라도 기르다 보면 저절로 다른 생명과 가까워지고, 자연스럽게 농부마음으로 변할 것이다.

셋째, 농어촌 지역에 특화된 재능기부 창구를 활용하자. 농어촌 재능기부자로 활동하고 싶다면 '스마일 재능뱅크(www.smilebank.kr)에 가입 후 "재능기부 하기" 입력창에서 신청하면 된다. 재능기부 희망자는 농림어업, 마케팅, 지역개발, 의료, 복지, 교육 등 다양한 분야에 참여할 수 있다. 스마일 재능나눔터'에서 재능 기부를 원하는 마을 목록을 보고 기부 희망지를 선택한 뒤, 재능뱅크를 통해 연결된 마을과 협의하여 재능기부 하면 된다. 재능기부 활동으로 귀농귀촌 이후의 삶을 미리 준비할 수 있고 농어촌에서 새로운 일자리를 물색하는 데도 도움이 된다.

넷째, 사전에 농촌 예비실습을 해보자. 근래 지자체마다 '귀농인의 집'들이 다 있다. 한 채당 4,000만 원씩 지원을 해준다. 군 단위농촌지역마다 있는 '귀농인의 집'은 입주 조건이 조금씩 다르지만 대개 월 10만 원 안쪽의 사용료를 내고 농지까지 알선해서 6개월간 살게 해준다. 귀농 학교도 견습 농부 과정이고 여러 군데서 진행하고 있다. 아울러 시골마을 도우미나 마을사무장 같은 일을 하면서 마음이나 몸이 농촌으로 이전해가는 순조로운 중간 과정을 거치는 것이 좋다. 또 선진농업인 인턴제라든가 장기귀농학교 등이 있어 1년 정도 월급까지 받으면서 배울 수 있는 농사학교도 있다. 백 번 천 번 듣는 것보다 한 번 실천하는 것이 큰 용기이며 희망이다. 세상일은 돈으로만 해결할 순 없다. 몸이 익숙해지고 밥숟가락을 함께해봐야 정이 드는 법이다.

02. 귀농의 목적설정과 정보파악

귀농도 이른바 사회적 이민이다. 현재 사는 곳에서 멀지 않은 곳으로 이사를 가려 해도 챙겨야 할 것이 한두 가지가 아니다. 아이들 학교는 가까운지, 놀이터가 있는지, 주변이 소란스럽거나 교통은 불편함이 없는지 등 점검대상이 많다. 하물며 도시에서 농촌으로, 월급쟁이에서 자영농으로, 조직중심에서 관계중심으로 삶의 근간을 한꺼번에 옮겨야 하는 귀농은 실행하기 전에 점검해야 할 것도, 세세하게 짚어봐야 할 것도 많다. 귀농을 꿈꾸는 사람이라면 스스로 한 번쯤은 묻고 넘어가야 할 항목이 있다.

먼저, 귀농·귀촌을 하는 목적이 분명해야 한다. 사람마다 귀농을 하고자 하는 목적이 다를 것이다. 도시에서의 경쟁적인 삶보다는 농촌에서 생명을 키우고 가꾸는 삶을 행복하다고 생각하고 귀농·귀촌하는 사람도 있을 수 있고, 또는 삭막한 도시생활에서 벗어나 여유로운 목가적인 생활을 해보고 싶은 사람, 고향으로 돌아가서 편안한 여생을 보내고 싶은 사람도 있을 것이고 혹은 건강상의 이유로 시골생활을 선택할 수도 있을 것이다. 먼저 귀농귀촌의 목적이 분명해야 거기에 맞는 준비를 해야 하기 때문이다.

아울러 귀농예정지에 대한 구체적인 정보가 파악되어야 한다. 이사 횟수에 따라 귀농인들을 분류해보면 한 가지 흥미로운 사실이 나타나는데, 크게 두 그룹으로 나누어볼 수 있다. 한쪽은 두 번 이내의 이사로 완전히 정착한 경우, 나머지는 세 번 이상 이리저리 옮겨 다닌 경우이다. 심지어 같은 땅에서 2년 이상 계속해서 농사를 짓지 못한 농가도 있다. 여러 가지 이유가 있겠지만 결과적으로 후자는 이사하느라 막대한 에너지가 손실된다. 그렇지 않아도 바쁘고 힘든 게 시골생활이다. 정말 큰 맘 먹지 않으면 삶의 자리를 옮기는 것이 쉽지 않다. 이삿짐의 부피도 도시와는 비교도 되지 않는다. 웬만큼 농사짓는 집이면 농사용 살림이 집안 살림보다 더 많다고 봐야 될 것이다.

다행히 내 집을 장만했다든지 아주 좋은 기회가 있어서 삶터를 옮기는 건

권장할 수 있는 일이지만 그렇지 않은 경우라면 문제는 심각해진다. 읍이나 면의 경계를 넘지 않는 한 리(里) 단위의 이주는 발 없는 말 천 리 가듯 소문이 전해져 정착에 장애가 될 수도 있다. 마을 주민들의 관점에서 보면, 임대가 많은 귀농가의 특성상 한두 번은 수긍을 하지만, 잦은 이사는 마을 주민들에게 신뢰를 떨어뜨리고 경계심을 갖게 한다. 일단 좋지 않은 소문이 돌면 좀처럼 회복하기 어려운 곳이 농촌이다. 그래서 첫 단추를 잘 꿰는 것이 도시보다 농촌이 더 중요하다.

03. 가족합의, 귀농이유, 마음자세

귀농을 하는 가장 큰 이유는 '나와 가족의 건강하고 행복한 삶을 찾아서' 일 것이다. 하지만 시골에 가면 확실히 도시에서 살 때보다 함께하는 시간이 늘어나 가족 간의 거리가 줄어든다. 그래서 가장 먼저 전제되어야 할 것은 부부의 합의와 자녀의 동의 여부이다.

다행히 가족 모두가 마음을 모으면 더할 나위가 없겠지만 가족 중에 한 사람이라도 반대할 때는 충분한 시간을 갖고 기다려야 한다. 남편과 아내, 어느 한쪽의 의지로 귀농을 감행한 가정들 중 어느 한편이 우울증에 걸리거나 무기력이 이어지는 등 말 못할 고민을 안고 살아가는 예는 수없이 많다. 아이들도 낯선 곳에서 적응하기 어려워하며 도시로 돌아가자고 조르는 경우도 있다. 나아가 시골생활의 어려움을 겪을 때마다 반강제적으로 따라온 배우자로부터 쌓인 불만의 목소리가 매번 반복되는 것도 피할 수 없다. 이때 힘들고 어렵더라도 진심으로 상대방을 배려해야 한다. 다소 시간이 걸리더라도 가족의 자발적인 합의보다 더 중요한 명분은 없다.

가족 중 누군가 심하게 반대할 때는 대개 새로운 생활에 대한 두려움이나 걱정 때문이다. 이런 가족에게는 우선 그 마음 그대로를 인정해야 한다. 대신 귀농교육을 실시하는 기관이나 단체에 등록시켜서 귀농강좌 수강이나, 도농 교류 행사, 귀농 선배 방문 등을 통해 스스로 여러 상황을 경험하게 하는 것도 좋은 방법이다. 그러면 남을 것은 남고 걱정이나 두려움은 천천히 사라져 갈 것이다. 결론적으로 가족 모두가 마음을 모으면 좋겠지만 가족 중의 일부가 반대할 때에는 실제적인 사전 체험을 통하여 동의를 구하는 방법을 선택해야 한다.

둘째로, 농촌에 내려갈 특별한 이유를 찾아내는 일이다. 귀농 · 귀촌한 후 다시 도시로 돌아가는 역귀농 사례도 상당수에 달하는 것으로 파악되고 있다. 현재 역귀농에 대한 정확한 통계는 조사되지 않고 있지만 귀농 · 귀촌 인구 중 대략 10% 정도는 다시 도시로 돌아가고 있는 것으로 추정된다. 역귀농의 원인으로는 향수병이나 시골생활 부적응 등과 함께 원주민과의 마찰이나 갈등이 대부분인 것으로 지목된다. 아울러 소위 IMF형 귀농과 그렇지 않은 경우에 초점을 맞추고 역귀농한 사람들을 떠올려보면 둘의 차이가 분명 또렷해진다. 무엇이 두 그룹의 행보를 서로 다른 방향으로 가게 했을까. 농촌에

안착한 사람들의 공통점을 찾아보면 비결을 찾을 수 있다.

결론부터 밝히면 두 부류의 차이점은 농촌생활을 즐기느냐 그렇지 못하느냐에 달려 있다. 즉, IMF 관리 체제라는 어려운 시절에 잠시 부모형제가 있는 고향에 의탁했거나, 혹시라도 농촌에서 돈을 벌 수 있을까 하는 막연한 희망을 갖고 온 이들은 몇 년 버티지 못하고 유턴하는 경우가 대부분이다. 이에 반해 귀농교육을 철저히 받고 준비한 다음에 귀농한 이들은 처음에는 어려움을 겪지만 탈농하는 경우는 극히 드물다.

진안 동향면 귀농인들의 경우, 경제적으로 특별하게 성공한 농가도 없고 반대로 아주 어려움을 겪는 농가도 없다. 모두 살 만한 편이다. 현재 농촌생활이 행복하냐고 물으면 90% 이상이 '그렇다'고 한다. 앞으로 도시로 나갈 생각이 있는지 묻자 '전혀 없다'는 대답을 되풀이한다. 경제적인 성공 여부를 떠나 농촌에 자리를 잡은 이들에게는 무언가 떠날 수 없는 분명한 이유들이 있다. 흥미로운 것은 그 이유가 농가마다 약간은 다른 것 같지만, 기본적으로는 똑같다는 것이다. 그 이유가 농업을 하는 보람이든, 꽃과 나무를 가꾸는 기쁨이든 공히 그이들은 도시에서는 맛보기 힘든 즐거움을 충분히 누리고 있다.

다음으로, 어떤 어려움도 극복해낼 정신적 무장이 되어 있는가이다. 모든 것이 낯선 농촌에서 어려움 없이 정착할 수 있다면 참으로 행복한 일이다. 그러나 농촌도 사람 사는 곳이라 도시 못지않게 경쟁과 반목과 갈등이 생기는 것은 당연한 일이다. 개인적인 개성을 중시하는 도시의 '자율과 독립'의 풍속도는 '협동과 단결'을 앞세우는 농촌의 풍속도와 수시로 부딪친다. 수시로 필요에 의해 새벽녘에 문을 노크하는 분도 계신다. 농촌에서는 개인적으로 바쁜 일이 있어도 동네 애경사에는 빠지기 어렵다. 때로는 양해도 없이 내 논의 물꼬를 막고 물길을 돌리는 이웃도 흔히 있는 일이다.

이런 일들을 자주 겪다 보면 어느 순간 익숙해진다. 하나 이런 일에 스트레스를 받기 시작하면 급기야 농촌이 싫어지고 역귀농을 생각할 수도 있다. 아울러 전혀 예상치도 못한 일로 마을 주민과 갈등이 생기기도 하고 심지어 가족과도 마음이 맞지 않아 심적으로 절망에 빠지기도 한다. 그러나 문제가 있으면 해법도 있다.

중요한 것은 농촌의 문제 해결은 도시의 그것과는 매우 다르다. 당장 분하고 억울하더라도 감정적으로 대응하지 말고 인내로 풀어야 한다. 물리적 충돌은 절대 금기사항이다. 모든 것은 통과의례다. 화가 난다고 문을 쾅 닫으면, 몸과 마음 다 망가진다. 종소리를 더 멀리 보내기 위해서는 다 아파야 한다. 그래서 시간은 사람을 평등하게 한다는 말이 나왔을지도 모른다. 결국 어려움을 이겨낼 마음의 준비가 가장 중요한 요소이다.

04. 철저한 교육(세제교육 포함) 수강

귀농과정에서의 애로사항은 의외로 많다. 정서와 공동체 문화가 다르기 때문에 일어나는 도시인과 농촌인의 커뮤니케이션의 차이는 물론 사전 준비 없이 농업을 시작하기 때문에 농업에 대한 기술이나, 농업인들과 겪는 마찰 등이 그것이다. 따라서 충분한 준비와 체계적인 교육 훈련이 제대로 뒷받침 되어야 한다.

그렇다면 왜 귀농귀촌교육을 받아야 할까. 보통 시골에 집 짓고 간단히 농사지으면 되는 것을 왜 굳이 귀농교육을 받느냐고 생각하는 사람들이 있다. 하지만 귀농을 결코 만만하게 볼 일이 아니다. 귀농은 단순히 이사가 아닌 삶의 터전과 삶의 방식을 바꾸는 일이기 때문에 귀농희망자에게 귀농교육은 선택이 아닌 필수 조건이다. 우선 귀농교육을 받으며 자신의 귀농예정지의 기후, 토양에 적합한 귀농작물을 선택할 수 있으며, 농업전문가들을 통해 귀농에 실질적인 정보들을 제공받을 수 있다.

그래서 사전교육은 귀농자에게 필수코스다. 교육기관은 인터넷을 이용하면 쉽게 찾을 수 있다. 기관마다 설립취지가 다른 만큼 자신이 원하는 과정을 선택해서 수강해야 하며, 교육시간과 기간도 기관별로 다르고 온라인교육과 오프라인교육도 함께 진행되므로 자신의 형편에 맞는 교육을 선택하면 된다.

귀농귀촌교육은 중앙단위 교육과 지방단위 교육으로 구분하여 살펴볼 수 있다.

중앙단위 교육은 농촌진흥청 농촌인적자원개발센터와 농림수산식품부의 지원을 받아 농림수산식품 교육문화진흥원에서 대면교육과 온라인교육을 수행하고 있으며, 지방단위교육은 지방자치단체 및 관련 공공 및 민간기관에서 수행하고 있다.

특히, 온라인 교육으로는 농촌인적자원개발센터(http://hrd.rda.go.kr)에서 운영 중인 15개 정규과정 및 23개 공개과정, 농식품부의 통합농업교육정보서비스(http://www.agriedu.net)에서 운영 중인 귀농귀촌 17개 과정 및 품목 54개 과정이 운영 중이다. 공공기관뿐 아니라 귀농운동본부 등 민간기관에서도 교육을 추진 중에 있다.

귀농귀촌종합센터를 이용하면 귀농귀촌에 대한 전체적인 정보를 얻을 수 있다. 귀농귀촌종합센터는 정부, 지자체, 농촌진흥청, 농어촌공사, 농협, 귀농귀촌교육기관 등에서 귀농귀촌에 대한 정보를 통합해서 운영하는 곳이다. 이를 좀 더 자세히 알아보면 다음과 같다.

먼저 '귀농귀촌종합센터(www.returnfarm.com, 1899-9097)'를 찾으면 정부와 지자체의 귀농귀촌정책과 관련 정보 취득, 귀농 상담까지 한자리에서 해결할 수 있다. 각종 귀농교육과정은 목적에 따라 다양하게 구분된다.

소규모로 농작물을 가꾸면서 쾌적한 전원생활을 원하는 사람을 대상으로 한 교육도 있고 농촌에 정착해 영농을 통해 소득을 올리는 것을 목적으로 하는 사람을 대상으로 하는 맞춤형 교육 과정도 있다. 또 농촌 정착에 필요한 영농기술과 정보 제공만을 목적으로 하는 과정도 운영한다. 따라서 자신이 어떤 목적을 갖느냐에 따라 필요한 귀농교육을 받으면 된다. 우선 통합농업

교육정보서비스(www.agriedu.net)는 귀농을 준비하거나 귀농에 관심 있는 도시민들이 맞춤교육을 할 수 있는 귀농 온라인교육 프로그램이다. 그리고 농촌진흥청 농촌인적자원개발센터(http://hrd.rda.go.kr)와 농림수산식품교육문화정보원(www.epis.or.kr), 농어촌종합정보포털(www.welchon.com) 등이 있다.

온라인교육이 언제든지 시간과 장소에 구애받지 않고 교육을 받을 수 있다는 장점이 있다면, 오프라인교육은 실제 농사일을 체험할 수 있다는 장점이 있다.

오프라인 교육은 주로 농업 창업에 맞춰 프로그램을 운영하며 귀농하는 사람들이 농촌에 정착하면서 수익을 낼 수 있도록 돕는 교육과정이다. 대표적인 오프라인 교육에 대한 정보는 통합농업교육정보서비스(www.agriedue.net), 천안연암대학귀농지원센터(http://refarm.yonam.ac.kr), 여주농업경영전문학교(www.yeoju.ac.kr), 한국농수산대학산학협력단(www.af.ac.kr), 전국귀농운동본부(www.refarm.org) 등에서 찾아볼 수 있다. 기타 다음 사항을 참고하면 된다.

① 귀농 교육/교육생 선발기준: 교육생은 해당 교육기관이 서류·면접 심사를 통해 선발한다.

② 1인당 교육비: 보통 200만 원 기준 80% 지원(자부담 20%)이 일반적이다.

③ 귀농 교육 내용: 교육기관의 「이론+실습」 강의, 선도농가에서의 「영농현장실습」 등으로 이루어진다.

④ 귀농 자금지원을 받을 수 있는 교육이수 조건: 천안연암대(채소), 한국 농수산대(버섯), 여주농업경영전문학교(과수), 기타 교육기관 및 농협대학 등 대학이 운영 중인 실습전문 합숙교육과정, 야간교육기관(사단법인 귀농운동본부, 성동구 금호동 소재), 농림수산식품부 및 지자체 주관의 귀농교육을 3주 이상(또는 100시간 이상) 받아야 한다. 그리고 기타 민간단체 등에서 받은 일반 농업교육 실적도 포함한다. 귀농자 중 영농종사기간이 3월 이상인 자, 농업계 학교 출신자, 과거 후계농업인으로 선정되었던 자, 농산업인턴 이수자(3월 이상)는 귀농 교육을 이수한 것으로 인정된다.

또한 간과하기 쉬운 게 세제관련 내용이다. 이해를 돕기 위해 농지 분야, 주택 분야, 건강보험료 및 국민연금보험료 지원 부문 등으로 구분해서 소개하고자 한다.

1) 농지 분야

* 귀농인에 대한 취득세 감면 대상

귀농인이 직접 경작할 목적으로 대통령령으로 정하는 귀농일부터 3년 이내에 취득하는 농지 및 「농지법」 등 관계법령에 따라 농지를 조성하기 위하여 취득하는 임야에 대해서는 취득세의 100분의 50을 경감한다.

* 농어촌 지역으로 이주하는 귀농인의 요건

첫째, 이주한 해당 농어촌 외의 지역에서 귀농일 전까지 계속하여 1년 이상 실제 거주할 것. 둘째, 귀농일 전까지 계속하여 1년 이상 농업에 종사하지 않은 사람일 것. 셋째, 농어촌에 「주민등록법」에 따른 전입신고를 하고 실제 거주하는 사람일 것.

※ 지방세특례제한법

제6조(자경농민의 농지 등에 대한 감면) ④ 대통령령으로 정하는 바에 따라 「농어업·농어촌 및 식품산업 기본법」 제3조 제5호에 따른 농어촌 지역으로 이주하는 귀농인(이하 이 항에서 "귀농인"이라 한다)이 직접 경작할 목적으로 대통령령으로 정하는 귀농일(이하 이 항에서 "귀농일"이라 한다)부터 3년 이내에 취득하는 농지 및 「농지법」 등 관계 법령에 따라 농지를 조성하기 위하여 취득하는 임야에 대하여는 취득세의 100분의 50을 경감한다. 다만, 귀농인이 정당한 사유 없이 다음 각 호의 어느 하나에 해당하는 경우에는 경감된 취득세를 추징하되, 제3호 및 제4호의 경우에는 그 해당 부분에 한정하여 경감된 취득세를 추징한다. 〈신설 2010.12.27., 2011.12.31.〉

첫째, 귀농일부터 3년 이내에 주민등록 주소지를 취득 농지 및 임야 소재지 시 · 군 · 구(구의 경우에는 자치구를 말한다. 이하 이 항에서 같다), 그 지역과 연접한 시 · 군 · 구 또는 농지 및 임야 소재지로부터 20킬로미터 이내의 지역 외의 지역으로 이전하는 경우이다.

둘째, 귀농일부터 3년 이내에 「농어업 · 농어촌 및 식품산업 기본법」 제3조 제1호 가목에 따른 농업(이하 이 항에서 "농업"이라 한다) 외의 산업에 종사하는 경우이다. 다만, 「농어업 · 농어촌 및 식품산업 기본법」 제3조 제8호에 따른 식품산업과 농업을 겸업하는 경우는 제외한다.

셋째, 농지의 취득일부터 2년 이내에 직접 경작하지 아니하거나 임야의 취득일부터 2년 이내에 농지의 조성을 개시하지 아니하는 경우이다.

넷째, 직접 경작한 기간이 3년 미만인 상태에서 매각 · 증여하거나 다른 용도로 사용하는 경우 등이다.

2) 주택 분야

* 농어촌 주택개량에 대한 취득세 및 재산세 감면대상자
농어촌정비법에 따른 생활환경정비사업 및 농어촌주택개량촉진법에 따른 농어촌 주거환경개선사업에 따라 주택개량대상자로 선정된 사람과 같은 사업계획에 따라 자력으로 주택을 개량하는 대상자로서 해당 지역에 거주하는 사람 및 그 가족 등이다.

* 감면대상 주택
상시 거주할 목적으로 취득하는 전용면적 100제곱미터 이하의 주거용 건축물 및 그 부속 토지(주거용 건축물 바닥면적의 7배를 초과하지 아니하는 부분으로 한정) 등이다.

* 세제지원 내용
취득세 면제 및 5년간 재산세 면제

※ 지방세특례제한법

제16조(농어촌 주택개량에 대한 감면) 대통령령으로 정하는 사업의 계획에 따라 주택개량 대상자로 선정된 사람과 같은 사업계획에 따라 자력(自力)으로 주택을 개량하는 대상자로서 해당 지역에 거주하는 사람(과밀억제권역에서는 1년 이상 거주한 사실이 「주민등록법」에 따른 주민등록표 등에 따라 증명되는 사람으로 한정한다) 및 그 가족이 상시 거주할 목적으로 취득하는 전용면적 100제곱미터 이하의 주거용 건축물 및 그 부속토지(주거용 건축물 바닥면적의 7배를 초과하지 아니하는 부분으로 한정한다)에 대하여는 취득세를 면제하고, 해당 주택(「지방세법」 제104조 제3호에 따른 주택을 말한다)에 대하여는 주거용 건축물 취득 후 납세의무가 최초로 성립하는 날부터 5년간 재산세를 면제한다.

시행령 제7조(주택개량사업의 범위 등) 법 제16조에서 "대통령령으로 정하는 사업"이란 「농어촌정비법」 제2조 제10호에 따른 생활환경정비사업, 「농어촌주택개량 촉진법」 제5조 제1항에 따른 농어촌주거환경개선사업 중 어느 하나에 해당하는 사업을 말한다.

---

* 도시지역 주택의 양도소득세 과세특례내용

수도권 밖의 지역 중 읍 또는 면지역에 소재하는 주택(이하 농어촌주택)과 그 밖의 주택(이하 일반주택)을 국내에 각각 1개씩 소유하고 있는 1세대가 일반주택을 양도하는 경우에는 국내에 1개의 주택을 소유하고 있는 것으로 보며, 양도소득에 대한 소득세를 과세하지 아니한다.

* 대상

서울, 인천, 경기 밖의 지역 중 읍 또는 면지역에 소재하는 영농 또는 영어의 목적으로 취득한 귀농주택이다.

---

* 귀농주택의 요건

귀농주택은 영농 또는 영어에 종사하고자 하는 자가 취득하였거나, 귀농 이전에 취득하여 거주하고 있는 주택으로 다음의 요건을 모두 갖추어야 한다.

첫째, 귀농주택 소재지에 영농 · 영어에 종사하고자 하는 자와 그 배우자 또는 위의 직계존속의 가족관계등록부의 최초 등록기준지이거나 5년 이상 거주한 사실이 있는 연고지에 소재할 것 등이다. 여기서 가족관계등록부의 최초 등록기준지는 그 등록기준지가 소재한 읍 또는 면지역과 그 연접한 읍 · 면지역을 말한다.

둘째, 주택 및 이에 딸린 토지의 양도 당시의 실지거래가액의 합계액[1주택 및 이에 딸린 토지의 일부를 양도하거나 일부가 타인 소유인 경우에는 실지거래가액 합계액에 양도하는 부분(타인 소유부분을 포함한다)의 면적이 전체 주택면적에서 차지하는 비율을 나누어 계산한 금액을 말한다]이 9억 원을 초과하지 아니할 것 등이다.

셋째, 대지 면적이 660제곱미터 이내여야 한다.

넷째, 영농 또는 영어의 목적으로 취득하는 것으로서, 1,000제곱미터 이상의 농지를 소유하는 자가 당해 농지의 소재지에 있는 주택을 취득하는 것일 것과 기획재정부령이 정하는 어업인이 취득하는 것일 것 중의 어느 하나에 해당되어야 한다.

다섯째, 세대 전원이 이사하여 거주할 것 등이다.

* 신청방법

1세대 1주택의 특례를 적용받으려는 자는 1세대 1주택 특례적용신고서를 양도소득세 과세표준 신고기한 내에 다음의 서류와 함께 납세지 관할세무서장에게 제출하여야 한다. 첫째, 연고지임을 입증할 수 있는 서류. 둘째, 어업인임을 입증할 수 있는 서류(해당자에 한한다). 셋째, 농지원부 사본(해당하는 경우만 제출한다) 등이다.

* 사후관리

귀농일부터 계속하여 3년 이상 영농 또는 영어에 종사하지 아니하거나 그 기간 동안 해당 주택에 거주하지 아니한 경우 그 양도한 일반주택은 1세대 1주택으로 보지 아니하며, 해당 귀농주택 소유자는 양도소득세를 신고 · 납부하여야 한다.

※ 소득세법

제89조(비과세 양도소득) 다음 각 호의 소득에 대해서는 양도소득에 대한

소득세(이하 "양도소득세"라 한다)를 과세하지 아니한다. 〈개정 2014.1.1.〉

　다음 각 목의 어느 하나에 해당하는 주택(가액이 대통령령으로 정하는 기준을 초과하는 고가주택은 제외한다)과 이에 딸린 토지로서 건물이 정착된 면적에 지역별로 대통령령으로 정하는 배율을 곱하여 산정한 면적 이내의 토지(이하 이 조에서 "주택부수토지"라 한다)의 양도로 발생하는 소득

　제154조(1세대 1주택의 범위) 법 제89조 제1항 제3호 가목에서 "대통령령으로 정하는 1세대 1주택"이란 거주자 및 그 배우자가 그들과 동일한 주소 또는 거소에서 생계를 같이하는 가족과 함께 구성하는 1세대(이하 "1세대"라 한다)가 양도일 현재 국내에 1주택을 보유하고 있는 경우로서 해당 주택의 보유기간이 2년(제8항 제2호에 해당하는 거주자의 주택인 경우는 3년) 이상인 것을 말한다.

　제155조(1세대 1주택의 특례) 다음 각 호의 어느 하나에 해당하는 주택으로서 「수도권정비계획법」 제2조 제1호에 따른 수도권(이하 이 조에서 "수도권"이라 한다) 밖의 지역 중 읍지역(도시지역 안의 지역을 제외한다) 또는 면지역에 소재하는 주택(이하 이 조에서 "농어촌주택"이라 한다)과 그 밖의 주택(이하 이항 및 제11항부터 제13항까지에서 "일반주택"이라 한다)을 국내에 각각 1개씩 소유하고 있는 1세대가 일반주택을 양도하는 경우에는 국내에 1개의 주택을 소유하고 있는 것으로 보아 제154조 제1항을 적용한다. 〈개정 2003.12.30., 2005.2.19., 2008.11.28.〉

　① 상속받은 주택(피상속인이 취득 후 5년 이상 거주한 사실이 있는 경우에 한한다)

　② 이농인(어업에서 떠난 자를 포함한다. 이하 이 조에서 같다)이 취득일 후 5년

이상 거주한 사실이 있는 이농주택

③ 영농 또는 영어의 목적으로 취득한 귀농주택

제7항 제3호에서 "귀농주택"이라 함은 영농 또는 영어에 종사하고자 하는 자가 취득(귀농이전에 취득한 것을 포함한다)하여 거주하고 있는 주택으로서 다음 각 호의 요건을 갖춘 것을 말한다. 〈개정 1998.4.1., 2002.12.30., 2007.2.28., 2008.2.29., 2009.2.4., 2014.2.21.〉

① 기획재정부령으로 정하는 연고지에 소재할 것

② 제156조의 규정에 의한 고가주택에 해당하지 아니할 것

③ 대지 면적이 660제곱미터 이내일 것

④ 영농 또는 영어의 목적으로 취득하는 것으로서 다음 각 목의 어느 하나에 해당할 것

㉮ 1,000제곱미터 이상의 농지를 소유하는 자가 당해 농지의 소재지(제153조 제3항의 규정에 의한 농지소재지를 말한다)에 있는 주택을 취득하는 것일 것

㉯ 기획재정부령이 정하는 어업인이 취득하는 것일 것

⑤ 세대전원이 이사(기획재정부령으로 정하는 취학, 근무상의 형편, 질병의 요양, 그 밖의 부득이한 사유로 세대의 구성원 중 일부가 이사하지 못하는 경우를 포함한다)하여 거주할 것

귀농으로 인하여 세대전원이 농어촌주택으로 이사하는 경우에는 귀농 후 최초로 양도하는 1개의 일반주택에 한하여 제7항 본문의 규정을 적용한다.

제7항의 규정을 적용받은 귀농주택 소유자가 귀농일(귀농주택에 주민등록

을 이전하여 거주를 개시한 날을 말한다)부터 계속하여 3년 이상 영농 또는 영어에 종사하지 아니하거나 그 기간 동안 해당 주택에 거주하지 아니한 경우 그양도한 일반주택은 1세대 1주택으로 보지 아니하며, 해당 귀농주택 소유자는 3년 이상 영농 또는 영어에 종사하지 아니하거나 그 기간 동안 해당 주택에 거주하지 아니하는 사유가 발생한 날이 속하는 달의 말일부터 2개월 이내에 다음 계산식에 따라 계산한 금액을 양도소득세로 신고 · 납부하여야 한다. 이 경우 3년의 기간을 계산함에 있어 그 기간 중에 상속이 개시된 때에는 피상속인의 영농 또는 영어의 기간과 상속인의 영농 또는 영어의 기간을 통산한다. 〈개정 2013.2.15.〉

3) 건강보험료 및 국민연금보험료 지원 분야

* 건강보험료 지원대상자

건강보험 지역가입자(세대) 중 농어촌 및 준농어촌 지역에 거주하면서 농업 · 축산 · 임업 · 어업에 종사하는 자. 농어촌 및 준농어촌의 범위(「농어촌주민의 보건복지증진을 위한 특별법」 제2조, 제33조)

농어촌이라 함은 군(郡) 및 도농복합시(市)의 읍 · 면 등과 시(市)의 동(洞)지역 중 주거 · 상업 · 공업지역을 제외한 지역 등을 말한다.

준농어촌이라 함은 농업진흥지역 및 개발체한구역, 그리고 개발제한구역 종 개발제한구역에서 해제된 지역으로서 제1종 전용주거지역, 제1종 일반주거지역, 보전녹지지역, 자연녹지지역 중 하나에 속하는 지역. 단, 당해 지역 주변에 소재하는 농경지가 개발재한구역으로 존치하는 경우이다.

「보금자리주택건설 등에 관한 특별법」 제17조에 의해 보금자리주택지구계획승인을 받아 개발제한구역에서 용도 변경된 지역으로서 보상이 완료되지 않은(보상에 이의가 있는 경우 공탁 전까지) 지역. 단 기존에 건강보험료를 지원받던 농어업인을 대상으로 한다.

* 농어업인의 제외대상

농어촌 및 준농어촌 지역에 주민등록상 주소를 두고 있으나 실제 거주하지 않는 자나, 농
어촌 및 준농어촌 지역에 거주하나 농업에 종사하지 않는 자는 제외된다.

* 지원내용

국민건강보험공단에서 농어업인 가입자가 부담해야 하는 건강보험료를 산정한 후 정부
지원금액을 경감한 보험료 고지서를 발부한다.

* 신청방법

신규 지원대상자는 국민건강보험공단 지사에 비치한 '건강보험료 확인서(농어업인 보
험료 지원)'를 이(통)장 및 읍(면 · 동)장의 확인을 거쳐 관할 공단 지사에 제출한다. 국민
건강보험공단은 지원 대상 여부를 통보하고, 지원 기준에 따라 지원한다.

* 연금보험료 지원

① 지원대상자: 국민연금 지역가입자(당연 · 특례) 및 지역 임의계속가입자 중 농어업인
　그리고 「국민연금법 시행령」 제57조 제1항에서 정하고 있는 농업인으로 「농어업 ·
　농어촌 및 식품산업기본법」 제3조 제2호 규정에 해당하는 자 등이다.

② 제외대상: 「국민연금법 시행령」 제57조 제3항에 의거 농어업에서 발생한 소득보다
　그 외의 소득이 많은 자 그리고 농어업에서 발생한 소득을 합산한 액을 제외한 연간
　소득액이 전년도 평균소득월액의 12배에 해당하는 금액을 초과하는 자 등이다. 아울
　러 농어업에 종사하지 않는 자도 제외대상에 해당된다.

③ 지원내용: 본인이 부담할 연금보험료의 1/2을 초과하지 않는 범위 내에서 '14년 최고
　38,250원/월을 지원(기준소득금액 850,000원)한다.

④ 신청방법: 국민연금법 시행규칙(별지 제25호 서식)에 의한 '국민연금 확인서(농어업
　인 보험료 지원)'에 의하여 신고(제출)하되, 다음의 경우에는 동 서식에 의한 신고(제
　출) 생략한다. 농업경영체 등록, 농지원부, 축산업 허가 및 등록, 어업면허를 받은 자,
　어업권을 등록한 자, 어업의 허가를 받은 자 및 어업의 신고를 한 자(맨손어업포함).
　아울러 축산업 등록의 경우 2013.2.20.자로 일부 개정되기 이전의 「축산법 시행령」
　제13조에 따라 등록대상이 되는 축산업의 시설규모를 충족하는 경우로 한정한다.

※ 농어촌주민의 보건복지증진을 위한 특별법

제27조(건강보험료의 지원) ① 국가는 농어민이「국민건강보험법」제69조에 따라 부담하여야 하는 보험료 중 100분의 50 이내의 금액(같은 법 제75조 제1항 제1호에 따라 경감되는 보험료를 포함한다)을 예산의 범위 안에서 지원할 수 있다. 〈개정 2006.12.30., 2011.12.31.〉

② 제1항의 규정에 의한 보험료의 지원율 등에 관하여 필요한 사항은 대통령령으로 정한다. 제31조(국민연금보험료의 지원) 국가는 농어민이「국민연금법」제88조 제3항에 따라 부담하여야 하는 국민연금 보험료 중 100분의 50 이내의 금액을 동법이 정하는 바에 따라 예산의 범위 안에서 지원할 수 있다. 〈개정 2007.7.23.〉

05. 실전경험을 쌓아라

농업이나 농촌에 대한 경험이 없이 귀농을 하기보다는 주말농장 등을 통한 실전경험은 자신이나 가족에게 농사에 대한 감을 익히게 하고 자신감을 갖게 해준다. 주말농장체험은 가족의 노동력을 측정해볼 수 있는 현장이기도 하다. 주말농장을 통한 자신의 노동능력과 노동시간 등을 가늠해볼 수 있다.

농사는 세월과의 싸움이며, 절대 왕도는 없다. 그래서 농업은 '타이밍의 예술'이다. 비 내리기 전 한발 앞서 김매고 씨 뿌리면 작물이 알아서 자란다. 사람이 심고 하늘이 비를 내린다. 이럴 때 농사는 자연이 짓는 것이고, 사람은 단지 자기 몫을 할 뿐이다. 농사는 자연에 순응할 때 심은 만큼 거둔다는 걸 새삼 깨닫게 한다. 그런 의미에서 자연과 문학은 닮은꼴이다.

자연을 살펴보자. 자연은 있는 그대로가 가장 정직한 것이다. 누군가가 손을 대서 더 보기 좋게 변화를 줬다면 '인조'라는 딱지를 붙이게 된다. 따라서 자연이 처음 그 모습을 잃어버리면 자연으로서의 가치를 상실하듯 주말농장에 대한 사전 경험이 없으면 귀농 목적에 대한 처음의 순수함을 잃어버린다. 이는 결국 귀농 실패를 뜻한다.

일본에서는 '평일은 도시에서, 주말은 시골에서 전원을 즐기는' 생활패턴이 자리 잡고 있는 중이다. 일본 정부가 이 같은 '2지역 거주' 희망자들에 대한 본격적인 지원 대책 마련에 나섰기 때문이다. 아베 신조(安倍晋三) 총리가 관방장관 시절 결성한 '도시와 농산어촌 공생 프로젝트팀'은 2지역 거주 희망자들을 위해 교통비 할인, 2지역 거주에 따른 행정 편의 제공과 세금 경감, 농어촌 주택 구입 지원 정보 제공의 일원화 대책 등을 세우는 한편, 도시 거주자가 시골에 주말 농장을 소유할 경우 이에 따른 농지법 제한 등 2지역 거주에 장애가 되는 각종 규제 완화 대책도 강구하기로 했다. 이 같은 일본의 조치는 당장 우리나라에도 영향을 주고 있다.

올해 문을 연 주말농장은 이용자들을 위한 각종 시설을 갖춘 곳 위주로 선정된 게 특징이다. 관수장치 등 농 작업시설 뿐만 아니라 쉼터 바비큐장, 화장실 등 각종 편의시설을 갖춰 주말농장을 찾는 사람들의 불편을 최소화하고 있다.

또한 농장에는 농촌지도사나 농사 경험이 풍부한 농업인들이 배치돼 있다. 이렇기 때문에 초보자들도 문제가 생길 때마다 문의하면 금방 해결책을 찾을 수 있다.

가족 단위로 주말농장을 찾아 씨앗의 싹이 트고 자라는 과정을 지켜보다 보면 가족 간의 정은 자연스럽게 쌓인다. 특히 농약과 화학비료를 사용하지 않는 친환경농법을 익혀 가족들의 건강을 배려하다 보면 단순한 기쁨 이상의 보람을 만끽할 수 있다.

이 밖에 배·사과·포도·복숭아·감 등을 분양하는 주말과수원, 꽃사슴 등의 사육과정을 체험하는 주말목장도 있다. 비용이 2~20만 원으로 주말농장보다는 다소 비싸다. 하지만 인공수분이나 사슴뿔 자르기 등 이색적인 체험을 할 수 있어 큰 불만은 없는 것 같다. 주말농장, 과수원, 목장을 찾아 농촌마을을 오가면서 신선한 농·특산물을 저렴하게 구입하고, 지역의 문화유적을 관광할 뿐 아니라 향토 음식을 맛보는 것은 덤이다.

이제 농산물 시장개방에 따른 우리 농촌의 경쟁력 제고를 위해서는 적극적인 패밀리마케팅이 필요하다. 즉, 패밀리마케팅을 통해 농산물 직거래와 농촌관광을 활성화시킴으로써 농촌의 어려움을 극복해내고 있는 중이다.

대내적으로도 주 5일제 근무가 정착됨에 따라 가족단위의 관광이 점차 늘어날 것으로 예상되는바, 지역실정에 맞게 지속적이고 효율적인 홍보와 효과적인 판매를 할 수 있는 차별화된 마케팅전략이 필요하다. 앞으로 패밀리마케팅의 실전경험은 귀농 후 많은 도움이 될 것이다.

사실 농사는 세월과의 싸움이며, 절대 왕도는 없다. 그래서 농업은 '타이밍의 예술'이다. 비 내리기 전 한발 앞서 김매고 씨 뿌리면 작물이 알아서 자란다. 사람이 심고 하늘이 비를 내린다. 이럴 때 농사는 자연이 짓는 것이고, 사람은 단지 자기 몫을 할 뿐이다. 농사는 자연에 순응할 때 심은 만큼 거둔다는 걸 새삼 깨닫게 된다. 그런 의미에서 자연과 문학은 닮은꼴이다.

자연을 살펴보자. 자연은 있는 그대로가 가장 정직한 것이다. 누군가가 손을 대서 더 보기 좋게 변화를 줬다면 '인조'라는 딱지를 붙이게 된다. 따라서 자연이 처음 그 모습을 잃어버리면 자연으로서의 가치를 상실하듯 문학도 작가의 순수함을 잃어버리면 작품의 가치를 잃어버린다.

만일 작가가 글을 쓸 때 삶에서 배어나오는 순수함을 잃어버린 글이라면 그 글은 이미 생명력을 상실했다고 볼 수 있다. 순수문학을 주장하고 지키려고 안간힘을 쓰는 이유도 바로 여기에 있다.

그런데 이런 문학을 가르치는 국문학과가 사라지고 있다. 서울 모 대학 캠퍼스에는 인문학부가 있는데 그 안에는 문화콘텐츠와 국어국문학, 문화인류학 등 3개 전공이 있다. 그런데 전공을 가르는 과정에서 성적우수자 모두가 문화콘텐츠 전공을 신청하였고, 나머지 탈락자들이 국어국문학이나 문화인류학을 선택했다고 한다. 우리 땅에서조차 우리글과 문학이 철저하게 외면당하고 있다.

국어국문학과 그 자체도 형태가 변질되고 있다. 첫 번째 형태는 일부 교수진이 본류에서 이탈하여 새로운 분야를 개척하는 경우이다. 국어국문학을 전공한 교수들이 다른 인기 있는 전공을 만들어 그곳에 몸을 숨기는 것이다.

문화콘텐츠가 인기라면 문화콘텐츠 전공으로 자리를 옮긴다. 둘째, 학과 이름을 바꾸는 경우다. 교양학부나 한국학부 속에 국어국문학을 끼워 넣고 있는 것이다. 경우에 따라서는 아예 국어국문학과를 신설하지 않는 경우도 있다고 한다. 과거 국어 과목은 대학에서 이수하지 않으면 졸업할 수 없는 교양 필수과목이었다. 그래서 국어를 가르치는 교수들도 가장 많았다. 그러나 지금은 이들이 졸지에 갈 곳 없는 신세가 되고 있다. 셋째, 학부과정은 그대로 유지하지만, 대학원 과정에서는 새로운 분야를 개척하여 운영하는 경우다. 우리 고유의 국어나 국문학들이 연구의 대상에서 멀어지고 있는 것이다. 국문학을 전공해봤댔자 일자리가 좁아지고 학문에 대한 수요가 줄어들기 때문에 국문학이 철저하게 시장에서 소외받고 있는 것이다.

개별 가정들을 들여다보면 문학의 외면 현상은 더 심각하다. 가족 모두가 바빠서 서로 얼굴 보기가 어렵다. 연락이 필요할 때면 문자를 주고받는다. 모처럼 가족과 함께 있으면 익숙하지 않고 어색하다. 모처럼 기회인 만큼 아이들에게 하고 싶은 말이 많다. 좋은 얘기지만 아이들은 듣기에 편하지 않고 잔소리로 들릴지 모른다.

아이들은 부모의 목소리를 듣는 시늉하다가 스마트폰만 만지작거리다가 적당한 때 자기 방으로 들어가 버린다. 하지만 농장에서의 부모 자식 간의 대화를 들어보면 대화의 대용이 사뭇 다르다. 가벼운 소재로 대화를 이어가지만, 어색한 분위기가 전혀 없다. 왜 그럴까. 농장에서의 대화는 무겁고 부담스러운 내용보다 알맹이 없는 가벼운 이야기로 소통을 한다. 이런 알맹이 없는 가벼운 이야기를 스몰토크(Small Talk)라 한다.

집 안에서는 서로 얼굴보기도 어렵고 대화도 점점 줄어들고 있다. 유일한 네트워크 수단인 스마트폰도 식구들이 어디서 뭘 하고 있는지 확인하는 문자가 대부분이다. 소통이 잘되는 건강한 가정이 우리에게 절실히 필요하다.

이런 때일수록 가까운 주말농장이라도 가져보자. 도시 습관을 온전하게 내려놓지는 못하겠지만, 진정한 자연인=전원인은 될 수 있다고 본다. 물론 온전한 자연인=문학인 되기에는 미흡한 점이 많다. 하지만 전원이란 땅에 내리는 문학의 뿌리는 차츰 깊어지고 소통을 탄탄하게 하고 있음을 느낀다. 한 걸음 한 걸음 걷고 또 걷다 보면 온전히 자연 속에 머물며 환하게 웃고 있는 나와 가족, 그리고 이웃을 발견할 수가 있다. 그런 의미에서 자연과 문학의 만남은 서로 시너지를 내는 환경경제학이인 동시에 귀농에 대한 사전 리허설이 될 수가 있다.

귀농에 대한 사전준비 없이 주말에 할 일 없이 집에서 시간을 보내었다면, 이제부터라도 가족들과 주말농장을 시작해보자. 그리고 주말농장 일기를 쓰도록 하자. '주말농장 일기'가 귀농의 내일을 밝게 해주는 훌륭한 지침서가 되어줄 것이다.

06. 농촌에서는 농촌의 법을 따른다

　귀농을 생각하는 사람들이 머릿속에서 가장 먼저 떠올리는 것은 전원 속에 꾸며진 구름 같은 집이다. 귀농귀촌을 꿈꾸는 사람들의 가장 큰 고민은 집이다. 황토집으로 할 것인가, 목조주택으로 할 것인가, 또 어느 지역을 택할 것인가, 사생활을 최소한 보장받고, 집 앞에는 텃밭이 붙어 있고, 살 집은 마을보다 약간 높은 곳에 위치해 마을 사람들과 거리감도 약간 유지할 수 있는 곳, 농사지을 땅도 집과 그리 멀지 않은 곳이어야 한다. 하나 사람 마음은 다 비슷해서 이런 집과 땅이 나오기라도 한다면 외지인의 눈에 띄기도 전에 마을 주민이나 그 자녀들이 먼저 선수를 칠 것이다. 중요한 것은 집 모양이나 위치, 땅을 고민하기 이전에 무엇을 할 것인지와 더불어 농촌의 법을 따르는 연습부터 고민해야 한다.

　사실 귀농귀촌을 하는 가장 중요한 이유는 '행복을 찾아서'일 것이다. 사람이 행복해지기 위해서는 마을 사람들과 돈독한 관계를 유지하는 것이 무엇보다도 중요하다. 집 주변에 누가 사는지, 또 어떤 일이 일어나는지 관심을 두지 않는 도시에 비해 농촌은 이웃과의 관계가 매우 밀접하다. 전통과 예절을 중시하는 농촌의 특성을 잘 이해하고 가족을 대하듯이 만나면 인사하고 웃으면서 안부를 물으면 사이가 절로 가까워진다. 예배당이나 성당 있는 마을에서는 함께 다니는 것도 바람직하다. 또 마을회관도 자주 애용하는 것도

한 방법이다. 아울러 먼저 귀농귀촌한 사람들의 모임에 나가서 정보도 공유하고 지역주민들과의 유대를 강화하고, 지역축제에도 참가하여 지역민의 문화를 공유하는 것이 좋다. 독불장군처럼 살려고 하면 금세 외톨이가 되고 만다. 머리와 머리가 부딪치면 두통이 생기지만, 가슴과 가슴이 부딪쳤을 때 소통이 된다는 말이 있듯이 자존심을 버리고 마을 사람들이 살아가는 모습을 닮아가는 모습이 더 행복한 삶을 기약할 수가 있을 것이다. 실례로 농촌의 법에 따라 순응하면서 성공한 사람들이 많다.

한 가지 팁을 더 드리자면, 성공 귀농인들은 대개 영농조직 가입과 더불어 지역농협 조합원으로서 적극적인 상생활동을 펼치고 있다. 그런 의미에서 관련 사항을 소개하고자 한다.

1) 농업인 자격 자격취득과 영농조직 활동

먼저 '농업인 확인서' 발급 방법에 대해 알아보자. 농업인 확인서 발급기준은 다음과 같다. ① 1천 제곱미터 이상의 농지(「농어촌정비법」 제98조에 따라 비농업인이 분양이나 임대받은 농어촌 주택 등에 부속된 농지는 제외한다)를 경영하거나 경작하는 사람이다. ② 농업경영을 통한 농산물의 연간 판매액이 120만 원 이상인 사람이다. ③ 1년 중 90일 이상 농업에 종사하는 사람이다. ④ 농어업, 농어촌 및 식품산업기본법 제28조 제1항에 따라 설립된 영농조합법인의 농산물 출하·가공·수출활동에 1년 이상 계속하여 고용된 사람이다. ⑤ 농어업, 농어촌 및 식품산업기본법 제29조 제1항에 따라 설립된 농업회사법인의 농산물 유통 · 가공 · 판매활동에 1년 이상 계속하여 고용된 사람이다.

※ 농업인 기준 및 확인방법 등에 관하여 다른 법령 · 훈령 · 예규 · 고시 등에서 달리 규정할 경우에는 농업인 확인서 발급을 제한하며, 농업인 확인서 발급규정 고시에 따라 농업인 확인을 신청하기 위해서는 관련 법령 · 훈령 · 예규 · 고시 등에 근거가 있어야 한다.

다음으로 농업인 확인서 발급기준을 알아보자. ① 주민등록표에 등록된 신청자의 거주지를 관할하는 국립농산물품질관리원 사무소다. ② 국립농산물품질관리원 지원 소재 농업인은 아래 시 · 군 · 구 관할 사무소다.

〈국립농산물 품질관리원 농업인 확인서 발급 전담기관〉

지 원	지원 관할 시군	전담 기관(출장소)
경 기	안양시, 군포시, 의왕시, 과천시, 광명시, 시흥시	수원 · 오산출장소(031-295-8070)
강 원	춘천시, 화천시	홍천출장소(033-435-6060)
충 북	청주시, 청원군	진천출장소(043-537-6060)
충 남	대전광역시	논산출장소(041-736-6060)
전 북	선수시, 완주군	이산출장소(063-841-6060)
전 남	광주광역시	화순출장소(061-373-6161)
경 북	대구광역시	경산 · 청도출장소(053-816-6060)
경 남	창원시, 진해시, 마산시	김해 · 양산출장소(055-321-6060)
제 주	제주시	서귀포출장소(064-767-4900)

이어 '귀농귀촌사업'과 '후계농업경영인 육성사업'을 비교해보면 다음과
같다.

〈'귀농귀촌사업'과 '후계농업경영인 육성사업' 비교〉

구분	귀농귀촌사업	후계농업경영인육성사업
목적	귀농·귀어(이하 귀농이라 한다)·귀촌을 희망하는 도시민에게 농어업창업 및 주거 공간 마련 지원을 통해 안정적으로 농어촌정착과 농어촌 지역에 일자리를 창출하고 경영능력을 갖춘 타 산업의 우수인력을 후계인력으로 육성	농업 발전을 이끌어나갈 유망한 예비 농업인 및 우수 농업경영인을 발굴하여 일정기간 동안 교육, 컨설팅, 영농자금, 복지서비스 등 종합적인 지원을 함으로써 정예 농업인력을 육성
사업대상자	농어촌 이외의 지역에서 다른 산업 분야에 종사하였거나 종사하고 있는 자로서 농어업을 전업으로 하거나 농어업에 직접 종사하면서 농어업과 동시에 이와 관련된 농수산식품 가공·제조·유통업 및 농어촌비즈니스를 겸업하기 위해 '농어촌지역'으로 이주하여 농어업에 종사하고 있거나 하고자 하는 자	지원자격 및 요건을 갖춘 자 중에서 사업계획서와 관련서류를 제출하고 특별자치도지사, 시장·군수·구청장이 「후계농업경영인심사위원회」 또는 「농업·농어촌 및 식품산업 정책 심의회(이하 '농정심의회'라 한다)」를 거쳐 동 사업대상자로 선발·추천한 자
지원자격 및 요건	· 2008년 1월 1일부터 사업신청일 전에 세대주가 가족과 함께 농어촌으로 이주하여 실제 거주하면서 농어업에 종사하고 있거나 하고자 하는 자 · 농어촌지역 전입일을 기준으로 1년 이상 농어촌 이외의 지역에서 거주한 자 · 농림수산식품부, 농촌진흥청 및 지자체 등이 주관 또는 지정한 귀농교육을 3주 이상(또는 100시간 이상) 이수한 자	· 연령: 신청일 현재 18세 이상~45세 미만인 자 · 병역: 병역필·병역면제자(여성포함) 또는 산업기능요원 편입대상자 · 영농경력: 영농에 종사한 경력이 없거나 종사한 지 10년이 지나지 아니한 자 · 교육실적: 대학의 농업 관련 학과나 농업계 고등학교를 졸업하였거나 시장·군수·구청장이 인정한 농업교육기관에서 관련 교육을 이수한 자 · 경영정보등록: 농어업경영체 육성 및 지원에 관한 법률 제4조에 따라 농업경영정보를 등록한 농업인(등록예정자 포함)

사업신청	연중 접수	전년도 12월 말일까지 접수
지원대상	· 농어업 창업자금: 영농기반, 농수산식품 제조 · 가공시설 신축(수리) · 주택마련 지원: 농어가 주택 구입 및 신축	· 창업기반 조성비용 · 농업 교육 · 컨설팅 비용
자금의사용 용도	경종분야 · 축산분야 · 수산분야 · 농어촌비즈니스분야의 창업자금 및 주택마련자금	경종분야 및 축산분야의 자금
지원형태	농어업창업자금: 최대 2억 원 한도 내주택마련자금: 최대 4천만 원 한도 내연리 3%, 5년 거치 10년 분할상환	최대 2억 원 한도 내 연리 3%, 3년 거치 7년 분할상환
자금운용	사업신청 연도의 회계연도 마감일 (20xx년 12월 31일)	예산범위 내에서 사업추진 및 자금신청을 먼저 하는 후계농업경영인에게 자금을 우선 배정. 총 3년간 2억 원 한도 내에서 분할신청 가능. 단, 후계농업경영인 지원사업 대상자 선정 당해 연도에 사업자금의 40% 이상 대출하여야 함.

관련해서 '작목반과 영농법인'에 대해서 알아보자.

작목반이란, "거주지역 또는 경지집단별로 동일 작목을 재배하는 농가들이 모여, 협동을 통한 생산성 증대를 목적으로 활동하는 농산물 산지유통의 핵심 조직"이다. 세부적으로 알아보면, ① 농업인 구성원 간의 협농으로 재배기술 공유, 정보교환, 공동작업, 시설의 공동이용, 공동구매, 공동판매 활동 등이다. ② 영농의 과학화와 농업경영비 절감 및 농산물 유통 개선으로 농가소득을 높이려는 농업인들의 품목별 협동조직이다. ③ 작목반장, 부반장 또는 총무, 작업 · 판매 · 구매 · 기술 조장 등을 두어 조장을 중심으로 작업을 해나가는 것이 일반적이다.

영농법인이란, 「농어업경영체 육성 및 지원에 관한 법률」 제16조에 따라 설립된 영농조합법인과 같은 법 제19조에 따라 설립되고 업무 집행권을 가진 자 중 3분의 1 이상이 농업인인 농업회사 법인을 말한다. 세부적으로 알아보면, ① 규모화에 의한 생산비 절감과 소규모로는 실현 불가능한 자본·기술 집약형 농업의 실현에 있다. ② 농산물의 생산에서 가공·유통·판매 등으로 사업영역을 확대하여 농기업적 자력성장을 유도한다. ③ 지역농업의 안정적 유지를 위한 지속성 있는 경영체 유지존속에 있다. ④ 작목반은 농협에서 구성하는 작목 생산에 목적을 두고 조직한 것으로 국고 보조사업은 받을 수가 없다. ⑤ 국고 보조사업은 농업법인을 우선으로 지원하고 있다. 농업법인은 영농조합법인(5인)과 농업회사법인(상법상 규정에 의함)이 있다. ⑥ 농림수산부 농수산사업 시행지침서에 따르면 법인 설립 1년 이상, 법인 적립금 1억 이상 조직원은 5인 이상의 농업인으로 구성해야 하는 것은 필수이며 지원 사업별로 제시하는 조건을 준수하여야 한다. ⑦ 농협의 지원을 목적으로 하면 작목반을 구성하여야 하며 정부의 보조사업을 목적으로 하면 5인 이상의 영농조합법인을 구성하는 것이 바람직하다. ⑧ 정부보조금을 받는 농업법인은 3,259개이며 법인당 정보보조금은 누계액이 4억 2천만 원으로 주로 건물신축이나 농업생산시설 확충에 사용되었다고 한다. ⑨ 농업법인 관련해서는 지역농협이나 농업기술센터에 문의하면 도움을 얻을 수 있을 것이다.

이어서 귀촌생활과 가장 밀접한 기관인 지역농협과 관련해서 알아보고자 한다.

2) 지역농협의 조합원

조합원이란 어떤 단체에 가입된 사람을 말하며 지역농협 조합원이란 농협에서 기준으로 하는 자격에 부합된 사람으로서 농협에 출자금을 내고 가입한 사람을 말한다.

지역농협 조합원의 자격은 각 지역의 특성에 따라 조금씩 달라질 수 있다. 조합원이 되려면 일단, 농·축산업에 관련된 일을 하는 농업인이어야 한다. 농업의 경우 1헥타르 이상의 농업을 경작하여야 하고, 가축의 경우 소 두 마리 이상을 사육하여야 한다. 물론 농업의 경우는 본인이 직접 농업에 종사하지는 않아도 되지만 가장 중요한 것은 90일 이상의 시간을 농업에 종사해야 한다는 것이다.

또한 조합의 구역 안에 주소나 거소 또는 사업장이 있는 사람이어야 하며 1구좌 이상의 출자를 해야 가입할 수 있다. 이 모든 자격에 맞는다 하여 무조건 조합원으로 가입할 수 있는 것이 아니라 관련 서류를 제출하면 해당 지역농협 이사회의 심의를 통해 가입 여부가 확정된다. 단, 2개 이상의 지역농협에는 가입할 수 없다.

<농업협동조합법 시행령 제4조>

◆ 농업인의 범위

- 1천 제곱미터 이상의 농지를 경영 또는 경작하는 자

- 1년 중 90일 이상 농업에 종사하는 자

- 잠종 0.5상자[2만립(립) 기준상자]분 이상의 누에를 사육하는 자

- 별표 1의 규정에 의한 기준 이상의 가축을 사육하는 자와 그 밖에 축산법 제2조 제1호
  에 규정된 가축으로서 농림부장관이 정하여 고시하는 기준 이상을 사육하는 자

- 농지에서 330제곱미터 이상의 시설을 설치하고 원예작물을 재배하는 자

- 660제곱미터 이상의 농지에서 채소 · 과수 또는 화훼를 재배하는 자

◆ 축산법 제2조 제1호에 규정된 가축

- 노새 · 당나귀 · 토끼 · 개 및 사슴

- 오리 · 거위 · 칠면조 및 메추리

- 꿀벌

기타 야생습성이 순화되어 사육하기에 적합하며 농가의 소득증대에 기여할 수 있는 동
물로서 농림부장관이 정하여 고시하는 짐승 · 가금 및 관상용 조류

◆ 축산법시행규칙 제2조(가축의 종류)에서 "농림부장관이 정하여 고시하는 동물"은 농
림부 고시 제2004-05호(가축으로 정하는 기타 동물)에 명시되어 있으며 그 내용은 다
음과 같습니다.

- 가축으로 정하는 기타 동물 (20종)

가. 짐승(2종): 오소리, 뉴트리아

나. 가금(2종): 타조, 꿩

다. 관상용 조류(15종): 십자매, 금화조, 문조, 호금조, 금정조, 소문조, 남양청홍조, 붉
   은머리청홍조, 카나리아, 앵무, 비둘기, 금계, 은계, 백한, 공작 등

지역농협 조합원은 가입한 지역농협에 대해 주인의식을 가지는 것이 가
장 큰 의무라 할 수 있겠다. 현재 지역농협 조합원의 의무는 조합원으로 하여
금 크게 부담이 될 만한 부분은 없으며 간단히 살펴보면 조합원의 의무는 그

출자액을 한도하며, 조합원은 지역농협의 운영과정에 성실히 참여하여야 하며, 생산한 농산물을 지역농협을 통하여 출하하는 등 그 사업을 성실히 이용하여야 한다(농협전이용의 의무). 여기서 출자액의 한도란 각 지역농협마다 약간의 차이가 있으며 기본적으로 조합원의 경우 20좌 이상 200좌 이내의 출자금을 내야 하며 1좌는 5,000원이 되겠다. 법인 조합원의 경우 100좌 이상을 출자해야 한다(농협협동 조합법 제18조).

지역농협 조합원은 '농협협동 조합법 제19조'에 의거하여 다양한 혜택을 받을 수 있다. 조합원의 혜택은 다음과 같다.

〈농협협동 조합법 제19조〉

◇ 출자배당 및 이용고 배당 지급

◇ 경조사비 지급

◇ 일반대출 및 정책자금 대출 시 우대금리 적용

◇ 전 이용대회 참석

◇ 방역관리 및 영농기술지도 지원

◇ 배합사료 무료운송(자가 운송 시 운송료 지급)

◇ 조합원 재해 시 위로금 지급

◇ 영농기술교육 혜택 부여

◇ 농업관련 신문보급 및 컴퓨터 교육

◇ 조합원 자녀 장학생 선발 장학금 수혜 혜택

◇ 부녀자 교육혜택부여

◇ 조합원 선진지(해외연수) 견학 혜택 부여

◇ 매년 조합원 건강진단 실시 혜택 부여

◇ 각종 조합사업 참여 및 이용 혜택

조합원의 혜택은 이것에 국한되지 않고 다양한 측면에서 혜택을 누릴 수 있다. 아래의 사례는 이런 혜택 중의 한 가지 예이다.

포항 흥해농협 조합원자녀 장학금 지급
조합원 교육비 경감, 인재양성에 일조

경북 포항 흥해농협(조합장 백강석 · 사진 앞줄 왼쪽 네 번째)은 3월 30일 농협강당에서
'조합원자녀 장학금 수여식'을 갖고, 올해 장학생으로 선발된 자녀를 둔 조합원 63명에
게 총 4,880만 원의 장학금을 지급했다.

이날 흥해농협은 중 · 고교 장학생 12명에게 각 20만 원, 전문대생 23명에게 각 80만 원,
4년제 대학생 28명에게 각 100만 원의 장학금을 전달했다. 흥해농협은 조합원 자녀들의
향학열을 높이고 부모들의 학비 부담을 덜어주기 위해 1983년 3명의 장학생을 처음 선
발한 이후 지난해까지 모두 2,165명에게 8억 5,070만 원의 장학금을 지급했다.

흥해농협 조합장은 인사말에서 항상 농협을 사랑하는 조합원들에게 감사의 뜻을 전하
며, "장차 흥해농협의 든든한 후원자가 될 지역의 인재 육성을 위해 앞으로도 지원을 아
끼지 않겠다"고 강조했다.

농민신문 2015-04-06

---

3) 지역농협의 준조합원

지역농협의 준조합원이란 조합의 구역 안에 주소 또는 거소를 둔 사람으
로서 조합의 사업을 이용함이 적당하다고 인정되는 사람을 준조합원이라 할
수 있다(지역농업협동조합 정관례 15조).

즉, 준조합원이란 조합원과 같이 직접적으로 농업에 종사하면서 지역농협

에 출자하는 사람이 아닌 농업에 종사하지는 않지만 그 지역에 주소 또는 거소를 두며 조합을 이용 가능한 사람을 말한다.

준조합원은 사업이용권 · 이용고배당청구권 및 가입금환급청구권을 가진다. 또한, 준조합원은 출자를 하지 아니하되, 조합의 규정이 정하는 바에 따라 가입금 · 경비 및 과태금을 납입한다(지역농업협동조합 정관례 17조).

남원축협–준조합원가입

소정의 가입금납입만으로 조합원에 준하는 권리를 획득할 수 있는 제도로써, 가입을 하셔서 준조합원의 신분을 얻게 되면 조합으로부터 다양한 혜택을 받으실 수 있습니다.
가입금은 1좌당 5,000원으로써, 가입좌수는 제한이 없으며, 기입금을 납입한 날로부터 준조합원의 권리가 취득됩니다.

사업이용권: 조합에서 운영하는 모든 사업을 이용하실 수 있습니다. (신용, 경제사업, 공제사업 등)
이용고배당청구권: 조합사업 이용실적에 따라서 연말에 이용고배당을 받으실 수 있습니다.
가입금환급청구권: 가입금의 환급을 청구하실 수 있으며, 탈퇴 시에는 다음 회계연도에 청구가 가능합니다.

귀농 · 귀촌은 베이비부머 세대의 은퇴와 맞물려 계속 확대되는 추세다. 지난 한 해에만 2만 7천여 가구인데, 10년 전에 비해 30배가 넘는다. 일부 언론에서는 귀농 · 귀촌하면 중년의 인생 2막이 찬란하게 펼쳐질 것처럼 보도하고 있다. 과연 그럴까. 귀농귀촌종합센터 조사통계에 따르면 작년 7월에서 금년 6월까지 전화상담자 3천501명 중 11%만이 귀농했고, 70%는 준비 중이며, 19%(673명)는 귀농을 포기한 것으로 나타났다. 이렇게 포기자가 많은

이유는 우리 사회가 귀농·귀촌을 국내 이민으로 인식하는 것이 아니라 너무 쉽게 보고 있다는 데 있다. 물론 귀농·귀촌하면 먹을거리가 풍성해진다. 특히 안전한 먹을거리를 먹을 수 있어 좋다. 하지만 노력 없는 고소득 창출은 분명 그림의 떡이다.

귀농세대의 소득은 일반농가의 57% 수준으로 귀농·귀촌의 안정적 정착이 그만큼 어렵다는 증거다. 농촌도 엄연히 삶과의 전쟁터이다. 돈이 없으면 농촌도 살아가기 힘들다. 그래서 귀농했다가 중도에 포기한 채 다시 도시로 되돌아가는 역귀농인도 늘고 있다. 공식적으로는 매년 6.5%가 실패해 역귀농한 것으로 집계됐지만 실제로는 이보다 더 많다는 것이 현장의 얘기다.

정부는 귀농·귀촌을 장려하기 위해 농업창업자금·귀농컨설팅 등 나름 지원을 늘려왔다. 그런데도 귀농을 중도에 포기한 채 도시로 다시 돌아가는 가구가 늘고 있다면 그 원인 파악이 대단히 중요하다. 정부통계자료에 따르면 2001년 880가구였던 귀농가구는 2009년에 무려 4천80가구나 됐다.

이는 매우 기쁜 일이다. 그런데 다시 되돌아가는 역귀농 인구에 대한 시·군별 명확한 통계와 원인·대응책을 본 적이 없다. 역귀농에는 기본적으로 당초 귀농을 너무 쉽게 생각했거나 지역주민들과의 갈등, 영농 실패 등 여러 원인이 있을 것이다. 물론 100% 귀농에 성공할 수는 없다. 하지만 역귀농을 한 명이라도 줄이려면 정부가 귀농만 장려할 게 아니라 역귀농자에 대한 조사와 섬세한 대책도 내놓아야 한다. 이를테면 일자리 마련, 복지 차원의 지원, 도시에 버금가는 농촌문화시스템 마련, 정부 지원의 다양화 등이 필요하다. 또한 일본처럼 월 150만 원 수준의 일자리지원정책과 더불어 관련기관에서의 교육과 일자리창출 정보제공이 현재보다 더 나와야 한다. 나아가서는 귀농·귀촌 과정에서 정착의 어려움, 6차 산업으로서의 소득증대창업에 대한 규제완화와 법제현실화가 필요하다. 귀농·귀촌 당사자도 철저한 교육을 받아야 한다. 정부 지원에 의존하고 남들에게 바라고 나 자신이 준비되어 있지 못하면 어느 지역에 가서 어떤 품목을 하던 성공하기 힘들다.

농촌에 가서 살아간다는 것도 일종의 '사회적 이민'이다. 이민을 준비하듯 다양한 사항에 대해 준비하고 교육과 훈련을 받고 가야 성공할 수 있다는 얘기다. 그린코리아컨설팅에 따르면 교육받지 않는 귀농·귀촌은 60% 정도가 실패해 다시 도시로 돌아온다고 한다. 반면, 귀농·귀촌 교육을 받고 시골로 가는 사람들의 성공확률은 약 60~70%로 보고 있다. 철저한 교육만이 성공적인 귀농·귀촌의 첫걸음이자 지름길이고, 희망이자 대안이다. 교육만이 실패를 피해가는 길이고 교육만이 농촌에서 삶의 질을 누리면서 살아가는 방법을 가르쳐준다.

하지만 전체의 90% 이상의 사람들이 교육도 받지 않고 용감하게 농촌으로 가서 있는 돈도 까먹고 다시 도시로 돌아왔다. 한마디로 귀농·귀촌에 실패했다. 개인적으로나 국가적으로 많은 기회비용이 손실됐다.

귀농·귀촌은 또 다른 모습의 사회적 이민이다. 잘만 하면 농촌 인구 감소 및 고령화 현상 등 농촌의 고질적인 문제 해결을 해소하는 데도 긍정적인 영향이 미칠 것이다. 하지만 즉흥적으로 농촌으로 가는 것은 금물이다. 충분히 교육으로 무장해 가야만 건강과 행복, 일과 취미, 괜찮은 소득을 보장받을 수 있을 것이다.

07. 귀농장소와 영농유형 선택

살 만한 집과 땅을 찾아 전국을 헤매다가는 귀농은커녕 귀촌도 못한다. 귀농귀촌을 꿈꾸는 사람들이 가장 염두에 두어야 할 것은 농사를 지을 것인가, 펜션을 운영할 것인가, 체험농장을 할 것인가 등 귀농을 하더라도 살아가는 방식은 다양하다. 농사를 짓는다면 과수인가, 채소인가, 특용작물인가 등등 어떤 작물을 기를 것인지도 숙제이다. 이때는 내가 관심 있고 내가 잘할 수 있고 내 여건에 맞는 것이 무엇인지 순으로 고민하면 된다. 그게 정해지면 지역은 저절로 정해진다. 작목이 정해지면 이미 인프라가 구축된 곳으로 가면 되니 귀농할 지역이 쉽게 정해지는 것이다. 그리고 10년 이상은 선택한 지역에서 살겠다는 계획으로 임해야 정착기의 혼란을 줄이고 경제적 손실도 줄일 수 있다.

귀농·귀촌할 지역을 어디로 할지 선택하는 것은 매우 중요하다. 제주도 같은 휴양지를 귀농귀촌지로 정하면 풍광은 아름답겠지만 평소에 알고 지내던 사람들과 단절될 염려가 있다. 꼭 제주도가 아니라도 도시를 벗어나면 학교나 상가, 병원, 도서관 같은 생활기반이 잘 갖추어져 있지 않아서 많이 불편하다. 유치원이나 학교가 없다든가 또 병원이 너무 멀어서 치료를 받지 못하는 것도 힘들 일이고, 이러한 생활기반을 고려하며 귀농귀촌지역을 선정하는 것이 바람직하다. 지대가 낮아서 걸핏하면 홍수가 난다든가, 산사태가 우려되는 지역도 피해야 한다. 이 외에 발전가능성이 거의 없는 지역보다는 큰 도로가 뚫리거나 개발이 이루어질 가능성이 있는 지역이 더 바람직할 것이다. 좀 더 농사를 제대로 짓는 데 초점을 맞추고 싶다면 재배하고자 하는 작물이 지역의 특산품으로 자리 잡은 곳으로 가는 것이 좋다. 귀농귀촌지역을 선택할 때 무턱대고 성급하게 택하기보다는 시간을 두고 여러 가지 부분을 고려해본 뒤에 선택하는 것이 좋다. 귀농귀촌지역을 한 번 선택하여 정착하면 바꾸기가 어려우므로 애초에 제대로 판단하는 것이 뒤늦게 후회하지 않는 지름길이다. 아울러 최근 유행하고 있는 슬로시티 지역도 관심을 가져야 한다. 요즘 슬로시티 농어촌을 희망하는 귀농·귀촌인이 부쩍 늘었다. 유럽은 한참 앞섰다. 60년대 이후 일관되게 추진돼 온 공동농업정책의 영향하에서 유럽의 농업과 농촌은 농업계를 중심으로 도시화와 산업화가 빠르게 진행되는 상황 속에서 새로운 사회적 요구에 부응하기 위한 노력을 부단히 전개해왔다. 그 결과 정책적 지원과 사회적 합의가 바탕이 돼 도시와 농촌 간에 조화로운 상생관계가 형성돼 농촌지역에 어메니티 자원을 기반으로 귀농·귀촌인을 끌어들이는 새로운 시장을 만들어냈다.

특히 90년대 이후에는 농업활동에 관한 정의에서 매우 중요한 의미 변화가 진행되고 있다. 즉, 재화 생산 중심의 농업활동에 대한 정의에서 점차 서비스 생산으로서의 농업활동에 중요한 의미를 부여하게 된 것이다.

농산물이라는 재화생산 중심의 농업활동에서 점차 농촌지역의 어메니티 자원을 활용한 농촌관광 활동 등 서비스 생산 활동에 주목하고 있는 것이다. 이른바 서비스농업의 대두가 그것이다. 이 같은 서비스 농업의 밑바탕에는 슬로시티 운동이 자리하고 있다. 슬로시티 운동은 바쁜 도시생활과 반대되는 개념으로 공해 없는 자연환경 속에서 지역의 먹을거리와 고유의 문화를 느끼며 인간다운 삶을 되찾자는 느림의 미학을 추구하는 운동이다. 슬로시티는 현재 문명을 거부하고 과거로 회귀하자는 이념이 아닌 보다 인간적인 삶을 추구하자는 데 있다. 1999년 10월 15일 이탈리아의 오르비에토에 그레베 인 키안티, 브라, 포시타노 등 슬로푸드 운동을 벌이고 있는 네 도시의 시장이 모여 슬로시티를 선언했으며, 이탈리아 55곳, 영국·스페인 8곳, 독일 5곳, 폴란드·포르투갈 4곳, 노르웨이·벨기에 3곳, 오스트레일리아 2곳, 뉴질랜드 1곳 등 총 10개국 93개 도시가 인증을 받았다.

슬로시티국제연맹은 지난해 12월 1일 이탈리아 그레베인 키안티에서 열린 총회에서 담양군 창평면, 장흥군 유치면, 신안군 증도면, 완도군 청산면 등 대한민국 4개 지역을 슬로시티로 지정했다. 그 결과 총 11개국 97개 도시가 인증을 받게 된 셈이다. 슬로시티 국제연맹본부의 현지답사를 거쳐 일정 기준을 통과해야 슬로시티 인증을 받을 수 있다. 가입 조건은 우선 고유의 전통문화와 토착음식이 있어야 하며 유기농과 특산품 및 공예품을 자체 생산하고 자연환경이 잘 보존돼 있음을 전제로 한다. 일단 가입이 되면 세계 100여 개 도시와 글로벌 네트워크가 형성되면서 지역 자원의 브랜드화가 가능하고, 이를 관광 상품과 연계할 경우 주민 소득 향상에도 큰 도움이 된다.

한국 농어촌은 유럽의 슬로시티 못지않은 천혜의 경관, 휴양자원, 역동적이고 짜릿한 체험거리가 줄줄이 늘어서 있고, 다양한 콘셉트로 여행을 즐길 수 있는 대표적인 관광지가 많다. 따라서 이런 지역을 귀농귀촌 예정지로 검토해보는 것도 바람직할 것이다.

다음으로 어떤 농작물을 고를 것인가에 대해 고민해야 한다. 자신이 어느 정도 영농기술을 갖고 있는지, 동원할 수 있는 시설자금은 어느 정도인지, 선택한 품목에 맞는 농지는 구할 수 있는지, 생산 후에 판매는 어떤 방식을 계획하고 있는지 등 다양한 요인을 놓고 품목을 선택해야 한다. 물론 품목 선택에는 정답은 없다. 우선 귀농후보지의 농업기술센터나 높은 수익을 거두는 귀농선배들의 농가를 직접 찾아가 보아야 한다. 시장의 유통경로를 따라가 보는 것도 좋은 방법이다. 주력품목이 굳건히 형성된 지역에는 해당 작목에 뛰어난 기술을 갖춘 농업인과 농업기술센터에 전문지도사 등이 있기 때문에 보다 안정적인 귀농정착이 가능할 수 있다. 농촌진흥청 귀농귀촌종합센터 홈페이지(www.returnturn.com)를 살펴보면 작목선택과 관련한 경험담은 물론 품목별 출하 지역 정보를 상세히 찾아볼 수 있다. 더 구체적으로 팁을 드리자면, 귀농초보자는 오이, 멜론 등 시설채소로 농작을 하는 게 좋다.

귀농 시 작목선택은 다음 사항을 고려해야 한다. ① 귀농지역의 특산작물 재배가 좋다. 왜냐하면 자금자원이나 기술지원이 용이하기 때문이다. ② 귀농 시 자기자본의 규모와 노동력을 고려하여 작목을 선택하여야 한다. ③ 작목별로 재배방식이 다르고, 재배기술이 다르므로 귀농지를 선정하였으면, 내가 사는 곳의 작물재배여건이나 판매 등이 이루어지는 것을 파악하신 후에 작목을 선택하시는 것이 실패의 위험이 적다. ④ 항상 작물재배를 시작하면 초기비용이 많이 들어가므로 운영자금 등을 고려하여 선택하는 게 좋다.

아울러 기술 수준별(초보자-중간 정도의 영농기술 보유자-고도의 영농기술 보유자)로 작목선택을 하는 것이 바람직하다. 초보자의 경우는 ① 노지작물로 고추, 참깨, 땅콩, 고구마, 감자, 마늘, 생강, 배추, 가을 무, 파 등이고, ② 과수는 사과, 배, 복숭아, 포도 등이며, 축산은 한우, 흑염소, 토종닭 등을 선택하는 게 바람직하다. 중간 정도의 영농기술을 가진 자의 경우 ① 시설채소는 고추, 수박, 토마토, 딸기 등이고, ② 버섯류는 팽이, 양송이, 느타리, 영지 등이며, ③ 축산은 양계, 한우, 양돈 등을 선택하는 게 좋다. 고도의 영농기술을 가진 자의 경우는 ① 시설채소는 오이, 메론, 방울토마토 등이고, ② 시설화훼는 국화, 백합, 양란 등이며, ③ 축산은 젖소, 산란계 등을 선택하는 것이 안정적이다.

또 자본조달 수준별(자본이 부족한 자-자본이 있는 자 등)로 작목 선택을 달리하는 게 좋다. 자본이 부족한 자는 채소, 콩, 옥수수, 감자 등의 식량 작물을 선택하는 게 좋고, 자본이 있는 자는 시설채소, 낙농, 화훼 등을 선택하는 게 바람직하다.

끝으로 경영특성별(소득이 높은 작목-노동생산성이 높은 작목-자본이용이 효율적인 작목-기술 및 입지가 중요한 작목 등)로 작목선택을 하는 게 바람직하다. ① 소득이 높은 작목은 시설채소, 화훼류, 과수 등이고, 노동생산성이 높은 작목은 쌀, 보리, 하우스 무, 생강, 오이, 수박, 사과, 배, 토마토, 복숭아, 포도, 화훼류 등이며, ② 자본이용이 효율적인 작목으로는 수박, 참외, 오이, 토마토, 느타리버섯 등이고, ③ 기술 및 입지가 중요한 작목은 반 속성 오이, 하우스 무, 화훼 등이다.

08. 기본적인 정착자금은 반드시 필요

귀농을 하게 되면 준비자금에서부터 생활비까지 철저하게 계산하고 준비해야 실패를 줄인다. 농사를 처음 시작하게 되면 주택과 농사지을 땅 외에도 농기계 구입부터 설비투자자금 및 비료 등 1년 정도 농사짓는 데 필요한 자금이 든다. 정착자금은 주택과 농지구입에 드는 돈이다. 주택은 빌리거나 신축해야 하지만 처음부터 집을 짓는 것보다는 임대하는 것이 좋다. 집을 신축하려면 건축비도 많이 들지만 최초 귀농지가 앞으로 터전을 삼아 살 만한 곳인지 장담할 수도 없고 또 귀농에 실패해서 도시로 다시 나오는 경우도 생길 수 있다. 농가주택을 2~3년 임대해 살면서 농사가 잘되는 곳인지, 마음에 드는 곳인지, 주변 땅값은 얼마나 되는지 등을 살핀 다음 주택을 짓는 것이 좋다. 농지 역시 바로 구입하기보다는 임대해서 농사경험을 쌓는 것이 더 현명하다.

귀농을 위한 사전준비가 부족한 상태로 농촌에 정착한 어느 귀농인의 수기처럼 실제 '귀농은 꿈이고 현실은 고난의 연속'에 가깝다. 극단적인 사례지만 첫해 수입이 두 아이의 교육비에도 미치지 못해 역귀농하는 경우도 있다. 첫해부터 수지를 맞추는 드문 예도 있기는 하지만 보통 삼 년 안에 적자를 면하면 정착에 성공한 것으로 본다.

따라서 짧게는 일 년, 길게는 삼 년 치 생활비를 준비하는 것이 안전하다.

다행이 생활비는 도시에 비해 적게 들 것이다. 하지만 이것도 농촌의 생활방식으로 전환해야 가능한 일이다. 크게 필요치 않으면 스마트폰도 줄이고 부식은 시장보다는 텃밭이나 들녘에서 해결한다. 당연히 외식도 자제하는 것이 좋다. 다만 너무 낙담하지 않아도 좋은 것은, 예정에 없는 또 다른 기회(동네 혼인잔치, 생신, 회갑이나 칠순 행사)가 생각보다 자주 집 밖에서 식사할 일이 생긴다는 점이다.

농촌에 오면 바꿔어야 할 것이 하나 더 있다. 공과금 등 각종 납부금의 은행 결제일이다. 농사를 지을 경우 도시와는 달리 시골에서는 달마다 일정한 수입을 얻기가 어렵다. 자연히 매달 빠져나가는 고정 비용이 매우 부담스럽다. 따라서 조정이 가능한 항목은 결제시기를 월납보다는 봄 작기가 끝나는 6~7월이나 가을걷이 후에 농산물 판매대금이 들어오는 시기를 감안해서 정한다. 각종 보험료나 회비도 가능하면 월납보다는 분납(반기납 포함)이나 연납이 농가에게는 훨씬 유리하다.

09. 농가주택은 수준에 맞게, 전기 수도는 용이한지

귀농인 대부분이 농지나 임야를 구입해서 농가주택을 신축하게 되는 경우가 많다. 펜션으로 사용할 주택이 아니고 자기가 살아갈 농가주택을 신축할 땅을 구입할 경우에는 마을에 붙어있거나 최소한 마을에서 보이는 곳에 땅을 구입하는 것이 좋다. 그런데 외지인이 마을 안이나 마을 가까이 있는 땅을 구입하기는 쉽지가 않다. 하지만 마을 가까이 있는 땅을 구입하기가 어렵다고 해서 아주 외진 곳에 있는 땅을 구입해서 농가주택을 신축하면 마을 사람들의 관심을 받을 수 없어 사람들이 도와주고 싶어도 도와줄 수 없게 된다.

귀농 초기에는 알게 모르게 여러 사람의 도움을 받게 된다. 이런 도움을 받으면서 서서히 시골생활에 적응해가야 한다. 농가주택을 지을 때에는 가능한 마당과 창고를 활용하고 주택은 20평 내외로 지어도 좁지 않게 지낼 수 있다. 실속을 차려 작게 지으면 건축비가 절감될 뿐 아니라 관리하기도 편하다. 무엇보다 겨울 난방비가 절약된다. 건축비가 적게 드는 창고는 가능한 넓게 지으면 농사기구며 잡동사니들을 넣을 수 있어 편리하다. 공간적 여유가 된다면 비와 햇빛을 가려주는 작업공간을 만들 것을 권한다. 농사지은 것을 수확해서 작업하거나 큰 농기계를 보관할 때 매우 유용하다. 주택과 관련해서 좀 더 구체적으로 살펴보자.

첫째로 농어촌지역의 빈집 정보에 대해 알아보자. 사실 농어촌지역의 빈집 정보를 얻기는 생각보다 쉽지 않다. 소개를 받았다손 치더라도 그 주택의 상태가 사람이 거주하기에 불가능한 수준으로 계약을 못 하게 되는 경우도 발생하곤 한다. 그렇다면 빈집은 어떻게 찾아야 할까. ① 귀농귀촌종합센터의 홈페이지에서 빈집정보를 제공하고 있다. 「농어촌정비법」에 따라 지방자치단체에서는 농어촌의 빈집을 조사하여야 하고, 획득한 자료 중 소유자의 빈집정보공개 동의 등의 절차를 거친 자료들을 홈페이지에 게시하고 있다. 귀농귀촌종합센터 홈페이지의 메인화면 또는 귀농귀촌지자체관의 빈집정보검색란을 통하여 전국의 빈집정보들을 제시함을 목적으로, 빈집정보들을 계속 업데이트하고 있다. ② 전국 150여 개 시·군·구는 농어촌빈집정보센터를 설치해 해당 지역에 있는 빈집 정보를 제공하고 있다. 제공되는 정보는 빈집에 대한 기초자료 등이며, 이러한 정보를 바탕으로 소유주와 연락해 직접 거래를 하면 된다. ③ 자산관리공사의 온비드 홈페이지(http://onbid.co.kr)에서는 빈집에 대한 정보를 수집하여 제공하고 있다. 온비드 홈페이지의 '직거래장터'에서 농어촌 빈집을 검색하시면 빈집정보를 찾을 수 있다. 이와 같은 경로를 통해 기본정보를 얻은 다음에는 직접 현장을 방문하여 확인한 후 계약을 하여야 한다. 확인사항으로는 빈집의 상태뿐만 아니라 등기부상 소유자와의 일치 여부, 주변 환경, 상하수도 및 전기의 공급 등이 될 것이다.

다음으로, 농가주택, 빈집 정보 찾는 방법은 무엇인가, 주택을 결정하는 데 중요한 것은 이런 정보를 어디서 얻을 수 있느냐는 것이다. 직접 귀농 선배의 집을 방문해보거나 가족농장을 운영하고 있는 후견 선배 등에게서 자문을 구할 수 있다. 이 외에도 농가 주택이나 빈집에 대한 정보를 찾기 위해서는 현장을 직접 방문해서 현지인들에게 정보를 얻는 방법도 고려해볼 수 있다.

〈농가주택, 빈집 정보 찾는 방법〉

구 분	내 용
친지나 친구로 부터 정보를 얻는다.	농가주택을 가장 안전하고 손쉽게 찾아내는 길은 현지에 거주하는 친척이나 친구에게 부탁을 해두는 것이다. 이럴 경우 가격에 있어서도 저렴하게 구입할 수 있으며 해당 매물의 숨은 얘기까지 알 수 있어 매우 안전하다.
현지 부동산에 매물 정보를 의뢰한다.	마땅히 아는 사람이 없을 시엔 현지 부동산에 전화를 걸어 매물을 알아보는 방법이 있다. 이럴 땐 발품을 팔아서 좀 더 자세히 알아보는 편이 실수가 없다.
현지에 직접 찾아가 마을 이장 등에게 부탁한다.	시간적 여유만 있다면 일단 지역을 구체적으로 선정한 다음 농가주택이 있는 마을에까지 찾아가게 되는데 이때 정확한 시세나 매매에 따른 도움을 받으려면 마을의 이장을 찾아가는 게 가장 합리적인 방법이다. 마을 이장들의 경우 해당 지역의 대표자나 다름없어 외부인들의 협조 요청에 잘 응해주며 현지 매물이나 지역적 특색 등과 관련된 상세한 정보를 알려주기 때문이다. 빈집을 살필 때는 외관보다는 내부를 잘 눈여겨봐야 완전히 개조할 것인지, 간단히 수리만 할 것인지 판단할 수 있다.
농어촌 빈집 정보센터에 연락을 취해 알아본다.	농촌의 경우 인구가 줄어들고 폐가가 늘어날수록 지역발전엔 장애가 있으므로 관공서 관계자들은 농가주택을 구입, 이주해오려는 이들에겐 매우 긍정적인 입장을 표하는 게 사실이다. 따라서 관할 지자체의 담당자들에게 전화를 하거나 방문을 하면 시세나 중개를 부탁할 수는 없지만 어느 마을에 빈집이 있는지 그리고 소유권자와 연락처를 알아보는 것은 쉽게 도움을 얻을 수 있다.

아울러, 빈집 수리비 지원대상은 누구인가, 타 시·도(시·군 포함) 지역에서 다른 산업 분야에 종사하였거나 종사하고 있는 자로서 농업(경종·축산 포함)을 전업으로 하거나 농업과 동시에 이와 관련된 농산식품 가공·제조·유통업을 겸업하기 위해 "농촌지역"으로 이주하여 농업에 종사하고 있거나 하고자 하는 자. 그리고 이들 중 2007년 1월 1일부터 세대주가 가족과 함께 농촌지역으로 이주하였거나 이주하고자 하는 자, 아울러 농촌지역 전입일을 기준으로 1년 이상 농어촌 이외의 지역에서 거주한 자 등이다.

둘째로 귀농인의 집이란, 귀농인의 집은 지역에 따라 운영하고 있거나 그렇지 않은 지역이 있다. 이주 이전에 농촌체험 등을 원하는 귀농희망자에게 임시 거처와 농업체험을 제공하는 형태로 지역 내 제반 여건을 감안하여 귀농인의 집 운영을 희망하는 마을과 시군이 협의하여 운영을 결정한다.

입주대상자는 귀농인의 집에 거주하면서 주택과 농지를 확보한 후 현지에 정착하고자 하는 자는 누구나 가능하다. 귀농교육을 이수한 자에게 우선순위 부여가족(부부 등)과 함께 입주하고자 하는 경우(단독 입주자는 제외) 입주자는 해당 시·군과의 계약에 따라 전기, 수도요금 등 부담 가능하다. 그리고 귀농인의 집의 운영 및 유지관리는 시·군, 마을협의회에서 시행한다.

셋째로 농가주택 취득방법 및 유의사항은, 농가주택은 이미 지어져 있는 집이기 때문에 전용절차를 밟는다거나 건축허가 등의 절차와 무관하게 매매의 형태로 구입·임대할 수 있어 간단한 개조 후 바로 생활할 수 있는 장점이 있다.

농업인주택이란 농업인이 설치하는 주택의 일반적인 정의가 아니고 농업진흥구역 내에 설치 할 수 있는 주택의 범위를 정하는 것이다. 즉, 농지법에서 농업인에게만 특혜로 인정하는 법적인 개념인 것이다. 농업인 주택을 지으려면 현행법상 2단계의 조건을 거쳐야 하는데, 첫째, 농지법상 농업인이 되어야 하고, 둘째, 농지법이 정한 연간수입비율과 세대주 등 추가조건을 충족해야 한다. 농업인주택은 이런 두 요건을 모두 충족한 후에 아래의 조건들을 갖추고 나서 적법한 농지전용허가를 받아서만 지을 수 있다.

이어서 농업인주택 신청자 조건을 알아보면 다음과 같다. ① 1인 이상의 농업인 중 세대주가 설치한다. 농업·임업 또는 축산업을 영위하는 세대로서 당해 세대의 농업·임업·축산업에 의한 수입액이 연간 총수입액의 2분의 1을 초과하는 세대주 그리고 당해 세대원 노동력의 2분의 1 이상으로 농업·임업·축산업을 영위하는 세대가 해당한다. ② 당해 세대의 농업·임업·축산업의 경영에 근거가 되는 농지·산림·축사 등이 소재하는 시·군·구·읍·면 또는 이에 연접한 시·군·구·읍·면 지역에 설치한다. 농업인주택 부지로 다음과 같은 전용신고 할 수 있는 조건을 갖추고, 무주택 세대주로 농업진흥지역 밖에 설치하고자 할 경우에 한한다. ㉮ 현재 무주택 세대주라고 하더라도 당해 세대주 명의로 설치하는 최초의 시설일 것. ㉯ 무주택자가 농업진흥지역 안에 설치하고자 할 경우에는 농지전용허가를 받아야 함. ㉰ 유주택자가 농업진흥지역 안이나 밖에 설치하고자 할 경우에는 모두 농지전용허가를 받아야 한다.

농업인주택 부지 및 시설 기준은 다음과 같다. ① 부지: 총면적이 $660\,m^2$ (200평) 이하이고, 당해 세대주가 그 전용허가 신청일 이전 5년간 농업인 주택부지로 전용한 농지면적(부지면적 아님)을 합산한 면적인 $660\,m^2$(200평) 이하이다. ② 시설: 장기간 독립된 주거생활을 영위할 수 있는 구조로 된 건축물 및 그 건축물에 부속한 창고, 축사 등 농업·임업·축산업을 영위하는 데 필요한 시설이어야 하고 대규모 축사시설 등과 같이 주택의 부속시설이라고 보기 어려운 경우에는 별도로 허가(신고) 신청 가능하다.

이어서 농업인주택 사후 관리를 알아보자. 농업인주택은 농지전용 후 농업인주택으로 사용된 지 5년 이내에 일반주택 등으로 사용하거나 비농업인 등에게 매도하고자 할 경우에는 농지법 시행령 제59조의 규정에 의거 용도변경 승인을 받아야 한다. 단, 농업진흥지역 내에서는 행위제한 규정(기간이 경과하여도 일반주택으로 용도변경 안 됨)에 저촉되지 않아야 한다.

용도변경 승인이 가능할 경우에는 용도변경승인을 신청하는 자가 감면되었던 농지보전부담금을 납부해야 한다. 지목이 대지인 경우는 주택 건축이 가능하며, 논밭이나 임야의 경우도 주택 건축이 가능한데, 용도지역에 따라 조건이 다르므로 자격요건이 되는지 상세히 살펴봐야 한다.

① 농업진흥지역의 농지: 농사를 전업으로 하는 세대주가 농업인 주택을 건축하는 경우 $660m^2$(200평) 한도 내에서 농지전용을 허용한다. 최소한 $1,000m^2$(303평) 이상 규모의 농지에 농작물을 경작해야 한다. 그리고 1년간의 영농기간이 필요하며, 최소한 $1,660m^2$(503평) 이상 농지소유 필요(303평 경작+최대전용면적 200평)하다.

② 비농업 진흥지역 농지: $1,000m^2$(303평)까지 가능하나, 신고만으로 건축이 가능한 주택 규모는 $99m^2$(30평) 이하이다. 농지 소재지 시·군에 거주하는 주민이 아니면 농지 구입이 불가능하지만, 구입 즉시 전용 허가를 먼저 받으면 거주지에 관계없이 소유권 이전등기가 가능하다.

③ 보전임지 임야: 농업진흥지역 농지와 같은 자격요건이다. 전용면적은 주택만 짓고자 할 때는 181.5평, 창고 등 부대시설까지 설치할 경우에는 453.7평까지 전용을 허용한다.

④ 준보전임지 임야: 임야 형질 변경은 논·밭의 전용과정과 동일. 단, 농지는 건물이 완공되어야 전용절차가 가능하다. 단, 임야의 경우는 시설공사

가 30% 이상 진척되면 형질 변경사업 준공허가 신청 가능하다. 허가일로부터 3개월 이내에 사업에 착수해야 한다. 임야의 겨우는 형질 변경허가를 받은 후 권리의 승계가 가능하다.

대체 조림비(평당 2,654원)와 전용부담금(임야공시지가의 20%) 납부 농업인의 경우는 제외한다.

넷째로 농가주택 구입 시 주의할 점은 다음과 같다.

농가주택들 중에는 대지가 아닌 농지에 지어져 있는 경우가 많고, 또 무허가 건물인 경우도 있다. 농가주택을 구입할 때는 지적도상 도로가 없다든지 등의 건축법상 문제가 되는 경우가 많기 때문에 일반적인 주택 매매와 달리 더 꼼꼼하게 체크하고 신중하게 결정하자.

① 등기는 되었는지 확인하라. 구입하기 전에 토지대장과 건물등기부등본, 건축물대장을 꼭 확인해보아야 한다. 특히 과거에는 매매계약서만 있으면 명의변경을 해주어 등기가 안 된 채 명의가 바뀐 집들이 많아 이런 사실을 모른 채 등기가 안 된 주택을 구입하였을 경우 과거 매매 사실을 모두 찾아 양도신고를 한 후 등기를 해야 하는 일이 발생하기도 하므로 등기가 되었는지 꼭 확인하자.

② 지상권 문제를 확인하라. 지상권이란 건물주와 땅주인이 다른 물건에서 건물에 관한 권리를 말하는 것으로 땅주인과 건물주가 같은지 확인하자. 땅주인과 건물주인이 다른 농가주택들도 있는데 이럴 경우 땅을 구입했어도 건물에 대한 권리를 주장할 수 없어 건물을 다시 사야 하는 문제가 발생하기도 한다.

③ 도로가 있는지 확인하라. 농가주택 중에는 실제로 이용되는 도로는 있지만 지적도상 도로가 없는 주택도 많다. 이 경우 실제로 사용되는 도로는 사유지가 일반적이므로 건물을 신축할 때 도로부분에 대한 토지의 사용승낙서를 첨부해야 하는 등 번거로운 점이 발생하게 되므로 꼼꼼히 살펴봐야 한다.

④ 농지가 딸려 있으면 주의하라. 농가주택에 텃밭이 딸려 있는 경우가 많아, 농가주택과 텃밭을 함께 매매해야 하는 경우가 있다. 외지인에게 농지는 1,000㎡(303평) 이상 되어야 이전등기가 가능하므로 구입하기 전에 텃밭의 평수를 확인한 후 구입해야 한다. 또 농가의 대지 평수가 500㎡(151평)을 초과할 경우 토지거래허가구역에서는 반드시 허가를 받아야 한다는 점도 명심하자

⑤ 개조가 가능한 집인지 확인하라. 개조할 생각으로 농가주택을 구입한다면 기본 골조를 먼저 살펴보자. 내부의 기둥이나 서까래 등 골조가 튼튼해야 개조하는 데 문제가 없다.

당장에 새집을 짓는 것보다는 빈집을 빌리는 것이 여러모로 부담이 적고 편안하다. 일단 가볍게 출발해서 한두 해 살아보고 장착 여부를 결정해도 늦지 않기 때문이다. 마을에서도 1~2년간은 주시기간이다. 동네 사람이라는 믿음을 주려면 적어도 삼 년은 지나야 한다. 마을에 들어가서 일단 동네 사람으로 인정을 받기 시작하면 살기가 수월해진다. 아울러 일정 거주기간이 지나 법적으로 농업인임이 인정되면 농지구입이나 집을 지을 때에도 세금감면의 혜택도 뒤따른다. 농촌에서 주변의 지지와 동의 없이 무언가를 벌리려는

생각은 걱정스러운 발상이다.

만일 빈집을 수리할 경우에는 되짚어봐야 할 것들이 있다. 빈집을 고치는 범위는 임대냐 매입이냐에 따라 달라지겠지만 임대주택일 경우에는 계약 시에 주택이나 딸린 농토에 관한 임대계약서를 작성하여야 한다. 일부 귀농인들이 농촌의 관행대로 구두계약에 의지해서 집과 땅을 빌리고 나중에 불이익을 당하는 일이 많기 때문이다. 농촌의 임대차 현실을 고려할 때 임대농가에 많은 비용을 들여 고치기란 쉽지 않은 일이다. 5~10년 정도의 장기임대가 가능하고 계약 파기 시에 수리비 환불조항이 포함되었다면 몰라도 그렇지 않은 경우라면 불편하지 않을 정도로 고치는 것이 안전한 선택이라고 본다.

다음은 좀 더 생생한 팁을 드리기 위해 농어촌 빈집 주인 찾기 사업단의 농어촌에서의 주택 구입[14] 사례를 인용해서 소개하고자 한다.

귀농 귀촌할 때 큰 걱정으로 생각되는 것 가운데 하나가 주택 구입이다. 이럴 경우 새집만을 고집하지 말고 빈집을 활용해보자. 실제로 빈집을 활용하면 비용 절감은 물론이고 집을 지을 때 거쳐야 하는 법적인 절차를 치르지 않아도 돼 좋다. 즉, 빈집을 고쳐도 되고, 집을 짓더라도 건물을 철거하고 신축만 하면 돼 수월하다. 또 마을 주민과 어울려 살 수 있어 정착이 쉽고 정서적으로도 안정될 수 있다는 점이 장점이다. 가급적이면 시골집을 사 고쳐 살 것을 권하고 싶다. 시골집을 고치면 집터를 구하는 수고를 덜 수 있고, 집을 지으면서 고려하는 지세나 수맥, 방향 등을 고민하지 않아도 된다. 또 집을 계약하면서 집주인과 친밀한 관계가 되므로 마을에 우호적인 친구 한 사람을

---

14. 자료 인용: 농어촌 빈집 주인 찾기 사업단, 마영필.

얻게 되는 점도 빼놓을 수 없다. 특히 시골집은 대부분 서너 세대를 거치고 한집에 대가족이 어우러져 살아온 기운이 있는데, 그러한 기운을 받을 수 있는 것은 시골집에서만 얻을 수 있는 장점이다.빈집을 구하려면, 시간적 여유를 갖고 둘러보는 게 중요하다. 인터넷에 나온 매물을 보고 덜컥 계약해 개조 과정 중에 생각지도 않은 난관으로 애를 먹는 사람들도 있다. 빈집을 구하려면 먼저 해당 마을의 이장(통장)을 만나 도움을 청하는 게 좋다. 빈집 정보는 지자체 시 · 군 · 구의 건축주택과, 건축과, 종합민원실 등에서 알아볼 수 있다. 지역마다 담당하는 부서가 다르지만, 각 도청 홈페이지에 들어가면 얻을 수 있다. 그 밖에 농어촌빈집주인 찾기 사업단, 각 지역 귀농지원센터, 귀농 관련 단체 게시판에서도 빈집 정보를 얻을 수 있다. 아울러 귀농인의 모임에 참석해 정보를 얻는 것도 한 방법이다. 해당 지역 부동산에도 들러 보자. 중개비를 지급해야 하지만 법적인 문제가 있을 때 쉽게 해결할 수 있고, 마을 주민보다는 객관적으로 집을 소개받을 수 있는 장점도 있다. 그렇다면 왜 농어촌에서 빈집 찾기가 중요한지를 좀 더 구체적으로 알아보자.

이중환은 택리지에서 지리가 좋고, 생업이 넉넉하며, 인심이 후하고, 경치도 빼어난 곳 이런 곳을 사람들이 살 만한 곳으로 거론하고 있다. 그는 이런 곳을 찾아서 살았을까. 택리지 발문에서 "나의 이 글도 살 만한 곳을 고르려 해도 살 만한 곳이 없음을 탄식한다. 그러니 이 글을 넓게 보는 사람은 문자 밖에서 구하는 것이 좋을 것이다"라고 적고 있다. 그도 끝내 찾지 못했다.

그 옛날 시간이 천천히 흘렀을 것 같은 조선 중기의 한 선비가 밝힌 땅에 대한 생각이 오늘날 우리에게도 어떤 곳이 살 만한 땅인가라는 질문에 대한 해답이 될 수 있을까. 특히 귀농 귀촌을 결심하고 있는 사람들이 가장 심사숙고 하는 문제이기도 하다.

사실 60년대 이후 우리나라의 경제가 산업화·공업화의 고도성장을 하면서 농촌인구가 취업과 학업 등의 이유로 서울, 부산을 비롯한 도시로 집중되었고, 산업공단의 개발로 새로운 도시가 만들어졌다.

이 과정에서 농업 부문의 농촌경제는 농촌에 남겨진 사람들이 떠안게 되었고, 공업 경제에 밀려 서자 취급을 당했다.

숨 막히게 달려온 고도성장의 사회는 기존 산업사회의 성장 한계, 종신고용의 붕괴, 저출산, 고령화, 재정적자의 위기, 경제 성장률 저하, 부동산 버블의 붕괴, 정부의 뒤늦은 정책 등의 깊은 수렁을 마주 대하고 있다.

우리나라의 2010년 출산율은 1.22명으로 세계 최하위이고, 65세 이상 노인 인구는 542만 명으로 전체 인구의 11.4%에 달한 것으로 나타나고 있다. 우리나라는 2011년부터 인구의 11.4%에 해당하는 베이비붐 세대(1955~1963년 출생)의 은퇴가 시작되는데, 전체적으로 712만 명 정도가 된다. 요즈음은 평균수명이 80세 이상으로 늘어나고 있는데 1998년 IMF와 2008년 글로벌 금융위기를 겪으면서 종신고용의 보장과 정년퇴직은 전설 속의 얘기가 되어버렸다. 세계경제의 침체가 계속되고 있고, 외수시장에 의존한 우리나라의 경제성장률이 제자리걸음을 하고 있어 정부의 일자리 창출은 눈에 띄는 성과를 보여주지 못하고 있다. 우리나라 경제가 성장 가능성 있는 확실한 지표를 보여주지 못하고 있고, 부동산 경기의 침체, 가계 부채의 증가, 퇴직연금의 붕괴, 세금폭탄 등의 미래가 불확실한 상황에서 은퇴 후 또는 기존의 삶과 생활에 대한 새로운 대안을 찾고 있다.

삼성경제연구소에서 발표한 '생계형 자영업의 실태와 활로 보고서'에서 2011년 말 기준 자영업 부문 종사자는 662만 9천 명으로 1인당 국민소득이 비슷한 OECD 국가와 비교했을 때 229만 명이 과잉 취업해 있는 것으로 추정된다고 밝혔다. 특히 음식, 숙박업, 도·소매업, 이·미용업 등 이미 지나치게 많은 인구가 사업에 진출해 경쟁 과열된 레드오션 산업에서 영세규모로 사업하는 생계형 자영업자는 2010년 기준으로 169만 명으로 추산했다. 생계형 자영업 부분에 과다한 노동력이 투입됨에 따라 경쟁이 치열해져 종사자들은 사업부진과 소득저하에 시달리고 있다고 한다. 이는 다시 신규 자영업자를 늘리는 악순환을 낳을 수 있다고 지적하고 있다.

연구소는 농업 서비스가 생계형 자영업의 대안이 될 수 있다고 주장하며 일자리 창출 여지가 큰 사회서비스업을 활성화하고 화훼 산업 등 새로운 농업서비스를 창출해 귀농·귀촌 인구를 늘려야 한다고 조언했다. 이런 상황에서 농어촌 빈집 주인 찾기 사업단에서 2008년부터 빈집 정보를 수집하여 귀농, 귀촌 희망자를 대상으로 정보 제공과 빈집이 있는 지역을 답사하는 사업을 하고 있다.

이 일을 하게 된 배경을 보면, 첫째로, 경제 불안과 새로운 삶의 대안으로 증가하는 귀농 귀촌인의 주택 마련에 경제적인 효과를 위해서 빈집 정보를 수집하였다. 둘째로, 농어업과 농어촌을 살리기 위해 농어촌에 인구 유입이 국가와 지자체의 절실한 과제가 되었고, 셋째로, 사람이 살지 않는 빈집으로 방치될 경우 자연경관의 훼손, 안전상의 문제, 범죄 장소로 사용될 우려 등의 여러 가지 문제점을 인식하게 되었다.

이러한 문제의 해결 방안의 하나로 정보를 수집하여 귀농 귀촌 희망자에게 빈집 정보를 제공하고 있다. 수집된 빈집 정보는 농어촌 빈집 주인찾기 사업단의 공식 홈페이지(http://www.cohousing.or.kr/)에서 열람을 할 수가 있고 귀농 귀촌 희망자와 주택 소유자와 직거래 방식으로 매매, 임대가 이루어지고 있다. 직거래를 통해 과다한 부동산 수수료 및 제3자의 거래 차액을 차단하는 효과가 있다. 더 나아가 빈집을 수리할 때 귀농 귀촌인이 직접 참여하여 공사비 원가를 절감하고, 버려진 자원을 재활용하는 효과도 기대하고 있다.

빈집을 활용한 귀농 가구 수도 늘고 있다. 빈집사업단의 정보 활용을 통해 농어촌에 귀농 주택을 마련하신 분들은 새롭게 삶의 터전을 마련한 것에 안도감과 뿌듯함을 전하며 시간과 비용을 절약하게 된 것에 감사함을 표시한다. 정보를 올려놓으면 사이트를 방문한 귀농 귀촌 희망자와 사업단의 담당자와 상담을 통해서 물건의 소유자 또는 관리하시는 이장님을 소개해 드리고 희망자는 현장을 방문하여 살펴본 후 당사자 간의 거래를 하게 된다.

거래의 경우 매매보다는 임대 물건이 먼저 거래가 되고 있는데 까닭은 귀농 귀촌지로 확실한 결정을 하기 전에 많은 금액을 투자하기가 꺼려지기 때문이다. 매매 물건의 경우에 구조를 포함한 전면 수리를 요하는 경우도 있고, 수리가 별로 요하지 않는 경우도 있지만 거래 성사가 더딘 이유는 귀농 귀촌 정착지로 확실한 결정이 주저되기 때문인 경우가 대부분이다.

도시의 경우는 부동산 거래가 활발히 이루어져 투자된 고정 비용을 회수하는 데 어렵지 않은 경우가 대부분인데 농어촌의 경우 임자가 나타나기가 쉽지 않기 때문이다.

임대 물건의 경우는 대부분 도배, 장판, 전기, 수도를 연결하는 정도의 수리로 들어가 살 수 있는 집들의 정보를 제공하고 있기 때문에 많은 비용을 들이지 않고도 적응 기간을 보낼 수 있다. 매매나 임대 물건 모두 살아보고 정착지로 결정하려 하는 이유가 가장 크다. 또한 경제적으로 힘든 상황에 처한 경우에는 선택의 폭이 작아질 수밖에 없는 경우도 있다.

빈집을 활용한 주택 농어촌 주택 마련을 위해서는 지역 선정은 매우 중요하다. 현장에서 상담을 하다 보면 사람들이 가장 고민하는 것이 귀농해서 소득 창출을 무엇으로 할 것인가, 다른 하나는 어느 지역으로 가서 정착할 것인가 등이다. 지역선택의 경우 먼저 고려하는 곳들은 자연 경관이 수려하고 오염원이 적은 지역을 선택의 기준으로 생각하고 있다. 어찌 보면 지극히 당연한 생각일 것이다.

지역이 선택되면, 살 만한 집을 골라야 한다. 갈 지역이 정해지면 살 집을 마련해야 하는데 농촌경제연구원의 거주 주거 형태 조사에서는 임대주택 전월세 24%, 무상임대 16%, 임시거처(귀농인의 집 등) 6% 등 46%의 비율로 조사되었고, 장수군 조사에서는 빈집 임대 12세대 31.5%, 임시 주택 6세대 15.7%, 매매 7세대 18.4%, 신축 6세대 15.7%, 본인 소유 6세대 15.7% 등으로 조사되었다. 조사에서 나타나듯이 많은 귀농 귀촌 희망자들이 빈집을 활용하여 귀농 귀촌을 원하고 있다.

현재 빈집정보를 온비드[15]에서 통합하여 제공하고 있고, 각 지자체에서도

---

15. 농림수산식품부에서는 인터넷상에서 농어촌 지역 빈집정보를 한눈에 볼 수 있는 「농어촌 빈집정보」를 구축, 온

빈집 정보를 제공하고 있다. 그러나 매매, 임대의 조건이 확인된 빈집 정보 취득에 상당한 어려움이 있고, 빈집 소유자나 관리자를 찾기가 매우 어려운 실정이다.

농어촌빈집주인 찾기 사업단에서는 먼저 조사 지역을 선정하고 지역의 마을 이장님에게 매매, 임대 가능한 빈집이 있는가를 전화상으로 확인을 하고, 현장을 방문하여 실사를 한다. 그런데 개인이 이장님에게 직접 전화를 걸어 확인하는 작업이 실제로는 쉽지 않다. 마을 이장님들이 하는 일이 굉장히 많다. 회의도 많고 이런저런 이유로 찾아오는 사람들도 많은데 일일이 응대해야 하는 것이 꽤나 번거로운 일이다. 빈집을 찾아 마을을 방문하시는 분도 부동산 중개인보다는 이장님부터 찾기 때문에 찾아가는 사람은 한 사람이지만 안내해야 하는 이장님 입장에서는 하루에도 몇 명이나 안내해야 하는 것이다.

개인적으로 지자체의 홈페이지를 보고 찾아가는 사람들이 힘들어하는 이유가 여러 가지 있지만 물건의 주인이 외지에 나가 있거나, 정보가 올라온 지 오래되어 실제 현황이 많이 바뀌어 있고, 물건 소유자의 연락처가 제대로 파악이 되지 않고, 바쁜 이장님들은 반기지 않아 가도 제대로 살펴보기 쉽지 않기 때문이다. 아는 사람의 소개를 받든가, 발품을 팔아서 일일이 찾아다녀야

비드(www.onbid.co.kr)를 통해 서비스를 제공하고 있다. 농어촌 빈집정보 제공은 농림수산식품부가 주관하여 지자체(시도 및 시군) 및 한국자산관리공사가 공동으로 참여하여, 지자체가 빈집정보 자료조사, 입력을 담당하고 한국자산관리공사에서는 시스템 유지 등을 담당한다. 최근 귀농귀촌에 대한 도시민의 관심이 크게 증가하면서 주거마련을 위해 농어촌 지역의 빈집 정보에 대한 수요도 증가하고 있다. 이에 따라 농림수산식품부에서는 지자체와 한국자산관리공사와 공동으로 농어촌지역 빈집정보 제공 시스템을 구축하게 되었다. 향후에는 귀농귀촌을 희망하는 도시민들에게 종합적인 정보 제공을 위해 빈집뿐만 아니라, 대지 및 토지 등에 대한 정보도 추가로 제공하는 방안을 검토 중에 있다.

하는 경우는 비용과 시간이 많이 들어 이 또한 힘들기는 매한가지다. 농어촌 빈집 주인찾기 사업단은 사회적 기업으로서 공익적 성격이 있어, 지자체의 협조를 받아서 진행하므로 이장님들의 도움을 받을 수 있다.

빈집 답사회원들과 답사를 하면서 공감하는 부분은 처음 빈집을 둘러보는 회원들은 기대가 실망으로 변하는 모습을 볼 수가 있다. 서울이나 도시의 아파트, 깔끔한 주택에서 생활하다가 사람이 살지 않고 버려지고 방치된 집을 보면 어찌 보면 마뜩찮은 생각이 들기도 하겠다. 여름에 답사를 하면 집 주변의 수풀이 잔뜩 우거져 있고 마당에는 풀이 제멋대로 자라고 있어 텃밭과 마당이 구별을 할 수가 없다. 겨울에는 집에 사람이 살지 않으면 나타나는 을씨년스럽고 썰렁함이 이루 말할 수가 없다.

빈집에 실망하여 이런 곳에서 과연 살 수가 있을까. '차라리 집을 짓자'라고 생각이 드는 것도 무리는 아니다. 하지만 이때가 가장 중요한 결정을 해야하는 순간이 될 수가 있기 때문에 이렇게 생각해보기를 권한다. 먼저 머릿속으로 마을에서의 위치, 조망 등을 고려하면서 우거진 풀과 마당을 정리 정돈하고 집 주변과 집 내부를 청소했을 경우를 생각해보는 것이다.

둘째로는 위에서 말한 도배, 장판, 전기, 수도의 연결 같은 간단한 수리 정도로 당장 들어가 살 수 있는가의 판단을 해야 한다. 이장님이나 관리하시는 분에게 물어보면 대부분은 알 수가 있다. 또한 사람이 떠난 지 일 년 이내의 경우 간단한 수리만이 필요한 경우가 대부분이다.

셋째로는 전면적인 리모델링을 했을 경우 시간과 비용 등의 투자가 귀농 귀촌 목적을 고려했을 때 합당할지를 생각해봐야 한다.

넷째로는 기존의 건물을 헐고 신축의 경우에도 귀농 귀촌 목적과 위치, 조망, 마당 넓이 등을 생각하여 머릿속의 그림이 예쁘게 그려지는지 생각해봐야 한다.

이렇게 생각을 정리해보면 실망이 현실로, 현실에서 꿈과 계획을 가질 수 있을 것이다.

현장조사를 갈 때에는 물건 조사서를 가지고 다니는데 여기에는 건물의 이력과 시설물 유무, 매매, 임대의 의사 여부, 소유자의 전화번호 등을 표시한다.

집을 살펴보는 순서는 먼저 지붕의 용마루 선을 살피고, 기둥이 제대로 서 있는지 살피는 순서로 진행해야 한다. 용마루가 일직선으로 똑바로 뻗어 있으면 비가 샐 염려는 거의 없다. 기둥이 제대로 서 있으면 구조적으로 집이 안정적인 상태로 봐도 될 것이다. 다음으로는 벽체의 훼손 여부, 난방시설의 종류와 상태 등을 점검하고, 수도, 전기 등을 살펴봐야 할 것이다.

특히 화장실이 수세식인 경우도 있지만 외부에 있거나 없는 경우도 있을 수 있으니 꼼꼼하게 살펴보아야 할 것이다. 없다 할지라도 크게 걱정하지 않아도 좋은 방법들이 많이 있다.

살 만하다고 판단되는 집을 발견하였다면 이제는 계약을 하셔야 하는데 부동산을 통해서 하는 경우는 중개인이 업무를 대행하기 때문에 비교적 신경이 덜 쓰이겠지만 스스로 해야 할 경우는 미리 조사해야 할 것들이 있다.

소유자의 매매 의사나, 임대의 확인이 필요하다. 막상 계약하고자 하면 마음이 바뀌는 경우가 종종 있다. 그리고 당연하겠지만 소유자와 계약자가 본인인지 혹은 관리자가 정당한 대리인인지를 확인해야 하고, 이 경우도 토지와 건물이 동일인의 소유인지 아니면 토지와 건물의 소유자가 다른 소유인지를 꼼꼼히 따져봐야 할 것이다. 의외로 지상권만 가지고 건물을 소유하고 있을 수 있기 때문이다.

또한 무허가 건물도 많이 있다. 이 경우도 사람이 거주하는 데는 별문제가 되지는 않으나 재산권을 행사할 때 제약 요인이 될 수 있기 때문에 의사 판단에 중요한 변수가 될 수 있다.

건축물대장, 토지이용계획원 등도 미리 살펴보아야 한다. 요즘은 인터넷에서 열람 발급이 가능하기 때문에 어렵지 않다. 계약이 순조롭지 못할 경우 재산과 시간의 낭비도 문제가 되지만 사람들에게 실망하여 귀농 귀촌의 희망과 계획이 어그러질 수가 있기 때문이다.

그렇다면 농어촌 빈집의 장점은 무엇일까. 기존의 마을에 위치한 집들은 대대로 터를 잡고 오랜 기간 살고 있던 검증된 집과 집터라는 것이다. 이러한 집을 선택하면 많은 장점이 있다.

첫째, 집터 구하는 수고를 덜게 된다. 이른바 풍수라 일컫는 지세, 수맥, 방향, 바람, 볕, 물 등의 문제가 저절로 해결된다는 뜻이다. 또한 자연재해도 포함된다.[16]

둘째로는 동네 주민과의 위화감으로부터 멀어질 수 있다. 대를 이은 토박이 삶과 집성촌이 많은 시골의 기본정서와 왕왕 보수적이고 배타적인지를

---

16. 전희식, 『시골집 고쳐 살기』, 들녘 출판사, 2011년.

고려할 때 새로 이사 간 시골의 호의적인 이웃을 얻는 것이 매우 중요하다.[17]

시골은 도시와 달리 대문을 닫고 살기도 어렵지만 닫고 살아도 익명성이 보장되기 어려운 구조다. 장점이 있으면 단점이 있기 마련인데 시골살이 자체가 기본적으로는 도시의 편리함이 사라지고 몸을 끊임없이 움직여야 하는 곳으로, 불편함이 진실이 되는 곳이기도 하다. 이것을 꼭 단점이라고 봐야 할 것인가는 각자의 가치관에 따라 판단해야 한다.

다음으로 시골 집 수리는 어떻게 할 것인가. 집을 마련했으면 신축을 제외하고는 수리를 해야 하는데 간단하게 과정을 살펴보자. 본인이 직접 수리하는 것을 원칙으로 우선적으로 고려해야 할 것이고, 전문가에게는 꼭 필요한 부분만 도움을 받고, 받더라도 보조로 함께 해보는 게 좋다.

먼저 기둥을 비롯한 구조적인 부분을 튼튼히 수리하고, 지붕을 수리하는 순서로 진행해야 한다.

다음으로 벽체와 난방, 상하수도 등을 수리하고 마당이나 조경은 천천히 해도 무방할 것이다. 전기설치는 언제 해야 할까. 수리할 때 가장 많이 사용하는 게 전동 공구인데 수리하기 전에 이미 가설되어 있어야 불편하지 않게 사용할 수 있을 것이다.

귀농인들의 주택 마련에 도움을 주고자 지자체에서 수리비를 오백만 원 한도로 보조해주는 곳도 있으니 활용하면 많은 도움이 된다. 보조받을 수 있는 조건은 지자체마다 약간의 차이가 있는바 미리 알아보는 게 좋다.

마지막으로 빈집을 찾는 터전을 정하는 것도 중요하지만 그것보다 중요한

---

17. 위의 같은 책.

것은 그곳 마을 사람들과 잘 어울려 사는 것인데, 다음의 다섯 가지만 잘 지키면 어디를 가나 잘 살 수 있으리라 생각된다. 첫째로 귀농 귀촌 하실 때에는 반드시 가족과 함께 특히 부부는 함께해야 한다. 둘째로 살아 있는 생명을 소중히 하는 것이다. 셋째로 주지 않는 것을 갖지 않는 것이다. 넷째로 고운 말을 사용하는 것이다. 마지막으로는 술을 삼가는 것이다.

다음은 전기시설에 대해서 팁을 드리고자 한다. 전기를 신규로 공급하기 위하여 필요한 공사는 크게 외선공사와 내선공사로 구분된다. 전기는 한전과 고객의 일련의 전기설비가 접속됨으로써 전기사용거래가 이루어지는데 그 접속점이 곧 전기를 공급 및 사용하는 지점인 수급지점(재산한계점)이 된다.

수급지점까지의 전기 공급설비는 한전에서 시설 소유하고 수급지점 이후의 전기설비는 고객이 시설 소유하고 유지보수 하게 된다. 따라서 수급지점까지 한전에서 시공하는 전기설비공사를 외선공사라 하고 수급지점 이후의 고객이 시공하는 전기설비공사를 내선공사라고 한다.

주택을 예로 들면 전선로의 설치 및 전주로부터 인입선연결점까지의 공사가 외선공사이며, 인입선연결점에서 전기사용 장소 내의 인입개폐기에 이르는 인입구 배선 및 배전함 설치공사, 주택내부 배선공사가 내선공사가 된다. 내선공사는 고객이 전기공사업자를 직접 선정하여 시공하셔야 하고 공사비도 직접 공사업자에게 지불하셔야 하며, 외선공사비는 기본시설부담금과 거리시설부담금의 합계로 하는 표준 시설부담금을 적용한다.

전기사용의 계약종별은 토지 용도나 건물의 용도와는 별개로, 실제 전기를 사용하는 용도에 따른다. 농작물 재배에 직접적으로 영향을 주는 설비(양수기, 비닐하우스, 축사 등)에만 한정적으로 농사용을 적용하며, 이 외의 설비는 주택용 또는 일반용을 적용하고 있다. 농사용 전기는 전기사용 용도에 따라 농사용 전력(갑)·(을)·(병), 농사용 전등으로 구분하며 계약종별에 따라 전기요금을 차등 적용한다.

농사용 전력 적용대상 및 기준은 다음과 같다.

① 농사용 전력(갑)

㉮ 적용대상: 양곡생산을 위한 양수·배수펌프 및 수문조작에 사용하는 전력 등이다.

㉯ 적용기준: 양곡이라 함은 사람이 양식으로 사용하는 곡식류의 총칭(한국표준산업분류세세분류 01111 해당 산업 참고). 기타 농작물재배는 농사용 전력(을) 또는 (병) 적용한다. 농업 및 생활용수를 혼용 저장·공급하는 방조제 시설은 주된 기능을 기준으로 해당 계약종별 적용(시행세칙 제43조 [농사용 전력]참조) 한다.

② 농사용 전력(을)

㉮ 적용대상: 농사용 육묘 또는 전조재배에 사용하는 전력이다.

㉯ 적용기준: 육묘란 모종판에 식물의 싹을 심어 다른 장소로 이식하기 전까지 재배하는 것을 말하며, 씨를 심어 이를 발아시켜 모종을 만들어내는 것을 포함한다. 전조재배는 전기의 빛을 이용하여 인공적으로 농작물을 재배하는 것을 말한다. 버섯 등과 같이 음지에서 재배하는 시설작물일지라도 전조재배에 전기를 사용할 경우에는 농사용 전력(을)을 적용하나, 작물재배와 무관하게 재배장소에서 사람이 재배활동상 사용하는 조명 등에는 농사용 전

력(병)을 적용해야 한다. 농작물재배에 있어 주된 전력사용이 전조인 경우에는 농작물에 사용되는 양·배수펌프용 전력에도 농사용 전력(을)을 적용한다.

③ 농사용 전력(병)

적용대상은 농사용 육묘 또는 전조재배에 사용하는 전력이다. 농작물 재배, 축산, 양잠, 수산물 양식업에 전력을 사용하는 고객으로서 농사용 전력(갑) 및 농사용 전력(을) 이외의 고객이다. 농수산물 생산자의 농수산물 건조시설, 농작물 저온보관시설, 수산업협동조합 또는 어촌계가 단독 소유하여 운영하는 수산물 제빙 냉동시설 등이다. 농작물 재배, 축산, 양잠, 수산물양식업 고객의 해충 구제 및 유인용 전등이다. 기타 자세한 문의는 한전 사이버 고객센터 http://www.kepco.co.kr/로 하면 된다.

10. 농지구입 및
작목 선정은 신중하게

농지도 주택과 마찬가지로 처음부터 자기 땅에서 농사를 지으려고 생각하는 사람이 많을 것이다. 그러나 결론적으로 말하면 농사경험도 없는데 농지부터 마련하는 것은 현명하지 않다. 평생 집 한 칸 마련하기 급급한 도시인들이 귀농하면서 도시보다는 상대적으로 값이 싼 시골에서 땅 욕심을 내는 것도 이해는 되지만 자신의 자경능력보다 더 넓은 농지를 소유하는 것은 결국 땅에 발목이 잡히는 결과를 초래할 뿐이다.

그렇다면 농지는 구입할 것인가, 우선 빌릴 것인가에 대해 고민해야 한다. 자신에게 적합한 귀농지역을 선택한 뒤 본격적인 농지 고르기에 나섰다면 자신이 선택한 작목 재배에 적합한 토질과 환경을 갖췄는지가 중요하다. 산간지형은 약초나 친환경 보전품목 등이, 준산간지형은 낙농, 축산, 과수, 특용작물 등이 주를 이룬다. 도심근교에서는 시설원예가 일반적이고, 평야지형은 벼농사, 밭농사, 채소, 화훼 등에 쓰인다.

농지도 구입하기보다는 일단 임차해서 사용하다가 나중에 구매하는 것을 권하고 싶다. 농어촌종합정보포털(www.welchon.com)의 농지은행 메뉴나 농지은행 사이트(www.fbo.or.kr)를 이용하면 농지를 살 수도 있지만 빌려 쓸 수도 있다. 농지은행을 이용하면 임차인이 직접 임대인을 찾아다닐 필요도 없고, 임차인은 보통 5년 이상 장기임차가 가능하기 때문에 중장기적으로 영농계획을 세울 수도 있다.

<농지은행(www.fbo.or.kr) 사업소개>

구 분	내 용	비 고
농지임대 수탁사업	임대차가 허용된 농지와 노동력 부족, 고령화로 자경하기 어려운 사람의 농지나 농지에 부속한 농업용 시설을 임대 수탁받아 전업농 중심이나 신규 창업농 중심으로 임대해 임차인의 안정영농과 농지시장의 안정을 도모.	

농지매도수 탁사업	농지매도 희망자와 농지처분명령 유예제도 도 입에 따른 매도 희망자의 농지를 수탁받아 전업 농 등에게 매도하도록 해 영농규모를 확대하고 농업구조 개선을 촉진.	
경영회생지 원사업	자연재해나 농산물 가격하락 등으로 경영 위기 에 처한 농가의 농지나 농업시설물을 매입해 그 매각대금으로 부채를 상환하도록 도와주는 것. 또한 공사가 매입한 농지 등은 당해 농가에 장기 임대하고 임대기간 중에는 우선매입권(환매권) 을 보장.	[13년까지 시행되고 만료되는 사업] 농지매매사업 　경자유전실현 및 전업농업인의 육성을 위하 　여 농업인이 아니거나 전업(轉業) 또는 은퇴 　하려는 농업인 등의 소유농지를 한국농어촌
농지매입비 축사업	농지 매도에 어려움을 겪고 있는 고령 농업인 등 의 농지를 농지은행이 매입하여 원활한 영농은 퇴 및 이농 등 지원. 농업진흥지역 안 생산기반 여건이 우량한 농지 위주로 매입하고 개발계획 구역 · 예정지 내의 농지 등은 제외.매입농지는 보유를 원칙으로 하며 전업농육성대상자, 후계 농업경영인 등에게 장기 임대하여 농지 이용의 효율화 도모.	공사가 매입하여 영농규모를 확대하고자 하 는 전업농육성대상자 등에게 매도. 농지임대차사업 　전업 또는 은퇴하고자 하는 농가 등으로부터 　장기 임대한 농지와 공사소유농지를 전업농 　또는 농업법인에게 장기 임대함으로써 영농 　규모 확대.
과원규모화 매매사업	비농가, 전업 또는 은퇴하고자 하는 농가와 비농 업 법인소유 과원을 매입하여 과원규모를 확대 하고자 하는 과수농가에게 매도함으로써 과수 재배농가의 경쟁력 제고.	농지교환 · 분합사업 　농지의 집단화를 통한 영농의 능률화를 촉진 　하기 위하여 농업인(농업법인) 간의 농지의 　교환 또는 분리 · 합병에 필요한 자금을 공사 　가 지원.
과원규모화 임대차사업	전업 또는 은퇴하고자 하는 농가 등으로부터 장 기 임대한 농지를 과수재배농가 또는 농업법인 에게 장기 임대함으로써 과원영농규모 확대.	
농지연금	만 65세 이상 고령농업인(배우자 포함)이 농지 를 담보로 연금을 지급받는 제도. 노후생활자금 이 부족한 분들이 소유하고 계신 농지를 맡기고 안정적으로 노후자금을 받으실 수가 있음. 또한 매달 연금을 받으면서 담보로 맡기신 농지를 직 접 경작하거나 임대해 추가 소득도 얻을 수 있음.	

다음은 농지 관련 궁금증 해결을 위해 현실에 부딪치는 농지 팁을 드리고 자 한다. 먼저 '농어업경영체등록'에 대해서 알아보고자 한다. '농어업경영 체등록'이란, '농어업경영체 육성 및 지원에 관한 법률' 제4조에 따라 농어업 경영체가 농지축사원예시설 등 생산수단, 생산농산물, 생산방법 및 가축사 육 마릿수 등 농업경영 관련 정보를 스스로 등록하고 관리하는 제도로 2009 년 10월 2일부터 시행하고 있다.

'농어업경영체 대상 농업인'은 농업을 경영하거나 이에 종사하는 자를 말 하며, [농어업 농어촌 및 식품산업기본법 시행령] 제3조 제2호 가목에서 규 정하는 다음의 어느 하나에 해당하는 사람을 말한다.

① 1천 제곱미터 이상의 농지(「농어촌정비법」 제98조에 따라 비농업인이 분양 이나 임대받은 농어촌 주택 등에 부속된 농지는 제외한다)를 경영하거나 경작하는 사람이다.

② 농업경영을 통한 농산물의 연간 판매액이 120만 원 이상인 사람이다.

③ 1년 중 90일 이상 농업에 종사하는 사람이다.

④ 농어업경영체 육성 및 지원에 관한 법률 제16조 1항에 따라 설립된 영 농조합법인의 농산물 출하, 유통, 가공, 수출 활동에 1년 이상 계속하여 고용 된 사람이다.

⑤ 농어업경영체 육성 및 지원에 관한 법률 제19조 1항에 따라 설립된 농 업회사법인의 농산물 유통, 가공, 판매활동에 1년 이상 계속하여 고용된 사 람이다.

※ 농업인 기준 및 확인방법 등에 관하여 다른 법령 · 훈령 · 예규 · 고시

등에서 달리 규정할 경우에는 농업인 확인서 발급을 제한하며, 농업인 확인서 발급규정 고시에 따라 농업인 확인을 신청하기 위해서는 관련 법령·훈령·예규·고시 등에 근거가 있어야 한다.

농어업경영체등록은 반드시 해야 하는 의무사항은 아니며, 농업인의 자유의사에 따라 등록하면 된다.다만, 등록을 하지 않은 경우 [농어업 경영체 육성 및 지원에 관한법률] 제8조에 의해 농어업경영체 육성 및 소득안정 등을 위한 각종 지원의 전부 또는 일부를 제한받을 수 있다. 즉, 농업용 면세유 지원사업 등을 포함해 농림정책사업의 혜택을 받으려면 농어업경영체 등록이 필요하다. '12년의 경우, 39개 농림정책사업과 연계하여 지원을 하고 있으며, 점차 농림사업 전반으로 확대해나갈 계획이다.

농어업경영체등록을 하시는 경우 추후 도입될 예정인 농가단위 소득안정직불제의 혜택을 받으실 수 있다.

이어서 '농지원부'의 장점과 작성요령을 알아본다. '농지원부'의 유익한 점으로는 ① 농업인으로 추정, 농업인 자격 요구 시에 그 원부 사본을 제출하면 된다. ② 농어촌 출신 대학생자녀 장학금 지원 시 신청서류로 쓰인다. ③ 농업용 유류 구입 시 일정량 면세 등이 해당된다.

농지원부의 발급 및 작성 요령은 다음과 같다.

① 농업에 종사하면서 '농지원부'가 없는 경우는 다음과 같이 하면 된다.

㉮ 신청방법: 신청서 작성 후 거주지 읍면동 사무소 산업계에 제출한다.

㉯ 구비서류: 농지원부 등록신청서/주민등록증 등이다. (농지 자경증명을 발급받아 올 경우 위 서류는 필요 없다)

② 임차농의 경우는 다음과 같이 하면 된다.

㉮ 신청방법: 동사무소 산업계에 신청한다.

㉯ 구비서류: 임대차계약서 1부, 토지이용계획확인원, 지적도, 토지대장, 등기부등본 각 2통 등이다. 거주지에서 신청을 하면 토지 소재지의 읍면동 사무소에 의뢰를 하여 토지 소재지의 산업계 담당과 이장이 동행하여 현장 실사를 한다. 사실일 경우 농지원부를 발급받을 수 있으며, 거짓의 경우 발급 이 안 된다. 거주지 읍면동 사무소에서 발급받는다.

〈농지 취득 자격증명 신청 시 확인사항〉

구 분	내 용
농지취득자격증명 발급 가능 여부 확인	* 농업경영 목적으로 취득 시 통상적으로 영농이 가능해야 함.
농지취득자격증명발급 가 능 여부 확인	* 등기부등본상의 소유자와 동일인인지 여부 * 등기부등본 확인: 가등기, 근저당권, 지상권 등 설정 여부 * 등기부 등본을 제시할 경우 발급일자 확인: 인지가 붙어 있는 날짜 확인 – 발급일자와 계약체결일 사이에 다른 물건이 설정될 수 있음. * 계약서 작성 시 실제 내용과 대조 * 토지이용계획확인서 확인 * 현장 답사(농 · 수로 등 수리시설, 침수지역 여부, 농기계 진입로, 주위 여건) * 산담 시불 진 등기부등본 제확인: 이중계약, 저당권 설정 등 확인

농지 취득자격증명서 발급을 위한 제출서류는 다음 여섯 가지다.

① 농지취득자격증명신청서

② 농지에 관한 농업경영계획서

③ 주민등록등본(농지의 소재지와 거주지가 다른 경우)

④ 법인등기부등본(법인의 경우)

⑤ 농지원부 등본(해당자에 한함)

⑥ 농지취득 인정서(해당자에 한함)

농지 취득자격증명서 발급절차 및 현장실사, 확인사항은 다음과 같다.

① 발급절차

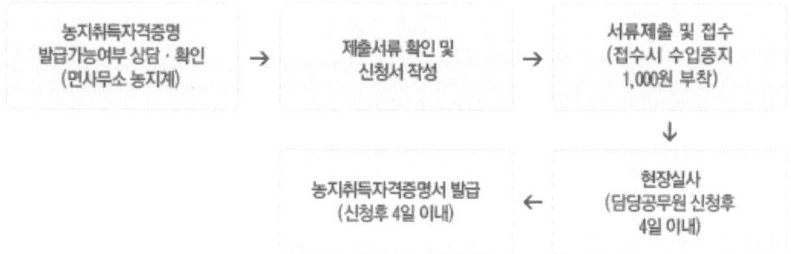

② 현장실사에서 확인·점검 사항

농지계의 담당공무원이 농지확인자격증명서를 신청한 농지를 실사할 경우 다음과 같은 사항을 확인하게 된다.

구 분	내 용
확인사항	① 취득 대상 농지의 면적 확인 신규로 농업경영을 하고자 하는 경우 * 시설(온실, 버섯재배사, 비닐하우스)이 설치되어 있거나 설치하고자 하는 농지 여부–330㎡ 이상 * 시설을 설치하지 않은 일반 농지(벼농사, 밭농사 등) 여부–1,000㎡ 이상 기존에 농지원부가 있는 농가는 최소면적에 대한 규정 제한 없음. 농업인이 아닌 일반인이 주말체험형 영농 목적으로 농지를 취득하고자 하는 경우에는 신청 당시에 소유하고 있는 농지의 면적에 새로 취득하고자 하는 농지의 합산 면적이 1,000㎡ 미만일 것 ② 농업경영에 이용할 노동력 및 농기계, 장비 등의 확보 여부 또는 확보 방안 확인 ③ 소유 농지의 이용실태 확인(농지를 이미 소유하고 있는 자의 경우) 소유농지의 전부를 타인에게 임대 또는 사용하거나 농작업의 전부를 위탁하여 경영하고 있는지 여부 ④ 경작 또는 재배하고자 하는 농작물, 다년생 식물의 종류 확인 ⑤ 농작물의 경작 또는 다년생 식물의 재배지 등으로 이용되지 않는 농지의 경우는 농지의 복구 가능성, 취약한 토지 상태 활용 가능성 확인 지목상 농지이나 현재 다른 용도로 사용되고 있어 복구 계획이 필요한 경우 농업경영계획서 특기사항 난에 복구계획서를 포함한 영농계획서를 구체적으로 작성 제출 ⑥ 신청자의 연령 · 신체적인 조건 · 직업 또는 거주지 등 영농 여건
등기 시 유효사항	* 인감증명(6월), 기타 토지대장, 건축물대장 등 서류(3월) * 농지취득자격증명과 토지거래허가증은 별도의 유효기간이 정해져 있지 않으나 일반원칙에 의해 너무 오래되었다고 판단(의심)할 경우 재발급 신청할 수 있음.

토양정보 등 작목의 올바른 선택을 위해 확인할 사항은 다음과 같다.

선택작목에 따라 정착지의 위치가 크게 달라지는데, 예를 들어 과수나 축산 등을 할 경우는 준산간 지역을, 시설원예와 같은 집약 생산 작목을 할 경우에는 도시 근교를, 벼농사를 할 경우에는 평야 지역을 정착지로 선정하는 것이 바람직하다.

① 산간지 지역: 친환경 보전 품목 및 약초, 관광농업, 휴양 관련 위주의 작목

② 준산간 지역: 낙농, 축산(한우), 과수, 특용 등

③ 도심근교 지역: 시설원예와 같은 집약 생산 작목

④ 평야 지역: 벼농사, 채소농사, 밭농사, 화훼 관련 작목

지형적인 특성도 중요하지만 그 지역 기후와 토양적인 특성을 제대로 파악하고 있어야 자신이 정한 작물에 맞는 농지인지 결정할 수 있다. 단, 금산, 풍기, 강화(인삼)와 전남 보성(녹차)지역 같은 기후나 토양의 특수성을 고려해야 하는 곳은 유의하자.

① 강원도: 고랭지채소

② 전라남도: 시설재배

③ 전라북도: 논농사

④ 경상도: 밭농사

⑤ 충청도: 노지채소

자신이 선택한 작목재배에 적합한 토질과 환경을 갖추었는지 또한 필수 체크사항이다.

⑥ 고도, 방향, 보습력, 물 빠짐, 비옥도, 물(농수) 확보성, 농로접근성, 농기계작업의 용이성, 경사도, 풍수해 피해 여부 등

토양정보를 확인하려면 농촌진흥청에서 운영하고 있는 흙토람을 방문해 보자.

11. 농기계은행을 통한 농기계임대 방법 고려

농업기계 임대방법은 다음과 같다.

정부와 지자체에서 적극적으로 농가의 영농 효율성을 증진시키고자 농기계 은행이라는 제도를 통해 지원하고 있다. 농기계 구입이 어려운 농가 중심으로 농기계를 구입, 임대하여 줌으로써 구입비 부담해소와 농작업기 공동활용으로 농기계 이용률 증대로 농가의 영농비 절감과 경쟁력 향상에 큰 보탬이 되고 있다. 각 시·군 농업기술센터에 문의하면 된다.

〈농업기계 임대절차〉

구 분	내 용
임대 시	* 농업기술센터에 농기계 임대 문의가정 또는 작업현장에서 전화, 농기계은행 홈페이지로 사용할 농기계의 임대가능 여부와 임대비용을 문의 확인 * 농업기술센터 방문 신청접수 및 임대비용 납부, 사용허가임대비용은 인터넷뱅킹 계좌이체나 인근 농협, 우체국 등에 입금사용신청서, 기계류 사용허가서, 임대계약서, 임대농기계 사용각서 등 작성 제출하여 신청 (담당은 신청인에 대해 농업인안전공제 가입 여부와 사용면적 등을 확인 후 허가) * 농기계 출고임대할 농기계의 이상 유무 확인 및 안전사용 교육 후 출고 * 영농작업안전규회을 준수하며 농사현장에서 농기계 사용 작업 * 농기계 반납(입고)세척 및 농기계 이상 유무 확인 후 반납(입고) ☞ 농기계 임대 사용일수는 통상 2일 이내☞ 출고시간: 사용당일 오전 9시/ 반납시간: 예약 만료일 18시까지

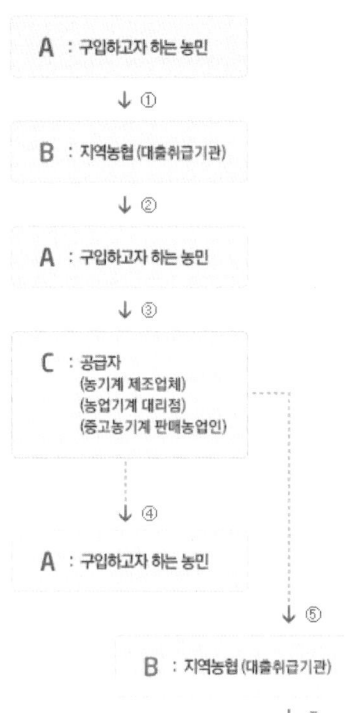

① 융자신청

② 융자지원의 적정여부 및 자부담금 납부
(농민이 공급자 통장에 입금) 확인,
융자대출수속필증확인서 교부

③ 융자수속필 확인서 공급자에 제출,
농업기계 인수일자·장소 통보
 - 농민은 융자금지불위임장과 기대인수
   확인서를 공급자에게 제출

④ 농민이 지정하는 장소에서
농업기계 인도·인수
 - 대출취급기관은 융자지원 신청
 - 농업기계와 공급한 농업기계의
   일치여부를 현지 확인

⑤ 융자금 지급 요청
(융자금지불위임장 및 기대인수확인서 첨부)

⑥ 대출실행

농기계류에 대한 지방세특례제한법 내용은 다음과 같다.

제7조(농기계류 등에 대한 감면) ① 농업용(영농을 위한 농산물 등의 운반에 사용하는 경우를 포함한다)에 직접 사용하기 위한 자동경운기 등「농업기계화 촉진법」에 따른 농업기계에 대하여는 취득세를 면제한다.

② 농업용수의 공급을 위한 관정시설(管井施設)에 대하여는 취득세와 재산세를 면제한다.

12. 마을 사람들과 정겹게 지내는 연습

성공적인 귀농이란, 그 마을 사람이 되는 것이다. 귀농은 마을과 유리된 전원생활과 다르다. 마을 사람이라는 인정을 받기 위해서는 일차적으로 겸손하고 성실해야 함은 물론이고, 마을 주민들과의 화합이 중요하다. 귀농 후 귀농인들이 가장 어려워하는 점은 무엇일까. 예상외로 현지 주민들과의 소통 어려움을 꼽는다. 농촌에서는 누가 마을에 들어오고 나가는지, 또 집집마다 무슨 일이 있는지, 심지어 도회지에 나간 자식이 어떤 선물을 들고 오는지도 다 안다. 그만큼 개방적으로 사는 것이다. 농촌마을에 귀농해 살면서 찾아오는 도시인과 접촉만 하고 마을 사람들의 경조사나 마을 활동행사에 참여하지 않으면 왕따당하는 것은 불을 보듯 뻔하다. 마을에서 외톨이가 되면 어느 정도는 견딜 수 있겠지만 잦은 분쟁과 갈등으로 오래 버티지는 못한다. 그러므로 이왕 귀농을 결정했다면 농촌의 마을단위 문화와 도시의 개인주의적 문화의 차이를 재빨리 깨닫고 서로 상생하도록 노력해야 한다.

농촌은 도시와 달리 집단성이 강하다. 그럼에도 불구하고 농민들은 순박하고 정이 많다. 먼저 다가간다면 따뜻하게 맞이해줄 것이다. 벽을 쌓지 말고 먼저 다가가라. 의외로 그 문제에 있어 해답은 간단하다. 특히 귀농을 하게 되면 농지나 정책자금에 관련된 여러 정보를 갖고 있는 기득권자인 마을 이장이나 군청직원들과 소통하지 않고서는 혜택을 받기 어렵다. 또 생산자

조직인 작목반이나 영농조합법인, 농업회사법인, 농협조합원 등에 가입하지 않고서는 농사기술이나 유통과 관련된 정부의 각종 사업 혜택에 접근하기 어렵다. 따라서 기존의 영농조직을 잘 활용하여 모임에 잘 참여하고 인적 네트워크를 잘 구성하기 위한 노력이 뒷받침되어야만 성공을 보장받을 수 있다.

그런 의미에서 농촌마을의 철학이라 할 수 있는 공동체 의식과 협동문화에 대한 두 가지 팁을 드리고자 한다.

첫째, 공동체 의식에 대한 철학이다. 사회가 전보다 재화와 서비스를 많이 생산한다 하더라도 그것을 소수 몇몇이 독차지한다면 그 외의 사람들에겐 경제성장이 아무런 의미가 없다. 그래서 경제를 얘기할 때는 늘 기회비용을 따진다. '한 나라의 가장 중요한 경제자산은 국민이다. 국민을 피폐해지도록 버려둔다면 아무리 큰돈도 그 나라 경제의 파멸을 막을 수 없다.' 산업화된 현대 농업의 부작용을 바로잡는 데 생을 바쳐온 미국의 농부작가인 팔순의 웬델 베리(Wendell Berry)가 한 말이다.

그가 살고 있는 미국 땅은 세계 최강의 농업국가가 되었지만 그 이면에는 시장경제의 유입으로 농촌공동체를 파괴하는 고통으로 크게 몸살을 앓고 있다. 산업화된 현대 농업의 부작용을 바로잡는 데 생을 바쳐온 그의 고민은 아쉽게도 해결될 기미가 보이지 않는다. 공동체 의식의 파괴는 갈수록 더 커지는 구도가 고착되고 있기 때문이다.

공동체의식의 산실인 한국 농촌도 지금은 예외가 아니다. 본래 우리 사회는 두 축을 가지고 있다. 미국 중심의 시장 경제적 도시사회와 촌락공동체적 농촌사회가 그것이다. 이러한 이질적 사회구조를 통하여 한편으로는 미국사상이 유입되고 있고, 다른 한편으로는 전통사상이 자리하고 있다. 이런 가운데 공동체중심의 전통사상보다는 시장경제로 포장된 미국사상이 우리 사회를 강하게 짓누르고 있다.

문제는 시장경제에 대한 우리들의 태도이다. 시장경제를 단순한 미국사상으로 이해하지 않고, 우리 것은 버리고 반드시 수용해야 하는 사상으로 이해하려고 하는 태도가 문제다. 시장경제를 주장하는 사람들은 미국사상은 자유와 평등을 기초로 하기 때문에 자유롭고 합리적이라고 생각한다. 그렇기 때문에 편리하다고 생각한다. 그래서 미국사상은 편리해지고 싶어 하는 동물적 인간의 본능을 통해 모든 사람에게 손쉽게 받아들여지고 있다. 결국 편리함만을 추구하려는 사회의식이 편리함에 바탕을 둔 미국사상의 유입을 촉진시키고 있다.

이런 미국사상의 확산은 한국농촌의 공동체의식을 해체시켰다. 사실 지금까지 우리 생활 속에서 전통과 문화를 지켜주던 것은 공동체 의식이었다. 공동체 의식 때문에 우리의 전통과 문화가 지켜질 수 있었다.

역사적으로 공동체 의식은 농업과 농촌에 의해 유지되고 계승되어 왔다. 예부터 농촌사회는 자신을 유지하기 위해 전통을 지키고, 질서를 존중하는 의식이 강했다. 그 때문에 우리의 전통과 문화는 잘 계승되고 보전되었다. 지금 우리의 전통과 문화가 무너지고 있는 것은 바로 우리 생활 속에서 전통을 지켜주던 농업과 농촌이 멀어지고 있기 때문이다. 한마디로 농촌 내부에서조차도 시장경제적 요소가 침투하여 농촌이 비농업화(非農業化)되어 가고 있다.

이런 비농업화는 도시 속에서는 더더욱 심하다. 우리나라 도시는 아직까지도 내면적으로 농업이나 농촌과 깊은 관련이 있다. 하지만 도시민의 생활은 농업적이지도 또 농촌적이지도 않다. 식생활만 봐도 그들은 신선한 농산물 식단보다는 서구적 가공식품을 즐기고, 한식당보다는 레스토랑을 더 많이 찾는다. 여가생활도 마찬가지다. 농촌의 팜스테이보다는 서구화된 놀이공원을 더 많이 찾는다. 이처럼 도시민은 농업·농촌과 깊은 관련을 갖고 있으면서도 생활 자체는 농촌과 멀어져 있다. 사실 미국이 다시 되살리고 싶어 하는 중소 농가의 비율이 한국은 66%에 이른다. 대부분 가족농 중심의 생계형 농업이다. 하지만 너 나 할 것 없이 농업의 산업화를 부르짖는다. 기계화를 통해 노동중심 농사를 벗어나자면서 대기업의 농업 진출을 허용하고 있다.

물론 피할 수 없는 조류이기는 하나, 자칫하면 웬델 베리의 호소와는 반대로 자신의 욕심을 채우기 위해 쉽게 남을 밀쳐버리는 삭막한 세상을 앞당길지도 모른다. 이는 서로 돕고 의지하는 공동체의 파괴로 이어질 뿐만 아니라, 한국 농촌이 가진 또 하나의 강점을 순식간에 앗아갈 우려도 있다. 이제는 경제를 비추는 거울이 '시장지향성 경제지표'에서 '공동체지향성 경제지표' 쪽으로 가도록 노력할 때다. '시장경제적인 잣대로만 모든 것을 가늠하는 순간, 다른 생명들의 고통을 무시하기 쉽다'라고 말한 웬델 베리의 충고를 되새겨 봐야 할 때이다. 그리하여 농촌의 '공동체 의식'을 새롭게 조명하고 경제의 큰 줄기에서 농촌공동체 의식을 깨뜨리는 '농촌경제의 시장화'를 경계해야 한다.

둘째, 협동문화에 대한 철학이다. 코르니게라는 아카시아나무가 있다. 이 나무는 개미가 내부에 들어가 사는 특별한 조건을 통해서만 살아가는 소관목이다. 이 나무가 꽃을 피우기 위해서는 개미의 보살핌과 보호가 필요하다.

또 이 나무는 개미를 유인하려고 수년에 걸쳐 진짜 개미집으로 바꾸어간다. 모든 가지는 속이 비어 있고, 그 비어 있는 나무속에 오직 개미의 주거편리를 위한 거실과 룸이 갖추어져 있다. 그뿐이 아니다. 룸에는 일개미와 병정개미에게 먹잇감으로 만점인 하얀 진딧물이 서식한다.

그러니까 이 나무는 자신의 몸 전부를 개미를 위한 주택과 숙식을 제공하는 셈이다. 그 대신 개미는 코르니게를 지키기 위해 스스로의 의무를 다한다. 개미는 가지각색의 애벌레와 외부에서 침입하는 진딧물, 민달팽이, 거미, 그리고 나무의 성장을 방해하는 나무좀 등을 퇴치해준다.

또 나무에 기생하려는 덩굴식물을 아침마다 위턱으로 잘라내기도 하고, 마른 잎을 자르고, 이끼를 긁어내며, 소독효과가 있는 자신의 침을 이용하여 나무가 병들지 않도록 보살핀다. 그러면서도 하얀 진딧물만은 공격하지 않는다. 하얀 진딧물은 코르니게라는 나무에 별로 해를 입히지 않으면서 많은 분비물을 내는데, 이 분비물은 개미들을 먹여 살리는 필수 양식이기 때문이다.

이를 통해 개미와 진딧물은 더할 나위 없이 좋은 나라에서 상생하며 살아간다. 개미 덕택에 코르니게라는 다른 나무들의 그늘을 빨리 벗어나 그 나무들을 굽어보면서 직접 햇빛을 받아들일 수 있게 된다. 이런 협동을 통해 식물과 동물의 상생은 이어진다. 드물긴 하지만 우리는 식물과 동물 사이에 그렇게 상생이 이루어지는 것을 발견할 수 있다. 한곳에 붙박여 사는 식물이 어떻게 지극히 동적인 동물의 세계에서 자기 문제의 해결책을 찾아낼 수 있었을까, 개미를 공생의 파트너로 삼은 코르니게라는 그야말로 장수의 비결을 알고 있는 셈이다.

2004년 6월 이후 국내외에 반향을 불러일으킨 1사1촌 운동은 이미 범국민운동으로 자리 잡았다. 농협에 따르면 최근 1사1촌 결연 실적이 9,515건, 연 교류인원은 200만 명에 이른다. 현재 기업들만 3,974개가 참여하고 있을 만큼 교류 활성화지수도 높고, 결연에는 학생이 주축인 1교(校)1촌 사례 853건도 들어 있다. 이 밖에 중앙과 지방정부, 소비자단체, 사회종교단체 등도 한마음으로 동참하고 있다.

작년도 교류금액만 해도 800억 원에 달한다. 1사1촌 운동은 별다른 대안이 없던 농촌 문제를 '도농 상생(相生)'이라는 슬로건으로 접근해 도농교류의 한국형 모델로 자리 잡았다.

굳이 '도농상생'이라는 거창한 구호를 외치지 않아도 도시와 농촌은 서로 다른 둘이 아니라 함께 껴안고 가야 할 하나임을 잘 알고 있다. 1사1촌 운동을 통해 도시와 농촌, 기업과 마을이 함께하려는 노력이 줄을 잇고, 도시와 농촌이 함께 살아가는 터전임을 깨닫는다면 어려움은 반드시 극복할 수 있다.

서로 다른 두 생물이 서로에게 이익이 되거나 또는 특별한 피해를 주고받지 않는 상태에서 접촉하며 같이 살아가는 방식을 공생 또는 상생이라고 한다. 그러나 이에 반해 한쪽에게는 이익이 되지만 다른 한쪽은 피해를 보는 경우를 기생이라고 한다. 그런 의미에서 나무 한 그루와 많은 개미들의 1사 다촌의 협동관계는 우리에게 시사하는 바가 크다.

동식물이 서로 공존하며 사는 방법에도 질서와 양심이 있고, 반대로 그 질서와 양심을 깨뜨리는 파괴적인 생태계도 본다. 하물며 사람이 사는 사회야 더 말할 나위가 없다. 그런 의미에서 나무와 개미들의 협동경제학은 그들의 상생관계를 통해 참다운 인간의 삶에 대한 본질을 깨우쳐주고 있다.

근래 1사1촌 운동이 시들하고 있다. 농촌이 뿌리라면 도시는 꽃으로, 뿌리가 마르면 꽃은 시들 수밖에 없다. 이제는 공동체 유지활동의 모범인 1사1촌 운동을 1사다촌 운동으로 확대시켜야 한다. 단순한 립 서비스가 아닌 구체적인 협동경제학이 담긴 운동으로 말이다.

13. 귀농인의 마을 해설사로서의 역할[18]

1) 스토리텔링은 경쟁력의 필수

사랑은 언제나 목마르다. '2% 부족할 때……, 두 주인공의 숨겨진 사랑 이야기가 궁금하면 인터넷 창에 2%를 쳐보세요.' 몇 해 전 인기를 얻었던 어떤 과즙 음료의 TV 광고 내용이다. 당시 많은 시청자들은 광고 속에 숨겨진 사

---

18. 해설사의 3대 핵심역량(지식, 스킬, 가치)과 3대 미션(새롭게, 뜨겁게, 신 나게).

랑 이야기에 대단한 관심을 보였고 동시에 음료의 매출도 급상승했다. 문화는 이렇게 스토리텔링으로 태어난다고 해도 과언은 아니다.

영화 〈장화 홍련〉, 〈엽기적인 그녀〉, 게임 〈리니지〉, 드라마 〈겨울연가〉, 〈대장금〉, 〈대조영〉 등 뛰어난 스토리 상품들이 해외로 팔리고 있다. 이는 모두가 탄탄한 '스토리텔링'을 기반으로 해서 만들어졌기 때문이다. 스토리텔링이 새롭게 주목받는 이유는 디지털시대의 문화산업의 규모가 급속도로 커지면서, 주요 콘텐츠의 성공을 좌우하는 것이 바로 '스토리'이기 때문이다. 스토리텔링은 이렇게 문화기술과 결합하면서, 모든 장르를 아우르는 상위범주가 됐다. 급기야 인터넷을 통해 누구라도 문자, 영상, 소리를 통해 스토리텔링을 구현하게 됨으로써 스토리텔링은 산업을 넘어서 개인과 사회에 있어 중요한 소통의 방식으로 자리 잡고 있다.

본래 스토리텔링은 스토리(story)와 텔링(telling)의 합성어로 '이야기하기'라는 뜻이다. 여기서 스토리텔링은 사람 사는 이야기 등을 그냥 담화하는 것이 아니라, 생산자에 의해 창작되거나 기존에 있던 이야기를 수용자의 욕구 충족을 위해 효과적으로 가공해 '이야기'로 풀어주는 작업이다.

스토리텔링은 또한 '사람 사는 이야기'를 고객의 욕구 충족을 위해 효과적으로 가공해 '이야기'로 풀어주는 작업이다. 스토리와 정보, 지식을 총체적인 의미의 '이야기'로 묶는다면 스토리텔링이란 결국, 원형이 되는 어떤 이야기를 타인에게 전달하는 담화의 방식, 또는 담화 과정이다.

예컨대 스토리텔링을 계발하려는 노력은 올바른 전통문화에 대한 이해에서 시작되는데 전통음식의 경우 음식과 관련된 서사, 즉 스토리텔링이 될 수 있는 역사적 배경과 그 내용을 심도 있게 연구하는 것이 가장 기본이 돼야 한다. 즉, 음식은 인류와 역사를 같이해 왔기 때문에 오색(伍色), 오감(伍感), 오미(伍味), 우주론, 음양오행설, 자연 등 음식과 관련된 이야기는 무궁무진하다는 뜻이다.

이제 유비쿼터스시대의 도래가 확실한 만큼 문화산업의 중요성이 더욱 커질 것은 분명하다. 따라서 문화산업의 발달에 따라 스토리텔링의 필요성은 더 이상 강조할 필요가 없다. 기술은 어떤 콘텐츠를 만들어도 남아 있지만 스토리는 계속 새롭게 생산돼야 한다.

2) 방문객 만족은 무엇인가

방문객 만족은 관광활동의 궁극적 목적이라고 할 정도로 중요한 개념이라 할 수 있다. 방문객 만족은 개념적으로 방문객이 기대했던 방문지와 방문성과 측면에서 방문의 투자비용과 편익을 비교한 결과라고 할 수 있으며 조작적으로는 여러 제품의 속성에 대한 편익함으로 특정될 수 있는 태도라고도 할 수 있다.

방문객 만족은 방문자의 방문 전 기대와 방문성과와의 일치 여부 과성에서 형성되는 소비자 태도라고 할 수 있다. 방문객 만족에 관한 기존의 연구결과에 따르면 방문객 만족에 대한 접근방법은 두 가지 측면으로 나타나고 있는데 하나는 방문경험에서 발생한 결과를 중점으로 두는 것이며, 다른 하나는 평가과정에 초점을 두고 있는 것이라고 할 수 있다.

방문객 만족의 개념은 관광 체험의 후속단계를 대표하는 심리적 구성개념으로 방문객들의 요구에 부합하여 만족하게 될 관광에 대한 요구와 동기, 경험의 유형 등을 인지하는 것으로 가정하고 있으며, 방문객들은 만족, 충족된 심리적 성과 등을 정확히 판단할 수 있다는 것을 의미하고 있다.

방문객 만족은 관광체험 이전에 가졌던 기대나 요구에 대한 관광 체험 후에 느끼는 감정의 상태로 요약할 수 있다. 즉, 방문객 만족은 개인이 선택한 여가 활동에 참여한 후에 형성되는 긍정적 감정이나 인지의 정도라고 할 수 있으며, 또한 방문객 자신이 관광 체험 총체에 대한 사후 이미지를 평가하는 것으로 관광 체험에 대한 일종의 태도로서 관광 경험의 평가 결과 긍정적인 감정의 상태로 정의할 수 있다.

방문객 만족은 관광 상품, 서비스의 구매와 관광 활동 참여가 관광객 자신의 경험을 근거로 하고 있으며, 방문객이 관광 활동 참여에 있어서 얻을 수 있는 행동에 대한 기대수준과 실제로 얻어진 지각수준과의 비교·평가에 의해 생긴 주관적인 심리상태이다. 방문객들은 다양한 태도, 성향, 욕구를 가지고 있으므로 관광지에서 방문객이 지각하는 정도가 다르며, 만족에 영향을 주는 요인들도 다르게 나타난다.

방문객 만족에 대한 개념은 학자마다 제각기 다른 관점에서 규명하고 있으나 몇 가지 공통점을 찾아볼 수 있는데 이를 요약하면, 만족이란 서비스 또는 재화를 구매, 소비하는 과정에서 경험하게 되는 제품의 결과에 대한 개인적 차원에서의 총체적이고 주관적·심리적인 평가라고 할 수 있다.

방문객 만족은 개념적으로 방문객이 기대했던 관광지와 방문 성과 측면에서 방문의 투자비용과 편익을 비교한 결과라고 할 수 있다. 즉, 방문객 만족은 관광지의 방문 전 기대와 방문 성과와의 일치 여부 과정에서 초점을 두고 방문객 만족에 대한 개념을 정의할 수 있다. 즉, 방문객 만족은 관광자의 방문 전 기대와 방문 성과와의 일치 여부 과정에서 형성되는 소비자태도라고 할 수 있다.

마을관광지에서의 해설서비스만족을 높이기 위해 가장 우선적으로 고려되어야 하는 해설사 구성요인은 진행능력과 신뢰성으로 해설서비스 청취자들이 해설사의 해설을 진행하는 목소리의 자신감, 목소리의 빠르기, 진행의 유연성 등과 해설사가 지닌 성실하고 정직해 보이는 모습에 대해 지각하는 정도가 해설서비스에 대한 만족을 좌우한다. 그러므로 해설사의 자질을 향상시키기 위한 교육에서 관광자원에 대한 전문지식의 증대뿐 아니라 해설사의 해설태도와 테크닉을 강화하는 교육이 필요하며 지역문화 및 역사에 대한 교육에 지나치게 치중하기보다는 '해설안내기법' 또는 '기본소양교육'의 강화가 필요하다. 마을관광지 해설사의 전문성, 신뢰성, 외적 호감성 등을 청취자들이 지각할 수 있도록 하는 노력이 필요하며 관광객의 지각을 돕기 위해 기술적으로는 해설사의 전문성과 신뢰성을 밝혀줄 수 있도록 해설 경력이나 전문교육을 받은 사실을 전문 해설사에 대해 공신력 있는 기관의 인증을 나타내는 표찰을 착용할 수 있도록 해야 한다.

그 외에도 오감을 자극시키고 만족시킬 수 있는 매체를 사용하고 해당 매체를 능숙하게 다루는 것이 해설서비스만족을 증대시키는 데 도움이 될 수 있음을 보이고 있다. 매체의 경우에는 시각과 청각을 모두 활용할 수 있는 다양한 매체를 좀 더 적극적으로 사용하여야 해설서비스에 대한 만족을 높일 수 있다.

3) 해설사의 이미지

마을자원해설의 목적은 방문자의 만족, 자원관리, 이미지 개선에 있다. 방문자 만족이란 방문자가 방문하는 곳에 대하여 보다 잘 알고, 보다 잘 느끼고, 보다 잘 이해할 수 있도록 하는 것을 말하며, 자원관리란 방문자로 하여금 방문하는 곳에서 적절한 행동을 취할 수 있도록 교육하여 자원의 훼손을 막는 것을 말한다. 또한 이미지 개선은 관리자의 관리 노력에 대해 홍보하여 관리자의 이미지를 바람직한 방향으로 부각시키는 것을 말한다.

목적	세부내용
방문객 만족	– 방문자에게 안전함과 영감을 줄 수 있으며, 심적 여유와 풍요로움, 그리고 즐거운 경험을 제공한다. – 방문자로 하여금 관광자원에 대해 보다 잘 알고, 잘 이해할 수 있도록 한다. – 방문자가 원하는 방문지역을 용이하게 이용토록 한다. – 연령계층에 따라 다양한 프로그램을 제공한다. – 관광지에 대한 호기심을 자극하고 일상생활에 적용할 수 있도록 관련성을 부여한다.
자원관리	– 자원과 시설에 대한 사려 깊은 이용을 유도한다. – 방문객의 지식 부족으로 어떠한 피해가 발생하는지를 인식하게 한다.
이미지 개선	– 양질의 자원해설 프로그램과 방문자 센터를 통하여 대중과의 긍정적인 관계를 창출한다. – 대상지 관리자의 관리노력에 대한 이용자의 이해를 높인다. – 이용자로 하여금 관리자가 이용자의 만족을 위해 노력하고 있다는 사실을 알 수 있게 한다.

4) 해설사 이미지 제고

현대사회를 이미지의 시대 또는 감성의 시대라고 한다. 그만큼 개인이든 기업이든 관련자들에 대한 이미지의 제고가 필요한 시대이다. 특히 해설사의 업무는 식물성산업이다. 유통과정에서 고객을 찾아가는 것이 아니라 고객이 접근하는 것이다. 탐방객이 해설사가 있는 장소로 직접 찾아와야 한다.

따라서 처음 방문한 방문객을 영원한 자신의 고객으로 만드는 것을 궁극적 목표로 하는 총체적 해설기법이 필요하다. 그리고 이러한 해설기법에는 재방문의 주요동기 요인들이 포함되어야 한다. 방문객의 마음에 드는 심리적 영상, 즉 좋은 이미지를 심어줄 수 있도록 해설의 질을 높은 수준에서 획일화하도록 노력해야 한다. 해설사의 이미지는 해설과정에서의 기술적 질과 기능적 질이라는 양 차원을 방문객이 어떻게 인지하는가에 따라 달라진다. 여기서 기술적 질이라고 하는 것은 표현력, 리더십, 지식 등을 의미한다. 그리고 기능적 질이라 함은 해설사의 태도, 고객접촉, 접근성, 외모, 열의, 행동 등 다양한 인적 요소가 포함된다. 따라서 해설기법은 해설의 질적 수준을 높여 방문객에게 좋은 이미지를 제공하는 원천이 된다.

5) 해설의 질

마을자원의 해설은 해설사와 방문객 간에 시간적 또는 공간적으로 분리되어 존재할 수 없다. 해설의 질에 대한 인식은 방문객의 기대와 해설기법에 대한 비교의 결과이다. 그리고 질에 대한 평가는 해설되는 즉시 이루어지며 해설과정에서 이해의 난이도, 해설사의 태도에 대한 평가도 또한 함께 포함된다. 따라서 해설의 질에 대한 평가는 방문객에 따라서 문화유산의 종류보다 더 다양하며 많은 차이가 있다.

마을자원해설은 전문용어의 난이성을 얼마만큼 쉽게 풀어가느냐 하는 것과 알려고 하는 방문객의 의지에 따라 느낌이 달라진다. 방문객의 경험적 이미지로 남게 될 양질의 해설을 위해서는 그 과정에 충실해야 하며, "순간의 최선"을 위해 노력해야만 하는 특성을 지니고 있는 것이다. 해설의 질은 방문객에게 경험적 이미지로 남게 된다.

6) 마을자원 해설 단계

제1단계: 조사연구
해설하고자 하는 마을자원에 관련된 모든 정보자료의 수집
역사성, 예술성 등 자원이 가치를 제고시킬 만한 이야깃거리의 수집

제2단계: 테마설정
수집된 정보자료를 토대로 테마를 설정한다.
역사성을 강조할 것인가, 예술성을 강조할 것인가, 교육적 효과를 강조할 것인가.

제3단계: 시나리오 작성
테마별로 시나리오를 작성한다. 탐방로의 동선을 고려하여 시나리오 순서를 정하며 부분적으로 강조할 부분과 의미 있는 문자의 해설도 삽입한다.

제4단계: 방문객의 동기파악

방문객이 마을자원을 답사하러 온 동기나 목적을 미리 파악하고 그에 적합하도록 해설을 펼쳐나간다.

제5단계: 시나리오 수정

방문객의 동기와 목적은 다양하다. 계속해서 해설을 담당하다 보면 그들의 주된 동기나 목적. 그리고 요구사항 등을 간파할 수 있을 것이다. 이때 메모를 해두었다가 기존의 시나리오에 첨부하거나 수정을 하면서 다듬어나가야 한다.

제6단계: 해설 및 안내

방문객이 오게 되면 암기한 시나리오대로 해설을 하면서 안내를 하게 된다. 이때는 앞서 제시한 해설원칙들을 고려하여 객관적이면서도 개성 있는 이미지를 심어줄 수 있도록 한다.

제7단계: 자기진단

해설 중에 방문객의 반응을 유심히 살피고 해설이 끝난 후에 개선방안을 찾도록 하여야 한다. 즉, 어떤 대목, 또는 이야기에 관심과 흥미를 보였는가, 또는 주의가 산만해졌는가 등을 관찰해두고 자기진단을 계속하면서 훌륭한 해설사가 되도록 지속적인 연구를 해야 한다.

7) 해설의 유형

마을자원 해설 유형은 크게 해설자가 직접 해설하는 안내자 해설인 인적 해설과 해설자 없이 방문객이 직접 유인물이나 해설 간판, 오디오나 비디오 등과 같이 매체를 이용한 해설인 비인적 해설로 나누어진다.

〈마을자원 해설 기법의 유형〉

유형	내용	
인적 해설 기법	이동식 해설 정지식 해설	
비인적 해설 기법	길잡이시설 해설	해설판 전시판 브로슈어 해설센터
	매체이용 해설	모형기법 실물기법 청각기법 시청각기법 멀티미디어 재현시설기법 시뮬레이션기법 인쇄물 기타

* 자료: 기존의 자료를 바탕으로 연구자 재구성

8) 인적 해설

효과적인 해설을 하기 위해서는 해설을 듣는 방문객들의 눈과 귀, 마음을 열어야 한다. 이는 해설사가 방문객으로 하여금 생동감 있는 해설을 통하여 마을자원이 가지고 있는 의미와 가치를 단순한 설명이 아닌 대화를 통해 서로 하나가 되어야 함을 의미한다.

박미아(2003)는 가장 효과 있고 만족도가 높은 해설기법은 발로 인적 해설 서비스를 받았을 때라는 연구결과를 도출하였으며 이러한 인적 해설 서비스에는 이동식 해설과 정지식 해설이 있다. 이동식 해설은 넓은 지역을 돌아다니면서 그 지역에 관해 관광객에게 해설 서비스를 제공하거나 박물관에서 이동하며 전시물에 관해 해설을 하는 것으로 이 방법은 대규모 박물관이나 야외경관의 구경 시에 적절하다. 정지식 해설은 동굴이나 관광객 안내소 및 박물관 등 관광객이 많은 곳에 문화관광 해설사가 고정 배치되어 해설 서비스를 제공하는 경우로 해설 프로그램의 주제와 관련된 특별한 기술을 시연해 보여주기도 하고, 관광객들에게 기술을 가르쳐주기도 하며, 어떤 경우에는 그 지점에서 발생하는 현상을 설명해준다(서철현 외, 2002).

9) 비인적 해설

비인적 해설은 해설사가 해설에 직접 관여하지 않는 가운데 관광객 스스로 브로슈어나 전자 장치, 안내 해설판 등을 이용해 이루어진다. 이런 비인적 해설 서비스 기법에는 크게 길잡이시설 해설기법과 매체이용 해설이 있다.

길잡이시설 해설은 관광객이 해설자의 도움이 없는 상태에서 독자적으로 관람대상을 추적하면서 제시된 안내문에 따라 그 내용을 이해하고 인식수준을 제고하는 것으로 특정사건의 역사적 경과, 환경의 변화과정, 특이한 생물의 특성 등을 해설대상으로 하고 있으며, 이 해설 유형은 전문직에 종사하는 사람, 지적 욕구가 강한 사람, 교육수준이 높은 사람에게 효과적인 해설기법이다. 이러한 길잡이 시설의 설계 시 해설내용의 구성에 있어 일관성을 유지해야 한다. 기본구조의 결정요소는 해설 수단과 내용의 설정 및 관람대상자에 따른 전달내용이 결정되어야 하며, 기본구조의 윤곽에 있어서는 해설 제목의 결정과 단락별 세부내용 및 끝맺음이 분명하게 나타나야 한다. 특히 해설 내용에 있어서는 정확성과 명료성이 요구되며, 전체 해설 내용은 신뢰성이 있어야 한다(양주영, 2003). 자원해설판의 설계 시 요구 사항은 디자인상에 있어 해설판의 모양과 글자체·규격·위치가 고려되어야 하며, 해설판의 선택에 있어 지역분위기와의 조화성 유지, 기후, 부식상태, 곤충피해, 도난·훼손방지 등도 주의점으로 지적될 수 있다. 길잡이시설 해설기법의 장점을 보면 비용의 저렴성, 운영 및 유지비용의 감소, 이용자별 독해속도의 신속성과 완만성 보장, 독해내용 선택의 임의성 확보, 이정표 기능의 수행으로 탐방자의 길잡이 역할, 기념성의 부여로 사진촬영의 대상으로 선택 가능, 방문의 증거 등을 들 수 있다. 한편 단점으로는 독해자의 인식 수준과 정신적 노력이 요구된다는 것이며, 일방적 의사전달로 쌍방적 질의응답 능력의 결여, 의무감 해소 능력의 부족, 풍화작용, 부식, 야생동물, 탐방자에 의해 훼손의 가능성이 있다는 것이다(서철현 외, 2002).

매체이용해설은 여러 가지 장치들을 이용하여 해설을 하는 것으로 방문객에게 여러 가지 상황을 경험하게 할 수 있기 때문에 재현에 특히 효과적인 해설 유형이다. 재현은 관광객에게 관광자원을 효과적으로 인식시키고 이해시키는 수단으로서 역사적 사실과 사상을 재현하는 것으로 재현대상은 역사적 지점과 생활·사건이며, 재현내용은 역사의식·민속 문화 등에 사실감을 구현하여 역사적 사실을 추적·묘사하고, 해설대상에 생동감을 부여하여 민속 문화의 현장성을 제시함과 동시에 교육적 효과를 높여 역사적·문화적·인

종적인 이해수준을 향상시키는 것이다.

매체이용 해설기법의 종류는 약 8가지로 형태를 모방한 기법으로 축소모형 · 실물모형 · 확대모형이 있는 모형기법과 사실을 그대로 재현해놓은 사실재현, 유적을 재현해놓은 유적재현, 유명한 성인 · 사상가 · 독립운동가 등을 재현한 인물재현, 그리고 인간이 만들어낸 특이하고 가치가 있는 기술을 재현해놓은 기술재현이 있는 실물기법이 있다. 또 청각기법에는 그때그때마다 안내나 설명을 해주는 방송과 미리 녹음해놓은 녹음테이프, 상황이나 연출에 적절한 음악 등이 있고, 시청각기법에는 직접 가볼 수 없는 장소나 인물 등을 녹화해놓은 비디오시설, 필요한 해설을 누르면 그 부분을 볼 수 있는 터치스크린, 유명한 장소에 얽힌 설화나 전설 · 인물 등을 극화한 영화 등이 있다.

멀티미디어 재현시설 기법은 인물이 등장하여 과거의 체험이나 영웅담을 재현시켜 주는 방법인 디오라마와 인물 대신 만화로서 과거의 체험이나 영웅담을 재현시켜 주는 방법인 애니메이션이 있다. 시뮬레이션 기법은 가상체험과 게임시설로 생생하고 직접적인 체험을 하는 기법으로, 예를 들면 서울의 전쟁기념관을 가보면 전쟁을 할 수 있는 가상 체험실이 마련되어 별도의 입장료를 내면 약 8분간 가상의 전쟁체험을 할 수 있다. 이것은 보다 생생하고 직접적인 체험과 자극을 줄 수 있는 기법으로 게임시설 역시 가상체험처럼 직접적인 체험과 자극을 얻을 수 있다. 인쇄물에는 팸플릿과 리플릿 및 안내해설서가 있고 기타로는 시각물인 사진 · 그림 · 지도 등이 있다.

매체이용 해설은 터치스크린과 비디오 등으로 인쇄물 · 해설 간판의 시각적 문제를 해소할 수 있고, 전시물 · 축소모형 · 실물모형 등으로 관람객의 시선을 집중시킬 수 있으며, 최신장비를 도입한 매체해설은 첨단기술의 놀라움과 편리함으로 관람객에게 호기심과 신비감을 주어 장시간의 관심을 유도할 수 있다는 장점이 있다. 또 공급수준과 형태의 다양성을 확보하여 소리의 크기, 장치의 모양, 색깔을 자유로이 조작할 수 있어 상황별 대처능력을 줄 수 있으며, 반복이 용이하며, 유사상황의 연출에 있어서도 음향효과의 이용, 상황의 재현, 유사효과의 유도가 높게 나타날 수 있다. 반면, 단점에는 고장 대비와 관리유지를 위해 정기적 보수 및 예비품이 항상 준비되어 있어야 한다는 것과 계속적으로 동일내용이 반복되어 재방문자나 종사자에게 있어서는 지루함을 줄 수 있고, 설치를 하는 데 있어 전기이용, 야외 및 벽지이용에 있어서는 제약점이 따른다는 것이 있다(서철현 외, 2002).

〈비인적 해설 기법의 장단점〉

유형	장점	단점
길잡이시설 해설	방문의 증거 비용의 저렴성 운영 및 유지비용의 감소 독해내용 선택의 임의성	독해자의 정신적 노력요구 일방적 의사전달 의문감 해소능력 부족 야생동물, 부식 등 훼손 가능
매체이용 해설	관람객의 시선 집중 첨단기술의 편리함 상황별 대처 가능 상황의 재현 유사효과	고장 및 관리 유지 필요 동일내용 반복의 지루함 전기이용 등의 제약점 정기적 보수 및 예비품 준비

* 자료: 기존의 자료를 바탕으로 연구자 재구성

10) 외국사례

(1) 일본의 관광볼란티어가이드

관광객과 지역주민과의 교류를 통하여 방문지역에 대해 보다 깊이 이해할 수 있는 프로그램을 제공하며 이러한 배경 속에 지역주민이 스스로 자발적인 가이드가 되어 무료 혹은 저렴한 비용으로 관광객에게 방문지역의 관광지를 안내하는 '관광볼란티어가이드' 활동이 활성화되고 있다.

관광볼란티어가이드 활동의 의의는 크게 4가지로 요약될 수 있다. 첫째, 관광볼란티어가이드는 지역홍보대사로서 지역이 갖고 있는 매력을 알리는 데 기여한다. 둘째, 관광볼란티어가이드로 활동하는 지역주민 스스로가 애향심을 갖도록 도와주며 지역 봉사의 기회를 마련해준다. 셋째, 관광볼란티어가이드 활동의 활성화를 통해 지역 주민의 지역에 대한 관심을 높일 수 있다.

일본의 관광볼란티어가이드는 그 지역을 알리는 홍보 대사로서 지역주민의 애향심을 고취시키고 지역 봉사활동을 활성화하는 데 기여하고 있다. 관광볼란티어가이드의 자격 조건은 전문지식이나 외국어, 기본 소양에 관한 특별한 제한 조건이 없으며 특히 노년층의 참여가 활발하게 나타난다. 관광볼란티어가이드 양성교육은 해당 분야의 지역 전문가를 적극 활용하고 있으며 지역 경제 및 산업과 연계하여 교육 프로그램을 실시하고 있다. 또한 관광볼란티어가이드의 태도와 언어, 방문객 특성에 따른 차별화된 해설에 관한 현장 교육을 강조하고 있다. 일본의 관광볼란티어가이드는 지역관광협회와 협력적인 체계를 유지하고 있는데 지역관광협회에서는 관광볼란티어가이드의 홍보와 예약을 담당하며 가이드 운영 예산의 일부를 지원한다.

(2) 영국의 셰익스피어 생가 안내 가이드

셰익스피어 생가의 가이드 활동은 셰익스피어 생가 보전 협회가 설립된 해인 1847년 이전에 이미 시작된 것으로 알려져 있다. 현재 4명의 상시 월급제 가이드와 19명의 시간제 고용 가이드 등 총 23명으로 구성되어 있으며, 매년 6월부터 8월까지 여름 성수기에는 추가로 6명의 시간제 고용 가이드가 함께 활동하고 있다. 셰익스피어 생가에서 활동 중인 총 23명의 가이드 중 13명이 여성이며 이들의 연령 분포는 20~67세이다. 그들 중 몇 명은 영어 이외의 외국어를 구사하기도 하지만 대부분의 경우 영어만을 사용하고 있다. 셰익스피어 생가의 가이드는 셰익스피어 생가를 방문한 모든 이에게 해설을 제공하며 사전 예약은 필요하지 않다. 셰익스피어 생가를 안내 해설하는 데 소요되는 시간은 최소 약 1시간 정도이다.

영국의 셰익스피어 생가 안내 가이드는 국내 전문안내원과 유사한 형태로 볼 수 있다. 그러나 셰익스피어 생가의 경우 가이드 보수 지급과 기타 운영에 필요한 예산을 전적으로 입장객 수입과 기부금에서 충당하고 있다. 정부로부터의 보조금이나 재정적인 지원 없이 셰익스피어 생가 보전 협회에서 자발적으로 가이드를 양성하여 활용하고 있는 사례로서 해설서비스의 유료화 단계를 보여주는 예이다.

(3) 독일 갯벌 국립공원 레인저

갯벌 보전에 대하여 가장 체계적인 나라는 독일이다. 독일의 갯벌은 북해 연안에 약 10km 폭으로 발달해 있으며, 갯벌을 포함한 연안해역의 총면적은 약 6천 km^2이다.

제2차 세계대전 후 주변에 공업단지 건설, 농지확보 등으로 갯벌이 본래의 모습을 잃어가자 독일 정부는 1976년 자연보존 법령을 발포했다. 1982년에는 독일이 주도하여 네덜란드, 덴마크 3개국이 갯벌의 보전에 관하여 협의하였고, 1985년에는 슐레스비히 홀스타인 주가 독일연방 내의 지방정부로는 처음으로 2천8백50km^2의 갯벌을 국립공원으로 지정하기에 이르렀다.

이 후 니더작센 주와 함부르크가 각각 2천4백km^2, 1백17km^2에 달하는 갯벌을 국립공원으로 지정하여 보전하고 있다. 독일의 각 갯벌 국립공원에는 관리청이 있으며, 보전지역, 완충지역, 휴양지역으로 구분하여 엄격하게 관리하고 있다.

※ 바테메르 갯벌

① 면적: 80만ha(24억 평, 새만금 20배)

② 위치: 북으로 덴마크에서 독일을 거쳐 남으로 네덜란드까지 폭 10km

③ 특징: 1970년대부터 네덜란드, 독일, 덴마크 3개국이 공동 관리하에 보호 중 알프스와 함께 유럽의 2대 자연보호 지역

④ 바텐메르 갯벌 중 60%를 차지하는 독일은 크게 슐레스비히-홀슈타인 주 갯벌, 니더작센 주 갯벌, 함부르크 주 갯벌로 구분/1993년 유네스코 세계자연유산으로 지정

※ 독일 갯벌 보호 등급

제1구역: 정해진 길 이외에는 사람이 접근할 수 없으며 공원을 훼손하거나 경관을 바꾸는 일체의 행위가 금지된 구역

제2구역: 사람이 들어갈 수는 있지만 경관을 훼손할 수 없는 구역

제3구역: 그 밖의 휴양 등의 행위가 가능한 구역

세계 5대 갯벌 중 하나인 유럽 북해 연안은 독일에서 국립공원으로 지정하여 연간 1조 2천억의 수입을 올리며 150만 명의 장기 숙박시설로 관광객은 방문 시 보통 보름 정도 묵으며 1인당 약 5만 원을 지불하고 갯벌 지킴이라고 할 수 있는 레인저라고 하는 사람의 갯벌에 대한 해설을 들으며 체험할 수 있다.

독일 홀스타인-슐레스비히, 함부르크, 네덜란드 그로닝겐 갯벌국립공원 등 세계의 갯벌국립공원은 정부, 지방자치단체, 연구기관, 기업, 주민 등이 모여 '보호'라는 큰 틀을 지탱하고 있다. 독일 홀스타인-슐레스비히 갯벌국립공원은 국립공원의 모습을 하나라도 더 보여주기 위해 노력하며 특히 갯벌 레인저 역할을 하고 있는 한 볼프강은 갯벌 탐사단에게 4시간 이상 갯벌국립공원 이곳저곳을 소개하고 무엇보다 '갯벌 안내자'라는 자신의 직업에 강한 자부심을 느끼고 있다. 물론 자신의 나이 또래보다 급여를 적게 받지만 열정을 가지고 자연과 더불어 살아가는 그의 모습에서 '공존'이라는 단어를 떠올릴 수 있다.

11) 해설사의 역할과 활동

(1) 마을 창조요소 발굴과 매뉴얼 개발(8거리 개발 평가시스템) [19]

지금까지는 주변 권유에서 시작했던 마을방문 동기가 '볼런테인먼트(자원봉사+즐거움)'로 가면서 점차 여가활동의 한 분야로 자리매김하고 있는 현상이 나타나고 있다. 이런 즐거움을 유도하는 마을 가꾸기 핵심수단은 8거리 개발 중 특히 지역창조요소 개발 부문이다. ① 볼거리: 경관, 집락, 사람, 농촌 등, ② 먹거리: 토속, 향토음식, ③ 쉴거리: 향토성, 서정성, 전원성, 편락성, 쾌적성, ④ 알거리: 지역, 개인사, 전설, 민요, 약효, 술, 그리고 외지인이 모르는 이야기 등으로 스토리 브랜드 만들기, ⑤ 할거리: 타지불가(他地不可)의 독특한 취미나 창작, 전통놀이(만들어야 지역특화 가능), ⑥ 일거리: 농산어촌에서 노동을 수반하는 체험(농촌의 가치인식, 노동의 신성함), ⑦ 놀거리: 재미와 감동+정보와 교양을 주는 놀이, ⑧ 팔거리: 7거리를 통해 지역자산의 가치 증진과 농산물의 부가가치를 만들어 판매하자 등이다.

이 같은 8거리 개발은 마을 가꾸기 6원칙이 뒷받침되어야 한다. 즉, ① 농촌역사와 경관, 지역을 즐길 수 있는 개발, ② 환경보전이나 휴양에 기여할

---

19. **농촌 어메니티(자원)와 8거리와의 관련성:** 농촌 어메니티를 활성화하기 위해서는 휴먼웨어 측면(개별농가의 주민 자발성 유도전략)을 포함한 마을 가꾸기 개념으로 지역을 인식해야 한다. 농촌마을거리 가꾸기의 내용에는 역사, 가로, 경관, 지역문화, 예술, 전통예능, 식, 특산품, 이벤트, 축제, 스포츠, 관광, 리조트, 테마파크, 녹지정비 등의 분야가 있다. 이 분야는 각각 전문성을 가지고 각기 다른 사업영역을 가지고 있지만, 농촌지역발전의 기본이 되는 향토자원(어메니티)을 발굴한다는 데 공통점이 있다. 예컨대 소득과 여가 요인을 매개체로 하여 도농복합화를 꾀하고, 도농 간의 지속적이고 반복적인 교류를 유도하며, 농촌의 지역창조요소를 발굴 발전시키는 한편, 도시민들이 만족할 수 있는 다양한 체험거리를 제공한다는 점에서 농촌 어메니티와 깊은 연관이 있다. 특히 본 연구자는 8거리 테마개발을 마을 가꾸기 핵심사항으로 간주했다.

수 있는 개발, ③ 지역분위기에 조화될 수 있는 디자인, ④ 지역경제에 기여
할 수 있는 투자, ⑤ 농촌관광에서 이익을 얻은 자의 책임의식, ⑥ 마케팅과
계몽활동의 필요성 등이다. 하지만 작금의 농촌은 대규모 자본을 유치해서
자연환경 파괴 등의 부작용을 유발하는 관광시설 중심의 하드웨어적 개발에
만 치중한 나머지, 지역 고유의 특성이나 자연자원을 최대한 활용한 8거리
개발에는 소홀히 하는 경향이 있다. 현재로선 〈그림〉과 같은 8거리 평가시스
템만이 존재할 뿐이다. 앞으로 8거리와 오감의 복합화를 통한 농산촌 테마개
발을 어떻게 진전시키느냐에 따라 앞서가는 마을과 뒤처지는 마을로 구분될
것이다.

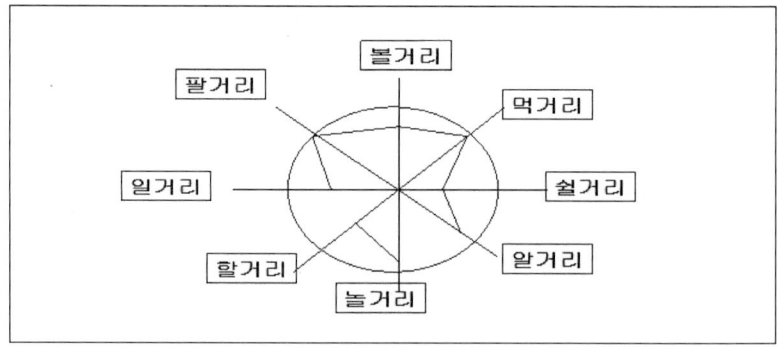

〈8거리 개발 평가시스템[20]〉

20. 8거리는 기본 3요소(볼거리, 먹거리, 쉴거리)와 지역창조요소(알거리, 할거리, 일거리, 놀거리, 살거리)로 구성됨.

(2) 8거리 개발 프로그램 부문 중 마을창조요소 발굴[21]

그동안 농외 소득증대 차원에서 추진해온 우리 관광농업은 경영능력 부족과 과다한 시설투자로 운영이 부실하고, 개별사업자 중심의 지원으로 지역과 연계되지 못하였다. 무엇보다 주요 고객층인 도시민의 요구가 반영된 농촌관광 자원을 활용할 수 있는 프로그램개발이 미흡하다는 것이 큰 문제다. 이제 농촌의 다양한 자연경관과 생태, 문화자원 등에서 차별화된 가치와 가능성을 발굴하여 도시와 농촌이 교류함으로써 농촌 활성화를 도모하는 새로운 농촌관광 전략이 요구된다. 즉, 개별농가중심, 숙박중심의 관광에서 탈피하여 '자연환경+농특산물+전통문화'를 토대로 먹거리+볼거리+쉴거리+알거리+할거리+놀거리+일거리+살거리 등 8거리 자원 중 지역창조요소(쉴거리+알거리+할거리+놀거리+일거리+살거리)를 개발하는 것이 도시와 교류하는 농촌 활성화 전략이다. 이로써 오늘날 당면한 도시민의 여가욕구 충족, 농외소득 증대, 국토의 균형개발, 환경보전 등 다면적인 목표를 달성할 수 있을 것이다. 따라서 필자는 지역창조요소개발을 위한 마을 가꾸기 사전진단방법을 제안하고자 한다.

먼저 진단방법으로 ① 마을 가꾸기의 힘을 결정하는 4가지 요인에 대한 설문조사가 필요하다.

---

21. 현재 일반화되는 그린 투어리즘의 프로그램은 크게 3가지 종류(숙박, 식사, 농가체험)로 나누어볼 수 있다. 예를 들어 농가 민박시설은 숙박 프로그램과 농가에서 생산되는 토속음식을 통한 음식제고 농가체험 등을 중심으로 하는 여가형태이다. 그러나 필자는 여기서 이 3가지 프로그램으로 그린투어리즘이 성공하기는 어렵다고 생각한다. 즉, 관광에서 느낄 수 있는 거리를 총체적으로 만족시켜 주어야 한다. 여기서 7거리의 개념이 나오게 된다. 7거리의 개념과 전개에 대해서는 다음 장에서 체계적으로 설명하겠다. 8거리란 좀 더 심화되고 확장된(Extended) 차원에서 농촌 어메니티의 프로그램을 전개시켰다는 점에서 차별성이 있다.

〈마을 가꾸기의 힘을 결정하는 4가지 요인〉

설문번호	4가지 요인	내 용
Ⅰ(1~10번)	목표적 요인	마을구성원은 마을가꾸기의 목표를 어느 정도 이해하고 있으며, 그것을 달성하기 위한 의욕은 어떠한가.
Ⅱ(11~25번)	구조적 요인	마을구성원이나 마을풍토에 영향을 끼치는 여러 가지 요인들은 어떻게 되어 있는가(마을구조, 규칙, 제도, 사업의 흐름 등).
Ⅲ(26~35번)	인간적 요인	마을구성원의 특질은 어떠한가(능력, 의욕, 행동경향 등).
Ⅳ(36~50번)	풍토적 요인	마을특유의 분위기, 관행, 규범, 사고방식 등은 어떠한가.

② 마을 가꾸기의 힘을 결정하는 4가지 요인별로 점수를 합계한 후 평균점을 계산한다.

③ 평균점에 의하여 문제의 정도를 다음과 같이 해석한다.

4가지 요인별 평균	문제의 정도
4.1~5.0점	아주 양호
3.1~4.0점	양호
2.1~3.0점	조금 문제
2점 이하	크게 문제

진단 결과는 다음과 같은 〈표〉로 나타낼 수 있다. 즉 (A)마을 구성원을 대상으로 마을 가꾸기의 힘을 결정하는 4가지 요인(목표적 요인, 구조적 요인, 인간적 요인, 풍토적 요인)에 대한 설문 분석 결과는 다음과 같다.

《(A)마을의 요인별 분석》

구 분			목표적 요인	구조적 요인	인간적 요인	풍토적 요인	계
성별	남자	(A)마을	3.6	3.4	3.4	3.4	3.5
		전국평균	3.6	3.1	3.3	3.2	3.3
	여자	(A)마을	4.0	3.7	3.7	3.7	3.6
		전국평균	3.8	3.6	3.3	4.0	3.7
유형별	일반농가	(A)마을	3.5	3.6	3.6	3.7	3.6
		전국평균	3.5	3.2	3.6	3.2	3.4
	신규농가 (귀농인)	(A)마을	3.7	3.7	3.4	3.6	3.6
		전국평균	3.9	3.6	3.0	4.0	3.6
월소득	100만 원 미만	(A)마을	3.9	3.7	3.7	3.6	3.7
		전국평균	3.4	3.3	3.2	3.5	3.4
	100~ 300만 원	(A)마을	3.7	3.5	3.5	3.5	3.6
		전국평균	3.6	3.6	3.5	3.6	3.6
	300만 원 이상	(A)마을	3.8	3.6	3.6	3.8	3.7
		전국평균	4.0	3.3	3.1	3.7	3.5
계		(A)마을	3.7	3.6	3.5	3.6	3.6
		전국평균	3.7	3.4	3.3	3.6	3.5

　　다음으로 8거리 개발 평가시스템을 통한 (A)마을의 현재 보유수준을 파악할 필요가 있다.

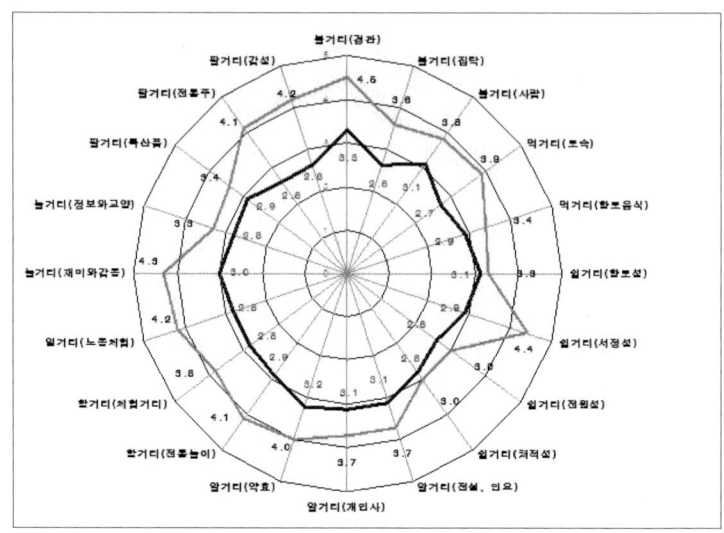

〈8거리 내용 조사결과 현재 보유수준〉[22]

12) 해설사의 활동

(1) 해설사의 역할

해설사는 여러 가지의 역할을 하는데 먼저 해설사는 마을자원의 가치를 재미있게 소개하는 이야기꾼이라고 할 수 있다. 해설사의 능력에 의해 방문객의 만족과 경험은 차이가 날 수 있다. 또한 전속 안내원으로서 관광객을 동행하며 이곳저곳을 안내하는 형식이 아닌 특정 마을자원에 전속하여 방문객을 대상으로 문화유산의 내용을 설명하는 것이다. 해설사의 본분은 자원봉사자이다. 이들은 마을의 문화와 역사를 방문객에게 알림으로써 마을에 대

---

22. 바깥쪽 선은 요구수준을 나타내고, 안쪽 선은 해당 마을의 현재 보유수준을 나타낸 것임.

한 자긍심을 굳건히 하고 마을의 이미지를 제고하는 데 기여하게 된다. 대가를 기대하지 않고 봉사의 차원에서 해설사에 참여함으로써 지속적인 활동을 기대할 수 있을 것이다. 해설사는 마을경제 활성화에 앞장서는 관광종사원이다. 이들은 관광서비스 마인드로 무장하고 방문객들이 만족스러운 관광체험을 할 수 있도록 도와주는 동시에 주변의 먹거리, 볼거리로 방문객을 유도하도록 노력해야 한다.

(2) 전문지식

마을자원해설은 마을자원을 사실적으로 설명하는 것에 그치지 않고 마을자원이 지니고 있는 의미와 가치를 연구하여 방문객이 쉽게 이해할 수 있도록 하는 과정이다. 해설사는 방문객들의 관광욕구를 실제적으로 찾아내서 분석할 수 있어야 하며 해당 마을자원뿐만 아니라 이와 관련된 지역과 문화에 대하여 다양한 관광 상식을 가지고 있어야 한다. 이러한 측면에서 볼 때 마을자원해설은 대상 마을자원의 특징과 상호관련성을 묘사, 설명함으로써 마을관광 활동에 참여하고 있는 방문객에 대한 교육적 활동이고, 관광지에 대한 인식을 넓혀주는 활동이며, 관광지 이용자에게 새로운 이해와 통찰력, 열의, 흥미를 불러일으키는 활동이라고 할 수 있다(엄서호, 2001).

해설사는 단순히 마을에 대한 지식과 상식 외에도 좀 더 창의력으로 새로운 관광지를 개발하고 관광 자체에 대한 기본 지식을 습득해야 하며, 업무에 대한 풍부하고 완벽한 지식을 가져야 된다. 그리고 해설사는 자신의 전문적인 지식을 좀 더 쉽고 흥미롭게 관광객들에게 전달하여 유적, 유물, 문화와 자연의 이해를 증진시키고 더불어 이를 통해 마을관광 자원의 가치를 제고시켜 준다(이영희 외, 2001). 즉, 마을자원해설 활동 중 업무지식은 전통문화에 대한 지식, 문화재에 대한 지식, 관광지 주변에 대한 지식, 문화재에 대한 감상능력을 의미한다.

(3) 의사소통

의사소통(Communication)의 개념에는 '물체(자연)와 물체와의 의사소통, 물체와 인간과의 의사소통, 인간과 인간과의 의사소통'이 포함되어 있다. 특히 대인적 문화 의사소통으로서 마을자원해설은 인간(관광객과 인간(마을관광해설사)의 휴먼 커뮤니케이션이다. 그러므로 관광은 사람과 사람 간의 의사소통이 중심이 된다(김우룡, 1997).

이야기의 소재를 풍부하게 갖추고 때와 상대방에 따라 적절한 화재를 제공할 수 있도록 해두는 것은 물론, 화법 그 자체에 대해서 평소부터 연구해둘 필요가 있다. 침착하게 천천히, 분명한 발음, 요점을 반복, 무의미한 발성을 넣어서는 안 된다(이명구, 2001).

방문객과 방문목적지 간 의사소통에는 다양한 매체가 개입되며, 의사소통 과정은 첫째, 수요자 관점에서는 '마을관광자원의 이해에 관여하는 일련의 요소'라 할 수 있고, 둘째, 마케팅 관점에서는 '마을방문객의 만족과 방문촉진을 위해 방문목적지에서 제공하는 정보의 총체'라 할 수 있으며, 셋째, 정보교환 관점에서는 '마을관광자원에 대한 방문객과 방문목적지의 의사소통'으로 이해할 수 있다(진영재, 2005).

(4) 친절도

해설사에 있어서 친절도는 아무리 강조해도 지나치지 않을 정도로 중요한 항목이다. 마을자원해설사 역시 마을문화재를 홍보하고 이미지 향상을 높이기 위하여 실시하라는 서비스 차원이기 때문에 더욱 세심하게 방문객 모두에게 신경을 써야 한다.

서비스 업무에서 친절은 '상대방의 고충을 덜어주고 마음을 편하게 해주는 것'이라고 하고(김주원, 1992), 친절한 서비스를 접객 종사원의 자존심을 손상시키는 비굴한 행위가 아닌 마땅히 고객들에게 기쁨을 주면서 종사원 스스로가 보람과 즐거움을 주는 행위로 보았다(김혜성, 1995). 즉, 서비스 업종에 종사하는 사람에게는 빠질 수 없는 덕목으로서 마을자원을 설명하는 마을자원해설사에 있어서도 빠질 수 없는 중요한 항목 중의 하나로서 마을문화재를 홍보하고, 활성화시키고, 이미지 향상을 높이기 위하여 실시하는 서비스 차원이기 때문에 더욱더 방문객에게 세심하게 배려하고 신경을 써야 한다.

13) 해설사 운용의 효과

(1) 해설과 교육적 효과

마을자원해설이란 일반적으로 방문객에게 관광대상과 자원을 알기 쉽고 매력적인 요인으로 설명하여 그에 대한 이해력, 인식능력, 감상능력, 지식습득능력 등을 증대시켜 주는 활동으로 방문객으로 하여금 문화와 자원의 소중함을 느끼게 하고 긍지를 가지게 하는 등의 교육적 효과를 기대할 수 있다. 선행연구를 살펴보면, 관광의 교육성에 대해 "관광지를 방문한 방문객들이 관광활동을 통해 자아실현이라는 내면적 가치를 추구하고, 과거의 문화를 체험하고, 관광자원에 관한 새로운 지식을 습득하는 활동(이명진, 1998)"이라고 했다. 방문지에서 문화재에 대해 방문객들에게 해설해주거나, 방문객들이 관광지에 대해 알려고 하는 행동은 미래까지 문화를 계승하고 발전시키려는 관광행동이라 볼 수 있다. 또한 Maslow(1971)는 관광활동을 통해 관광객들의 궁극적으로 추구하는 것은 자아실현의 욕구라고 하였다.

방문객들의 자아실현의 욕구를 충족시켜 주고, 교육적 효과를 높이기 위해 가장 효과적인 것은 해설사의 해설이다. 이명진(2000)은 문화관광지로 유명한 불국사를 대상으로 관광지 매력속성 중 관광자원의 교육성을 측정하기 위한 척도를 적용시켜 교육성과 관광객 만족과의 관계와 자원해설 방법에 따른 교육성 지각의 차이를 살펴보았다. 불국사 관광지에서 개발된 관광자원의 교육성 측정 척도는 '지식 증진', '문화재감상', '색다른 경험', '자원가치인식', '심리적 전환', '가치인식 변화' 등과 같은 요인이었고 그중 '지식증진' 요인에 대한 설명력이 가장 높았다. 또한 해설 방법에 따른 교육성 지각의 차이를 살펴본 결과 지식증진은 해설 브로슈어를 제공받은 집단, 문화재감상은 해설자의 안내를 받은 집단, 자원가치 인식은 해설판을 이용한 집단이 교육성을 높게 지각하는 것으로 나타나 관광지의 특성에 따라 차별적인 문화관광 해설방법이 필요하다는 결론을 도출하였다.

생태관광과 문화관광에서 관광활동을 통해 오염된 지구 환경이 사람들에게 미치는 영향을 관광객들에게 직접 체험해보게 하고, 위험에 직면한 지구를 보호하기 위해서 사람들이 무엇을 해야 하는지를 교육하고, 선조들이 유산으로 물려준 역사유적지를 관광함으로써 전통에 대하여 많은 것을 배울 수 있는 기회를 제공하여 관광객의 지적욕구를 충족시켜 주면서 관광지의 가치가 높아지게 되었다. 관광지가 이런 매력을 가지려면 관광지 환경이 관광객들의 가치형성에 영향을 주고, 문화유산에 관한 정보를 전달하고, 미래 생활에 대해 생각할 수 있는 기회를 제공하고, 급변하게 변화하는 사회 환경에 적응할 수 있는 기술을 배울 수 있고, 다양한 경험을 체험할 수 있는 기능을 관광지가 가지고 있어야 하며(신봉섭, 1995), 관광객의 지각수준을 강화할 수 있는 교육적 프로그램이 많이 제공되어야 한다.

해설 서비스를 제공받기 이전보다 제공받은 후 학습증진효과 측면에서 자원에 대한 지식 정도와 관광지에 대한 관리의식, 교육성 지각수준이 높게 나타나 마을관광 해설의 역할이 중요하다는 것이 입증되었고, 방문지의 관리와 운영에서 마을 해설사의 적극적인 도입의 필요가 있다(박희주, 2001). 이와 같은 연구는 마을 관광지가 가지는 매력 속성 중 하나인 교육성을 인식하기 위한 수단으로써 마을관광해설의 필요성을 제시하였으나 마을관광 해설의 역할과 편익을 고려할 때 마을관광 해설을 통해 이야기되는 실실적인 교육적 효과에 관한 연구가 필요하다.

(2) 해설과 지각된 가치

오늘날 소비자의 경험을 보다 잘 이해하기 위하여 지각된 가치를 이해할 필요성이 제기(이봉구 외, 2006)됨에 따라 관광 분야뿐만 아니라 다른 분야에서도 활발히 연구되어 왔다. 일반적인 가치의 판단은 고객이 희생한 가격에 대한 제공자의 품질의 비교로 볼 수 있지만 지각된 관광 가치는 관광 서비스 획득을 위해서 소요되는 금전적 · 비금전적 제반 지불 비용을 고려하여야 한다. 즉, 특정 지역에 대한 지각된 관광 가치에는 관광 서비스를 이용하기 위하여 현지에서 지불된 금전적 비용은 물론, 자연과 인문 · 관광시설 자원 등에 이르기까지의 비용, 또한 관광지에서 체류하는 동안의 시간적인 비금전적 비용까지도 반영되어야 한다(김동훈, 2004).

이러한 지각된 가치는 오랜 기간 동안 여러 분야에서 연구되어 왔고 연구자의 관점에 따라 상이한 정의를 가진다. Zeithaml은 소비자의 지각에 근거한 제품효용에 대한 평가를 지각된 가치라고 하였으며, 전반적인 서비스 품질에 대한 가격 지불에 대한 서비스 가치의 비교 관점으로 접근하였고 (Kashyap & Bojanic, 2000; Monroe, 1990), 이봉구 등(2006)은 지각된 가치를 "관광객이 음식을 소비함으로써 얻는 편익과 해당 제품/서비스를 소유 혹은 사용하기 위해 지불한 비용 사이의 차이에 대한 인식"이라 정의하여 시간가치, 금전가치, 노력가치, 총체적 가치 등과 같은 네 가지 차원에서 살펴보았다. 지각된 가치를 '서비스 느낌이 좋음', '가격이 적절함', '지출한 돈의 가치', '가격 대비 우수한 서비스', '제 비용 대비 우수함', '저가격 대비 우수한 서비스', '낮은 가격 희망' 등으로 측정하였고(여호근 외, 2003), 지각된 가치를 관광 느낌 측면으로 하여 '노력 대비 좋은 느낌', '방문 시간 대비 관광 가치', '방문 지출 비용 대비 관광이 좋음(여호근 · 박경태, 2007)'과 같은 차원에서 살펴보았다.

방문객들이 마을관광지를 방문하기 위하여 투자한 시간과 노력, 비용이 실제적 관광지에서 그리고 관광 이후 느끼는 종합적인 평가에 해설사의 해설이 미치는 영향 방문지가 가지고 있는 많은 구조와 매력성 중에서도 중요하다고 볼 수 있다.

위의 많은 내용들을 종합해볼 때 해설사의 해설활동이 다만 교육적 지식의 욕구를 충족시켜 주거나 자원의 가치를 알려주는 데서 끝나는 것이 아니라 방문객에게 편안함과 친절함이 있는 인간적인 면에서 새로운 방문지에 대한 두려움을 해소시키고 호기심을 채워주는 역할이 될 수 있고, 방문지에 대한 불만을 경청하고 고객으로서 우대를 해주며, 많은 관심을 주어 불편함과 불만 등의 감정을 낮춰줄 수 있다. 이로써 방문객이 느끼는 지각된 가치에 서비스의 내용과 금전적 가치, 시간적 가치 등을 조금 더 극대화시킬 수 있는 방향으로 도움을 줄 수 있다고 본다. 마을관광자원으로서 가지는 매력과 가치를 지각하여 관광경험의 질을 높이기 위해서는 방문객의 지각수준을 높여줄 수 있는 훈련이 필요하고, 방문객의 지각 수준은 관광 매력물에 관한 정확하고 유익한 정보를 제공하는 마을관광 해설을 통하여 강화될 수 있다. 방문객의 지각 수준을 높여주는 해설 서비스를 이용하였을 때 방눈객의 가치 인식 정도는 극대화될 것이다.

14) 해설사의 발전방향

지난 2001년부터 각 시 · 도에서 실시하여 온 문화관광해설사 양성 및 활용 사업은 전국적으로 전문 해설인력을 양성하였으며 이들은 각 지역의 문화 유적과 관광지에 배치되어 자원봉사 차원의 해설서비스를 제공하고 있다. 하지만 마을단위 관광해설사의 양성은 전무한 상태이다. 마을단위 관광해설사의 개념과 역할, 활동 범위 등에 대한 명확한 정의와 올바른 이해가 아직 부족한 탓이다. 또 해설사의 사회경제적 지위가 불분명하며 해설인력의 관리 및 처우 문제에 있어 잦은 오해와 갈등이 발생하고 있다. 현재 활동 중인 문화관광해설사 가운데 일부는 활용 금액 인상이나 해설서비스의 유료화, 안정적인 고용 대책 등을 요구하고 있어 하나의 새로운 전문 직업영역으로서의 개발 가능성을 검토할 필요가 있다.

이제 마을단위 관광해설사도 양성할 때가 되었다. 아울러 시 · 도 단위에서 양성하고 있는 문화관광해설사 제도는 앞으로 정기적인 심화교육 기회를 더 확대하여야 한다. 해설사가 최근 들어 많은 관심을 받고 있기 때문에 마을단위 해설사는 신규 양성교육을 추진하는 한편 시 · 도 단위의 문화관광해설사 경우는 보다 더 심화교육 과정이 필요하다. 특히, 예산 부족 등의 한계로 인해 교육시간이나 실시 횟수가 매우 제한적이었다. 그러나 관광해설이란 상당히 전문적이며 지식 집약적인 활동임을 감안할 때 기존의 해설사를 위한 정기적인 심화교육을 확대 실시하여 해설인력의 전문성을 강화하고 지속적인 활동 참여를 유도해야 할 것이다. 무엇보다도 중요한 것은 이론보다는 현장 중심의 교육과 실습을 강화해야 한다.

양성인원 및 배치활용에 관한 체계적인 계획을 수립하여야 한다. 각 지자체별 양성인원 규모 및 해설 배치지역 수는 일정한 기준이 없이 서로 상이하며 지역에 따라 해설인력의 공급 과잉 혹은 부족 현상이 나타나고 있다. 가장 중요한 것은 정부의 제도적인 자원을 확대해야 한다. 해설사가 전문해설사로 자긍심을 가지고 참여할 수 있도록 해설 활동 여건을 개선해야 하고 다양한 인센티브를 개발하여야 한다. 주요 배치지역에 해설사를 위한 대기 장소를 마련하고, 전문적으로 육성되고 활성화될 수 있도록 관광안내소의 설치와 그것을 적극적으로 활용하여야 한다.

해설사 제도의 대외 홍보 및 사전 예약제도 개선을 위해서는 우선 전국의 관광안내정보체계와 연계 운영하는 방안이 필요하다. 각 시·군에 설치되어 있는 관광안내센터는 해당 지역의 일반 여행안내 정보는 물론 내·외국인 관광객이 이용할 수 있는 문화관광해설사 해설서비스에 대한 상세한 정보를 제공해야 할 것이다. 문화관광해설사 활동에 관한 국·영문 인터넷 홈페이지를 구축하여 대외 홍보 및 온라인 예약시스템을 강화하여야 한다. 문화관광해설사 양성 및 활용을 중앙에서 총괄하고 있는 문화체육관광부는 전국 규모의 통합 홈페이지를 구축하고 전국의 해설인력사항과 배치시역, 해설 시간 등에 관한 데이터베이스를 구축해야 한다.

각 시·도와 지역관광협회에서 발행하는 관광안내지도, 관광정보지, 홍보용 브로슈어, TV 및 신문 광고 등을 활용하여 홍보 효과를 개선해야 한다. 문화관광해설사가 배치되어 있는 주요 관광지 입구나 매표소 주변에는 안내표

지판을 설치하여 해설시간과 이용 방법에 관한 정보를 제공해야 할 것이다. 주중 평일에는 수학여행객 등 단체관광객의 해설 수요가 높은 점을 고려하여 인근 지역의 초·중·고등학교나 관련기관, 시민단체, 동호회 등을 대상으로 집중적인 홍보 활동을 추진할 필요가 있다.

문화관광해설사 대회 홍보 및 예약제도 개선을 위해서는 전문적인 관리체계를 시급히 마련할 필요가 있다. 각 시·군 관광과에서 예약 신청을 직접 접수하고 해설사 개인에게 연락하여 통보하고 있으나 향후 해설서비스에 대한 관광객 수요가 크게 증가할 경우 담당부서만의 한정된 인력과 예산으로는 업무상 무리가 발생할 수 있다. 장기적인 관점에서 볼 때 관광해설사 대외 홍보, 예약 접수, 해설사 배치 등의 업무는 외부의 전문 관리기관을 통해 체계적으로 운영해나가는 것이 바람직하다. 관광해설사를 전문직으로 활성화시킬 수 있도록 각 지역에서 해설사를 전문 직업으로서 고용하여 해설 활동에 집중할 수 있는 환경을 만들어주어 그 지역을 찾는 방문객에게 최선을 다하도록 해야 한다. 관광해설사 양성 및 활용 사업을 자원봉사제도로 정착화하여 유지하는 동시에 기존의 관광안내사 자격제도 개선을 통해 지역관광해설 및 마을관광해설이라는 새로운 전문 직업영역을 개발해야 한다.

14. 귀농인 행동지침

하나, 하나하나 메모하고 관찰하고 연구하자.

둘, 두려워하지 말고 도전하자.

셋, 세계화 시대 인터넷과 스마트폰을 활용하자.

넷, 내 농업기술만 고집 말고 벤치마킹하자.

다섯, 다양한 시스템 사고로 발상을 전환하자.

여섯, 여러 사람과 함께 노하우를 공유하자.

일곱, 일상생활 속에서 개선, 개혁하고 개발하자.

여덟, 여유로운 시간에는 자기계발을 하자.

아홉, 아무거나 하지 말고 우물을 제대로 파자.

열, 열과 성을 다하여 농업 농촌을 선도하자.

15. 귀농 10계명

하나. 귀농하고자 한다면, 지금 당장 텃밭농사 · 주말농사를 시작하사. 여건을 탓하지 말고, 지금 당장 올해 옥수수 심고 호박을 심을 계획을 세워보자. 둘. 준비 기간 동안 계획을 잘 잡고 귀농교육을 받자. 도시에서 귀농 준비를 하는 순간 귀농은 시작된 것이나 다름없다. 교육기관이나 다양한 현장 체험에 적극 참여하자.

셋. 철학적 고민, 시대와 호흡하는 정신적인 무장이 중요하다. 보다 풍요로운 삶을 향한다는 첫 마음을 잃지 말자. 그리고 농업·농촌문제 전반에 애정과 관심을 갖자.

넷. 귀농을 경제적인 관점으로만 접근하지 말고, 사회적·문화적 차원까지 생각하자. 도시생활과 같은 경제적 수준을 유지할 수도, 그럴 필요도 없다. 자연이 주는 수많은 기쁨과 혜택이 곧 손질이다.

다섯. 농사로 큰돈을 벌 수 있다는 생각은 접자. 농사는 투기가 아니다. 흔히 말하는 돈 되는 작물은 없다. 땀 흘린 만큼만 거두고 먹는다는 진리에 충실하자.

여섯. 농촌에는 농사꾼만 있는 것이 아니다. 농촌에서 직업을 이어가자. 전문 직종은 살리고, 자신의 특기와 적성을 살리자. 지역을 위한 자원봉사도 적극적으로 구상하자.

일곱. 지역 관공서나 기관 및 조직을 적극 활용하자. 귀농을 속 시원하게 지원하는 매우 안정적인 지원시스템은 없다. 여러 사람과 부딪히는 것을 주저하지 말자. 여덟. 반드시 가족과 함께 동행하자. 가족이 반대한다면 더 많이 노력하자. 주말농장부터 같이 해보자. 홀로 귀농하는 것은 최대한 피하자.

아홉. 귀농지 선정은 연고지와 인맥을 적극 활용하고, 인내하자. 집과 논밭을 보는 눈이 있을 리 없다. 귀농지 선정은 믿을 만한 사람을 통하는 것이 낫다.

열. 초기 투자를 최대한 줄이자. 집을 짓거나 땅을 구입하는 일은 신중하게 하자. 처음에 들인 자금을 회수하기는 만만치 않다.

16. 성공 귀농인의 7가지 습관

실례로 농촌의 법에 따라 순응하면서 성공한 사람들의 일곱 가지 습관을 소개하고자 한다.

첫째, 동화만사성(洞和萬事成)을 추구한다. 충남 보령시 청라면 장현리에서 10대째 농사를 짓고 있는 김민구 씨는 나 홀로 성공보다는 마을 농가 전체가 성공해야만 장기적으로 비전이 있다고 생각하는 사람이다. 그래서 마을 공동의 팜스테이를 추진 중이다. 마을 전체가 팜스테이를 하게 되면 점심은 밥을 맛있게 하는 농가에 가서 먹고 오후에는 오리농법으로 농사짓는 논에 가서 체험하는 등 방문객들이 먹을거리·볼거리·할거리를 한꺼번에 할 수 있다는 것이다.

둘째, 농업에 엔터테인먼트를 결합시킨다. 경기도 화성시 봉담읍의 김민중 씨는 원래 연예인을 꿈꾸었던 까닭에 농사와는 거리가 먼 집안이었다. 하지만 지금은 '상추 오빠', '다솜추 전문가'로 통하고 있다. 젊은 농사꾼이 색다른 상추를 재배하는 것도 이야깃거리지만, 재배 방법도 독특하기 짝이 없다. 예컨대 상추에 힙합을 들려준다. 정말 상추에 힙합을 들려주면 살 틀까? 과학적 근거는 그다지 중요하지 않다. 힙합을 좋아하는 민중 씨가 힙합을 틀어놓고 즐겁게 일하면 상추도 예쁘고 크게 쑥쑥 자란다.

셋째, 긍정적인 열린 사고를 근본으로 한다. 경북 예천에서 일본으로 꽃을 수출하는 박세우 씨는 성공담만큼이나 실패담도 많다. 처음 남천을 시작할 때 중국에서 씨를 수입했다. 육모를 하는 동안 씨가 썩어버렸다. 씨가 얼어 있었던 것이 문제였다. 이처럼 생명이 있는 것은 복잡하다. 이 때문에 세우 씨는 실패를 했다고 해서 좀처럼 낙담하지 않는다. 어떤 일을 하던 긍정적인 열린 사고가 필요하지 않은 사업은 없다고 힘주어 말한다.

넷째, 항상 고객의 편에서 생각하고 판단한다. 서울에서 전북 진안으로 귀농해 '무릉원' 농장을 운영하고 있는 박용 씨의 식당 '미학'은 여러 팀의 손님을 한꺼번에 받지 않는다는 데 있다. 한 번에 한 팀만, 예를 들어 점심시간에 4명이 한 팀이 되어 예약을 한 뒤에 10명이 한 팀이 되어 오시겠다고 하면 정중히 다음에 오시기를 권유한다. 식당은 넓지만 산골짜기 식당을 찾아온 손님에게 도시의 번잡한 식당처럼 모실 수는 없다는 게 식당 '미학'의 원칙이다.

다섯째, 장인정신을 이어간다. 경기도 파주시 적성면에서 부모님과 함께 산머루농원을 운영하고 있는 서충원 씨가 2006년 7천 평 머루농원에서 얻은 매출액은 15억 원이다. 충원 씨는 몇백 년씩 가업으로 포도주를 생산하는 프랑스의 포도주 명가처럼 되기 위해서는 오랜 세월에 쌓이고 쌓여야 가능한 일이기에 아버지에 이어 충원 씨, 다음은 아들인 동희 군으로 징검다리를 이어갈 계획이다.

여섯째, 인적 네트워크를 구축해 정보를 공유한다. 경기도 연천군 장남면에서 부모님과 함께 벼농사와 인삼농사를 짓고 있는 오세철 씨는 한국농업대학 특용작물과 졸업생이다. 세철 씨는 인삼농사 잘 짓기로 꽤나 유명해 한국농업전문학교 동기나 후배들이 인삼 재배방법을 배우기 위해 찾아오기까지 한다. 보통 인삼경작자들은 재배방법을 기밀로 여기고 가르쳐주지 않는

데 세철 씨는 자신이 아는 것은 최대한 공개한다. 모두 성공해야 세계시장에서도 더 독보적인 위치에 오를 수 있다고 생각하는 세철 씨다.

일곱째, 주관을 이겨낼 줄 안다. 강원도 정선군 남면 낙동리 제일농장의 전영석, 염영주 부부는 서른 살 동갑내기로 15만여 평이 넘는 밭에 고랭지채소·더덕·오가피를 키우고, 산자락 60만 평에 잣나무와 산채, 약초를 키우고 있다. 이들 부부는 주관을 이기면 성공한다고 한 목소리를 낸다. 영석 씨는 농장 일을 하는 틈틈이 사람 만나는 일과 교육받는 일을 게을리하지 않는다. 즉, 사람을 많이 알고 있어야 주관을 이겨낼 수 있다는 것이다.

한 가지 팁을 더 드리자면, 이런 습관을 가진 사람들은 영농조직 가입과 더불어 지역농협 조합원으로서 적극적인 상생활동을 펼치고 있다. 그런 의미에서 관련 사항을 소개하고자 한다.

17. 잠자는 농촌을 깨우러 귀농한 '노정기' 간사 [23]

1) 회사는 나의 모든 것

(1) 고문 위촉

"노 상무님! 내년에는 고문으로 위촉하겠습니다." 평소 가까이 지내는 종합조정실 백상무의 목소리가 한강 건너 본사에서 논현동 사무실로 들려왔다. 고문 위촉! 말은 고문이지만 사직 통보를 받은 것이다. 회사에 몸담으면 언젠가는 물러나야 하는 것이 당연한 일인데 나와는 관련 없는 일인 줄 알고 지냈다.

1976년 11월 경영학 전공 졸업 시 가을 화장품과 녹차 생산 판매를 주력 사업으로 하는 회사에 입사하여 30년 가까운 세월을 한 직장에서 일했다. 많은 사람이 직장을 잃고 국가 부도까지 걱정하던 IMF가 거세게 밀려와도 이사로 승진하면서 직장인으로서 승승장구하면서 두려울 것이 없었다.

직장생활을 하면서 휴가 한번 마음 놓고 가본 적이 없었으나, 딱 한 번 제대로 된 휴가를 얻은 적은 있다. 제주에서 2년간의 녹차사업본부장을 마치고 서울 본사에 근무할 때 열흘간의 휴가를 얻어 처남이 살고 있는 말레이시아로 아내와 함께 떠났다. 말레이시아 본토에서 바다를 가로지르는 다리를 건

---

23. MBC 라디오 〈지금은 라디오시대〉 은퇴설계수기공모전 수상작.

너 페낭에 도착하니 회사에 급한 일이 생겼다는 연락이 우리를 기다리고 있었다. 즉시 서울로 돌아갈 항공편을 예약하였다. 다음 날 새벽 아내만 남겨두고 페낭, 말레이시아, 방콕, 홍콩 공항마다 다른 국적의 비행기를 타고 인천공항으로 돌아오니 저녁 10시가 되었다.

이처럼 살아온 직장을 갑자기 그만두려니 사실로 받아들이기 어려웠다. 온몸을 팽팽하게 당기고 있던 줄이 모두 끊어지면서 깊은 바다로 계속 빠져들어가는 것 같았다.

(2) 송충이는 솔잎을

주위에서는 그동안 수고 많이 했으니 푹 쉬라고 하였다. 먼저 퇴직한 선배들도 한결같이 우선 쉬는 것이 제일이라고 했다. 그러나 아직 팔다리가 멀쩡하고 어떤 일이든지 할 수 있는데 이런 조언을 받아들이기 어려웠다.

"형님! 요즈음 뭐하고 지내세요? 소주 한잔 하시지요." 집에서 쉬는 것을 알고 있는 후배가 위로해 준답시고 자리를 마련했다. 세상 돌아가는 이야기를 하면서 자기가 추진하고 있는 일이 있는데 도와달라고 하였다. 들어보니 괜찮은 일인 것 같고 열심히 하면 몸 편하게 돈도 벌 수 있을 것 같았다. 후배의 말을 듣고 사업이라고 시작한 지 2개월이 지나면서 이상한 생각이 들었다. 이게 아닌데? 후배와 상의하고 즉시 사업을 접었다. 대학을 졸업하고 직장생활을 하면서 큰 어려움 없이 생활하다 처음으로 쓴맛을 보았다. 인생 공부 한번 제대로 하였다.

송충이는 솔잎을 먹고 살아야 하는데……

(3) 진안군 마을 간사

후배와 헤어진 다음 자존심에 엄청난 상처를 입고 무기력하게 지내던 중 이발소에 들렀다. 먼저 온 손님이 많아 기다리면서 읽을 것이라도 있는지 찾던 중 바닥에 찢어진 신문 한 조각이 보였다.

"농촌마을 CEO를 모십니다"라는 기사가 눈을 파고들었다. 전라북도 진안군에서 마을간사를 모집한다는 내용이었다. "마을간사는 무슨 일을 하는 것인지요?" 마을간사가 무슨 일을 하는 것인지 궁금해 진안군에 전화를 했다. "네, 귀농인을 위한 제도인데요. 귀농하고자 하는 도시민이 귀농하기 전에 마을에서 일을 배우면서 농촌에 정착할 수 있도록 지원하는 것입니다. 이틀 후에 사업설명회를 진안군청에서 열 계획이니까 시간을 내서 들어보시면 좋겠네요."

근무기간은 3년으로 대우는 월 일백만 원에 숙소는 마을에서 준비 중이라는 설명을 듣고 마을간사 모집에 지원했다. 이후 두 번의 면접을 거쳐 마을간사로 일하는 합격통지를 받았다. 전북 진안군 백운면 동창리 산골에서 귀농훈련을 받으면서 마을의 심부름꾼이 되었다.

(4) 마을간사의 약속

진안과의 인연은 월드컵이 한창일 때 마이산 구경을 하러 온 것이 처음이고 그 이후 온 적이 없다. 세상에서 이야기하는 학연, 지연, 혈연이 전혀 없는 곳이다. 마을간사로 60이 가까운 나이에 낯선 산골마을의 심부름꾼으로 와서 먹고 자는 일부터 모든 것을 나 혼자 해결해야 하는 처지가 되었다.

2006년 3월 마을간사 생활 첫날 밤 숙소에서 나와 하늘을 바라보았다. 나침판도 없이 망망대해 한가운데서 혼자 노를 저어가는 배에 탄 심정으로 별을 보면서 하나님과 세 가지 약속을 하고 반드시 이루어내겠다는 약속을 하였다.

첫째 약속은, 회사에서 녹차사업본부장을 할 때 경영한 100만 평의 녹차밭보다 넓은 농사를 지어보겠다는 것.

둘째 약속은, 마음은 있었지만 실천에 옮기지 못한 책을 써보겠다는 계획을 이곳에서 이루는 것.

셋째, 그동안 경험하고 배운 것을 농민에게 강의를 통해 전파해보겠다는 약속을 하였다.

마을간사로 변신하여 하나님과 이 세 가지 약속을 반드시 지키고 이루어낼 것을 다짐하면서 진안에서의 첫날 밤을 지냈다. 약속을 지키기 위한 실천방안으로 나의 생활 모습을 매일 시간대별로 기록하면서 일기를 쓰기 시작했다.

2) 전북동부권고추(주) 출범

(1) 원예작물 브랜드육성사업

"노 간사님! 내일 부안에서 2박 3일간 교육이 있는데 참석하실 수 있나요?"

마을간사 생활을 시작한 지 1년이 다 되어가는 2007년 1월 말 늦은 밤 가까이 지내는 진안군청의 이 계장이 전화를 했다. "농림부에서 농산물 시장개방에 대비하기 위해 〈원예작물 브랜드육성사업〉에 관한 설명회를 갖는 자리입니다. 작년 진안군청 공모전에 노 간사님이 응모하여 당선된 논문인 〈진안 농·특산물 판매촉진방안〉이 생각나서 전화 드렸으니 꼭 참석하시어 조언을 해달라"는 설명이었다.

사업 내용은 국비와 지방비를 합쳐 200억을 지원하는 것이다. 워낙 사업 규모가 커서 진안군과 임실군이 연합사업단을 만들어 지역의 주 작물인 고추를 가공하는 고추종합처리장을 지어 고추재배 농가의 경쟁력을 높이기 위해 하는 것이다. 이와 같이 큰 규모의 사업에 응모하기 위해 기업에서 일한 경험이 있는 노 간사가 교육에 참여하여 사업계획 수립에 도움을 달라는 것이다.

이후 부안에서 교육을 마치고 먼저 사업을 추진하고 있는 남안동농협 견학, 수안보에서 농림부 주관의 심층 교육을 받은 후 농림부에 제출할 사업계획 수립에도 함께 참여하였다. 나는 기업경영 경험을 바탕으로 재무제표 작성, 회사조직, 인력배치, 마케팅 계획, 장단기 경영계획에 관한 자문을 하였다.

(2) 사업단장 취임

2007년 6월 7일 사업응모 주체인 전북동부권고추연합사업단을 발족하기 위해 진안군청에 진안군수, 임실군수, 양 군의 농협조합장, 고추생산자 대표가 모여 회의를 하였다. 사업단운영 규정 심의, 사업단장 선임 건을 주 의제로 상정하였다. 이 회의에서 진안군 백운면 농협조합장의 추천으로 회의 참석자 전원일치의 찬성으로 나를 사업단장으로 추대하였다. 사업단장 취임

요청을 받고 사업계획서를 면밀하게 검토하고 농림부의 심사 준비를 본격적으로 시작하였다.

진안군 백운면 동창리의 마을간사로 발을 디딘 지 15개월이 지나 진안군과 임실군의 고추밭 600만 평의 경영을 책임지는 전북동부권 고추연합사업단장이 되었다. 200억이란 거대한 자금을 지원받는 사업계획을 수립하는 책임을 맡게 되었다.

(3) 농림부 심사

10월 2일 의왕시에 있는 농촌공사 회의실에 원예작물 브랜드육성사업을 신청한 12개 지방자치단체 관계자가 모였다. 진안군과 임실군에서도 단체장, 농협조합장, 담당공무원이 자리를 함께하였다. 나는 지자체별 순서에 맞추어 기다리다 양군의 관계자 7명과 함께 입장하여 10명이 넘는 심사위원의 앞에 섰다. 농림부 심사에 합격을 고대하는 2,000명의 고추재배 농가의 얼굴이 떠올랐다. 사업계획 프레젠테이션을 마치고 심사위원의 질의응답까지 마쳤다. 이제 집으로 돌아가 결과를 기다리면서 푹 자는 일만 남았다. 대학입학 시험을 치르고 집에서 쉴 때와 같은 기분으로.

(4) 200억 지원

심사를 받고 2개월이 지났는데도 합격 소식이 들리지 않았다. 국회의 예산심의가 늦어지기 때문에 사업선정 발표가 늦어진다는 것인데 자꾸 걱정만 앞섰다. 12월 중순이 되어도 시원한 소식이 없어 안절부절못하였다. 새해를 이틀 앞둔 12월 30일 국가 예산이 확정됨과 동시에 농림부로부터 전국에서 사업 신청한 12개 지자체 중 합격한 6개 지자체에 포함되었다는 공문을 받았다.

진안군청, 임실군청, 양 군의 23개 읍, 면에 농림부 심사에 통과되었다는 현수막이 걸리고 축하전화가 사방에서 걸려왔다.

(5) 농촌 CEO

농림부로부터 사업승인을 받고 2008년 새해가 되면서 진안군과 임실군의 관계자가 모여 회사 설립, 운영방법, 자본금 조달, 공장 부지선정, 인력구성에 관한 준비 회의를 시작하였다. 제일 먼저 결정하여야 할 일은 공장 부지를 선정하는 것이다. 진안군과 임실군의 고추재배 농가에서 수확한 고추를 수집하기 쉽고, 홍보 효과를 극대화할 수 있는 장소를 찾기로 하였다. 부지는 장래 사업영역을 확대할 수 있도록 최소한 5천 평 이상이 되어야 하는데 이 지역은 용담댐과 옥정호의 수질을 보전하여야 하는 청정지역으로 공장을 짓는 데 까다로운 조건이 많다.

10개월간 양 군의 고추재배 농가 대표, 공무원, 군의원은 물론 전북도청에서도 관심을 갖고 다각도로 검토한 결과 임실군 성수면 오류리의 구 기차역을 공장 부지로 선정하였다. 이곳은 전주에서 임실, 남원을 경유하여 순천, 여수로 가는 국도변에 있어 홍보효과도 극대화 할 수 있는 최적의 장소이다. 이에 따라 공장 건축에 관한 모든 절차도 임실군에서 주관하고 진안군에서는 적극적인 협조를 하기로 합의하였다.

공장 부지를 결정한 다음 임실군의 고추 재배농가가 주축이 되어 자본금을 모아 2008년 11월 25일 "농업회사법인 전북동부권고추주식회사"를 설립하고 대표이사에 취임하였다.

(6) "무진장의 농업CEO" 발간

마을간사 생활 3개월로 접어든 2006년 6월 희망제작소의 부소장이라고 자신을 소개하는 사람으로부터 한 통의 전화를 받았다. 희망제작소는 잘 알지 못하는 단체임으로 무엇을 하는 곳이냐고 물었다. 아름다운가게를 운영하는 단체라는 답변에 방송에서 들어본 적이 있어 친근감을 갖고 짧은 통화를 하였다. 희망제작소의 박원순 상임이사가 지방의 활력을 찾는 사례를 수집하기 위해 진안군의 마을간사제도를 연구하기 위해 방문하는데 나를 만나 이야기를 하고 싶다는 것이다.

며칠 후 박 이사가 진안군을 방문하여 저녁 식사를 하고 하룻밤을 함께 지냈다. 내가 이곳에 오게 된 사연을 이야기하고 박 이사는 희망제작소에서 지방에서 활력을 찾기 위해 일하는 많은 사람들에 대한 이야기를 하였다. 나는 마을간사로서 주민과 함께 일하고 마을이 어떻게 하면 잘 살 수 있는지 고민하는 것을 주제로 하였다. 나의 설명을 들은 박 이사는 나의 생활을 책으로 만들 수 있는 기회가 생길 수 있을 것 같다고 하면서 매일 쓰는 일기가 좋은 자료가 될 것이라는 격려를 하고 다음 목적지로 떠났다.

"이번에 유한킴벌리의 후원을 받아 희망제작소에서 〈지역희망찾기 연구〉를 주제로 지역활동가의 수기 공모를 하는데 노 단장님도 참여할 수 있는지

문의합니다." 박 이사와 만난 후 2년이 지난 2008년 3월 다시 희망제작소에서 연락이 왔다. 즉시 그동안 써놓은 일기를 바탕으로 원고 초안을 보내고 한 달 후 전국에서 응모한 작품 중 선정된 20편의 〈지역희망찾기 연구공모〉에 선정되었다는 통보를 받았다.

이때부터 시간 나는 대로 글을 써 내려갔는데 원고 작성에만 1년이 걸렸다. 어떤 날은 원고지 20매도 쓸 때가 있었으나, 아이디어가 떠오르지 않는 날은 하루 종일 써도 원고지 한 장도 채우지 못하였다. 힘이 들 때는 포기할까 하는 생각도 하였으나, 희망제작소의 담당 부소장의 격려로 2009년 4월 〈무진장의 농업CEO〉가 세상 빛을 보게 되었다. 그해 11월 3일 희망제작소에서 박원순 상임이사 주관으로 함께 출간한 20편의 작가가 함께 모여 출판기념회를 갖는 감격을 누렸다.

남과는 다른 삶을 사는 모습을 그린 나의 생활을 책으로 엮어내 내가 그리던 꿈 하나가 이루어졌다.

(7) 농민 강사의 길

"노 간사님! 백구에 있는 농민교육원에서 2박 3일간 컴퓨터 교육이 있는데 교육받으시면 도움이 될 것 같아 전화 드렸습니다." 2006년 6월 면사무소 산업계장이 전화로 연락을 해왔다. 컴퓨터를 제대로 배운 적이 없어 언제나 아쉬운 마음을 갖고 있던 차에 너무 반가워 기꺼이 승낙하고 교육에 참가했다.

"백운면에서 오셨지요? 저도 위원장님을 잘 알고 있습니다." 첫날 교육을 받고 저녁 식사 후 운동장에 나와 쉬는데 교육 담당자가 말을 걸어와 많은 대화를 나누게 되었다. 담당자는 교육과정에 관한 설명을 하면서 마을간사를 하기 전에 직장에서 한 일에 관한 얘기를 듣고 교육원의 강사로 초청하고 싶다는 말도 하였다. 교육을 받고 마을로 돌아와서 마을행사, 농산물 도시 직거래 행사에 참여하는 등 바쁜 일상으로 돌아왔다.

"노 간사님! 그동안 잘 계셨지요? 노 간사님과 헤어진 후 새해 교육 계획을 세우면서 노 간사님을 강사로 모시기로 하였습니다. 재미있고 유익한 강의 부탁드립니다." 농민교육원에서 교육받은 후 9개월이 지난 2007년 3월 농민교육원의 교육 담당자로부터 연락이 왔다.

직장생활을 할 때는 직장인을 상대로 강의를 한 경험은 많이 있었으나 농민을 상대로 하는 강의는 처음이라 떨리기도 하였다. 100만 평의 녹차밭을 만들기 위해 토지 매입, 개간, 공장 건축 등을 하면서 경험한 사건과 대학원에서 공부한 토지 법률 지식을 총동원하여 준비한 다음 강의에 임했다. 생각했던 것보다 좋은 평가를 받아 이후 농협, 한국농업대학, 농촌진흥청, 농업기술센터, 농촌공사, 농촌 컨설팅 업체 등의 강의 요청을 받았다.

작년에는 농촌진흥청 산하기관인 전국 157개 시, 군에 설치된 농업기술센터에서 선발한 "강소농 육성 농촌진흥기관 전문강사" 98명에 선정되는 영광도 안게 되었다. 또한 농림부의 교육기관인 농업인재개발원의 요청을 받아 "농촌의 토지법률"과 나의 귀농 경험을 바탕으로 "귀촌성공전략"을 주제로 온라인 강의도 함께 진행하고 있다.

6년 전 농민교육원에서 컴퓨터 교육을 받은 것이 인연이 되어 내가 하고 싶었던 꿈이 또 하나 영글고 있다.

3) 고추공장 가동

(1) 공장 착공

"농업회사법인 전북동부권고추주식회사"를 설립하고 임실군 성수면 오류리에 2010년 7월 회사경영에 최적의 조건을 갖춘 10,000평의 공장부지에 2,000평의 공장을 착공하였다. 농산물 시장 개방이란 풍랑을 헤쳐나갈 수 있는 방법은 농업인의 단결과 정부의 지원밖에 없다는 것을 농민이 너무 잘 알고 있기에 하루빨리 고추종합처리장을 지어야 한다는 공감대 속에 착공되었다. 공장을 착공하는 날 임실군민은 기대에 부풀어 이 공장을 지렛대 삼아 잘 사는 농촌을 만드는 기대에 들떴다.

착공 1년 만에 농가로부터 홍고추를 수매하여 건조 작업을 시작하였다. 고추 건조기계는 독일에서 수입한 최신 설비로 홍고추를 투입하면 세 번의 세척과정을 거친 다음 절단하여 3시간 30분간의 건조과정을 거친 위생적인 세절고추를 생산하고 있다.

(2) 고추 가격 폭등

2011년 7월 25일 홍고추를 농가에서 처음 수매를 시작하자마자 하루가 다르게 고추 가격이 폭등하기 시작하였다. 우리 회사에 고추를 판 농민이 다음 날 시장에 갖고 가면 더 비싼 가격에 팔 수 있게 되었다. 공장을 가동하자

마자 위기가 닥친 것이다. 다른 지역의 고추종합처리장도 똑같은 상황이 벌어지고 있었다. 공장 문을 닫을지도 모른다는 위기감이 돌기 시작했다.

임실군 12개 읍, 면의 고추 재배농가 대표가 급히 모여 공장을 살려야 농민이 잘 살 수 있다는 마음으로 회의를 열었다. 지금은 당장 약간의 손해를 보더라도 공장에 고추를 납품하자는 결의를 하고 임실군 12개 읍, 면 대표부터 고추를 가져왔다. 회사에서도 고추 매입 가격을 농가, 농협과 모여 시장 상황에 맞게 탄력적으로 운영하였다. 인근 진안, 관촌의 장날 고추 가격을 파악하고 임실 장날 새벽에 농협에 모여 긴급회의를 통해 가격을 인상하고 농가에는 고추 수매 가격 인상 안내 문자 메시지를 날렸다. 이때부터 다시 공장에 고추가 모여들기 시작하였다. 이렇게 농민의 도움으로 긴급 사태를 돌파했다.

회사에서는 추석이 지나고 마지막 고추를 딸 때까지 고추를 수매하여 농가의 도움에 고마움을 표했다. 회사가 어려울 때 도와준 고추재배 농가에게 언제든지 작은 힘이라도 보탤 것을 다짐한다.

(3) 자금은 기업의 피

11월이 되면서 고추 수매도 끝나고 회사의 수입원이 줄어늘기 시작했나. 임실군청 공무원과 농민들이 오히려 회사를 걱정하고 다양한 아이디어를 주고, 회사에서는 직원들이 여러 가지 사업구상안을 놓고 토의하였다. 매출은 일으킬 수 있으나 수익성이 낮아 시도하기 어려운 것도 있고, 수익성은 높으나 고정설비 투자가 선행되어야 하므로 망설여지는 것도 있다. 직원회의에서도 많은 사업을 놓고 입씨름이 계속되었다.

회사에서는 기존 인력을 활용하면서 고정 설비 투자 부담이 없고 농가에 도움을 줄 수 있는 사업으로 잡곡 판매 사업을 선택하였다. 농가에서 25가지의 잡곡을 수매하여 도시민에게 별도의 유통비용 부담 없이 저렴한 가격에 공급할 수 있는 장점을 활용하기로 했다. 소포장한 잡곡을 도시민이 원하는 종류대로 공급할 수 있어서 예상외의 성과를 거두었다. 임실군청에서도 우리 회사에서 만든 잡곡세트를 설맞이 선물로 채택하여 주었다. 작년에 세절 고추를 구매한 기존의 소비자로부터 주문이 쇄도하여 직원이 야근을 하여야 겨우 공급할 수 있어 고추 생산 비수기에도 공장을 운영할 수 있어 한시름을 놓았다.

고추 생산은 7월 중순에 시작하지만 우리는 1월부터 농사준비를 한다. 농가, 군청, 기술센터, 고추연구소의 관계자가 모여 작년에 재배한 고추 중에서 내병성, 수확량, 맛, 색상 등을 종합적으로 검토하여 우수한 품종을 선정하였다. 이렇게 선정한 우수 품종을 육묘 전문가에게 어린 묘를 키우는 것을 의뢰하여 소비자가 만족하는 제품을 선보일 예정이다. 올여름 고추 시장을 이끌 제품 생산을 약속한다.

4) 임진로의 파수꾼

(1) 농산물 시장 개방

한국은 모든 분야의 산업에서 시장이 개방되는 가운데 작년 말 미국과

FTA를 체결하기로 합의하였다. 본격적인 시장개방이 우리 앞에 다가와 한국 농업은 최대의 위기를 맞고 있다. 고추 농업도 예외가 될 수 없다는 것을 잘 알고 있다. 중국과도 FTA 협상을 추진 중이다. 지리적으로 미국보다 가까운 중국은 시장 개방이 되면 상상할 수 없는 위협이 될 것은 불을 보듯이 명확한 일이다.

나는 임실 농산물을 지켜 시장개방의 거대한 물결을 온몸으로 막아내야 하는 막중한 책임과 임무를 맡고 있음을 마음에 깊이 새긴다.

(2) 역사의 교훈

고려 말, 1380년 조선 건국 12년 전 일만 명의 정예 왜구가 호남지방의 곡창을 손에 넣으려고 여수로 상륙하여 순천, 구례를 거쳐 남원까지 파죽지세로 밀어닥쳤다. 고려 조정에서는 이성계 장군을 도원수로 임명했다. 왜구의 10분의 1도 안 되는 천여 명의 병력으로 이성계의 군대는 남원에 도착했다. 왜구를 지휘하는 장수, 십육 세 소년장군 아지발토는 백마를 타고 창을 휘두르는데 빠르고 날래기가 호랑이 같아 고려군은 추풍낙엽처럼 무너졌다. 또한 전신을 투구와 갑옷으로 감싸 활을 쏘아 맞추어도 죽일 수가 없었다.

이성계는 여진에서 귀화한 장수 이지란에게 "내가 투구를 쏘아 투구가 땅에 떨어지거든 자네가 곧 저놈의 목을 쏘라"고 명령하고 아지발토의 투구를 향해 화살을 날렸다. 이성계의 화살이 투구를 떨어뜨리고 이지란이 아지발토의 목을 뚫는 순간 왜구는 달아나기에 바빴고 생포된 자들은 살려달라고 애원했다. 천 명의 병력으로 만 명이 넘는 왜구를 이성계의 지략에 힘입어 고려는 겨우 사직을 보전할 수 있었던 황산대첩이다.

왜구를 섬멸한 이성계는 남원에서 우리 회사 앞을 지나 동북쪽으로 말발굽을 돌려 진안 마이산에 들러 휴식을 취하고 금산을 거쳐 개경으로 돌아갔다. 지금도 임실에는 이성계가 아침에 넘어간 고개라는 의미로 조치(朝峙), 행군 중 안개 속에 길을 잃어 시간을 허비했다고 해서 왕방(枉訪)리 등의 지명이 남아 있다.

(3) 임진로에 울리는 승전가

이성계가 조치, 왕방리를 넘어 진안의 마이산으로 가는 일반국도 30호선은 임실(任實)과 진안(鎭安)을 연결한다는 의미로 임진로(任鎭路)로 이름을 붙였다. 옛날의 전쟁은 창과 칼을 동원하여 싸우는 것이지만 지금은 자유무역이라는 이름의 경제전쟁을 하고 있다. 농업에도 시장개방이란 거대한 전쟁의 파도가 밀려들고 있다.

나는 기업에서 은퇴하고 농부로 돌아가기 위해 진안에 왔지만 시장개방이라는 경제전쟁이 벌어져 다시 군복을 입고 현역으로 복귀하였다. 기업에서 훈련받은 경험을 무역전쟁이 벌어지고 있는 최전방에서 농민과 힘을 합쳐 죽기를 각오하고 싸울 것이다.

630년 전 이성계 장군이 10분의 1도 안 되는 병력으로 왜구를 섬멸하고 승전가를 부르며 임진로로 군사를 이끌고 간 것처럼 미국, 중국, 일본, 유럽연합 등 농업 강대국이 한국 농업을 위협해도 나는 무역전쟁에서 이성계 장군처럼 승리할 것이다.

올해 임진년(壬辰年)! 이성계 장군의 발자취가 서린 임진로(任鎭路)에 승전보를 올릴 것을 다짐한다.

참/고/문/헌/

김선미,『살림의 밥상』, 동녘, 2010.

김화년,『식량쇼크』, 씨앤아이북스, 2012.

김호,「지역축제의 물리적 환경요인이 관광객 만족과 행동의도에 미치는 영향에 관한 연구: 중국 청도국제맥주축제를 중심으로」, 2007.

농촌정보문화센터,『세상에서 가장 젊은 농부들』, 2009.

박미아,「관광자원해설을 통한 관광지 활성화에 관한 연구」, 석사학위 논문: 세종대학교 대학원, 2003.

박석희,『나도 관광자원 해설사가 될 수 있다』, 서울: 백산출판사, 1999;『나의 문화관광탐구』, 서울: 백산출판사, 2001.

사단법인 한국귀농귀촌진흥원 정보마당(http://krci.kr).

장재우,『쌀과 육식문화의 재발견』, 청록, 2011.

전성군,『최신협동조합론』, 한국학술정보, 2008.

전성군,『초원의 유혹』, 한국학술정보, 2007.

전성군,『농업 농촌 농협 논리 및 논술론』, 한국학술정보, 2012.

서경석,『위기의 밥상 농업』, 미래아이, 2010.

현의송,『21세기 신사유람단의 밥상 경제학』, 이가서, 2006.

Fridgen, J. D. (1991). Dimensions of Tourism Educational Institute of the Americal hotel & motel association. 235.

Geva A. & Goldman A. (1991). Satisfaction Measurement in guide Tours. Annual Tourism Research. 18(2). 177~185.

Howard, J. A. & Sheth, J. N. (1969). The Theory of Buyer Behavior. New York: John Willey & Sons. 145.

Kashyap, R. & Bojanic, D. C. (2000). A structural analysis of value, quality, and price peroeption of business and leisure travelers. Journal of Travel Research. 39. 45~51.

Lounsbury, J. W. & Polik, J. R. (1992). Leisure needs and vacation satisfaction. Leisure Science. 14. 1~25.

전성군

전북대학교 대학원(경제학 박사)과 캐나다 빅토리아 대학 및 미국 ASTD를 연수했다. 현재 농협안성교육원 교수, 전북대학교 겸임교수, 농진청 녹색기술자문단 자문위원, 한국귀농귀촌진흥원 이사, mbc 귀농아카데미 강사 등으로 활동 중이다. 주요 저서로는 『초원의 유혹』, 『초록마을사람들』, 『힐링경제학』, 『스마트 생명자원경제론』 등 15권이 있다.

이득우

경북대학교 및 서울시립대학교 대학원 경영학 석사, 건국대학교 대학원 박사과정 중이다. 현재 농협중앙교육원 교수로 재직하면서 고양시 도시농업발전위원 등 농업 농촌 알리기 및 귀농귀촌교육 전문가로 활동하고 있다.